导弹武器系统生存能力分析方法

汪民乐　彭司萍　杨先德　李朋飞　著

国防工业出版社

·北京·

图书在版编目(CIP)数据

导弹武器系统生存能力分析方法/汪民乐等著.—北京:国防工业出版社,2015.5
ISBN 978-7-118-10212-3

Ⅰ.①导… Ⅱ.①汪… Ⅲ.①导弹—系统分析
Ⅳ.①TJ760.2

中国版本图书馆CIP数据核字(2015)第113374号

※

国防工業出版社出版发行
(北京市海淀区紫竹院南路23号 邮政编码100048)
北京嘉恒彩色印刷有限责任公司
新华书店经售

*

开本 710×1000 1/16 **印张** 16¼ **字数** 285千字
2015年5月第1版第1次印刷 **印数** 1—3000册 **定价** 48.00元

国防书店:(010)88540777 发行邮购:(010)88540776
发行传真:(010)88540755 发行业务:(010)88540717

FOREWORD 前言

机动弹道导弹武器系统作为高科技武器装备和远程纵深突击力量，其重要的战略地位决定了其在未来的高技术战争中必将受到敌方的重点关注，成为敌方优先打击的重要目标。当前，在核威胁远未消除的情况下，高技术常规威胁也日益增大，特别是随着现代高科技广泛运用于军事领域，信息技术与武器系统的高度融合，使战场透明度大大增加，远程精确打击已逐渐成为现代作战的主要手段，机动导弹系统未来所处的战场环境将更加恶劣，生存形势更为严峻。因此，发展有效的生存防护技术和方法，不断改进和提高机动导弹系统的生存能力，对确保弹道导弹继续发挥应有的作用具有重要意义。

要有效地提高机动导弹武器系统的生存能力，就必须从机动导弹生存防护系统总体论证、设计、生存防护技术及机动导弹作战运用开始，充分考虑影响机动导弹系统生存能力的各种因素，对导弹生存防护手段进行综合分析和综合集成。而所有这些提高机动导弹系统生存能力的活动，都离不开对机动导弹系统论证、研制方案及作战运用方案在生存方面有效性的评估与分析。其本质是一定条件下机动导弹系统生存能力分析，目前国内还缺乏可供参考的机动导弹系统生存能力分析方面的专著，而本书正是基于这一需要，在作者多年研究成果的基础上，参考国内外相关文献编著而成。全书由三篇共16章构成：第一篇包括第1章～第6章；第二篇包括第7章～第11章；第三篇包括第12章～第16章。本书由汪民乐策划，并设计全书总体框架和编写纲目，由汪民乐、彭司萍、杨先德、李朋飞共同撰写，最后由汪民乐负责对全书统稿。本书的编著与出版获得军队“2110工程”及第二炮兵工程大学学术专著出版基金的资助，并得到第二炮兵工程大学科研部及其相关业务处领导和同志们的大力支持与帮助。此外，第二炮兵工程大学理学院的领导和同志们也曾对本书提出宝贵建议，在此一并致谢！

由于作者水平有限，书中疏漏之处在所难免，恳请读者批评指正。

作者

2015年3月

CONTENTS | 目录

第一篇　硬毁伤威胁下机动导弹系统生存能力分析

第二篇 综合电子战软毁伤威胁下机动导弹系统生存能力分析

第三篇　机动导弹作战体系生存能力分析与设计

第一篇

硬毁伤威胁下
机动导弹系统生存能力分析

第1章　硬毁伤下机动导弹系统生存能力分析导论

1.1　引言

武器装备的发展和建设离不开科学的论证,无论是武器装备的预研立项、型号改良还是作战运用无不贯穿着论证的思想。在信息化条件下,高技术武器装备的“高”既体现在其技术附加值高、战技指标高、作战效能高,也包含着装备经济成本投入高、研制风险高、研制周期长、采办难度大的含义。如何确定研制符合我国发展战略的武器装备型号、如何对现有型号进行改型提高、如何在战时用好现有装备,使武器装备的发展和使用满足用有限的经费“买得起、用得起、打得赢”的要求,是摆在武器装备研究人员和运用人员面前迫切需要解决的问题。机动导弹系统作为高技术武器装备,也具有上述的特点,因此无论是提出新型号系统的预研设计方案、现有型号系统的改型方案还是系统的作战运用方案都需要对各类方案展开深入细致的论证分析,以使各种方案满足军费利用效率最优化和武器装备作战效能最大化的要求。

随着新军事变革的不断深入,世界各国都在大力发展高技术武器装备,积极增强军事实力。根据世界形势以及我国周边的安全形势的变化,我国也需要增强自己的国防实力以维护不断拓展的国家战略利益。武器装备是国防实力的外在体现,是决定一个国家军事实力的重要因素。因此,要增强国防实力就需要在武器装备的研制发展和作战运用上下功夫,一方面要通过开展高技术武器装备的研发、现有装备的改良等途径增加武器装备的高技术含量,提高武器装备的战术技术性能指标;另一方面也需要在运用武器装备时结合各种战术战法使武器装备的作战效能得到最大发挥。

装备论证对于武器装备的发展和建设至关重要,从装备定型、立项、研制到改型、运用、退役整个寿命周期,无不需要对其开展论证分析。武器装备论证分析在武器装备研制中是一项减小和降低立项研制风险、控制研制进度和经费要求的严格评估措施,是装备建设中的一个重要环节,对武器装备的发展具有重要作用[2]。在武器装备作战运用中,装备运用论证分析是优化作战方案、最大限度发挥武器装备作战效能的重要措施。开展武器装备论证工作是适应未来高技术战争和加强部队质量建设的前瞻性工作与基础性工作,也是武器装备发展和运用的科学性、实用性、协调性和系统性得以保证的必然要求。

随着高新技术在机动导弹武器装备领域的广泛应用,新的装备发展问题、新的武器装备发展概念、新的作战思想层出不穷,因而,武器装备论证工作及其任务也逐步被赋予了新的特点和内涵,同时对如何开展装备论证项目,采用什么样的论证方法等均提出了更高的要求。这就要从装备论证工作的全局出发,以进一步深入装备论证工作为目的,全面系统的研究武器装备论证方法,并针对所要解决的问题,建立相应的论证方法体系。一方面对提高武器装备的论证质量、论证水平和工作效率具有重要意义;另一方面对丰富武器装备论证的科学研究方法体系和推动论证方法研究向更深层次发展也具有重要作用[3]。

机动导弹系统价格昂贵、地位显著,无论是进行新型号系统的研发还是进行现有型号系统的改良都需要投入大量的人力物力财力,都必须对各种方案进行详细的论证分析,提出综合效益最高的方案以供决策者进行决策,否则将会给军队和国家造成重大损失。同时,机动导弹部队是我军的战略威慑力量,是我军实施远程精确打击和纵深突击的"撒手锏",其重要的战略地位决定了其作战运用也必须慎重,需要对其作战方案开展充分的论证分析,确保装备在战时能发挥最大作战效能。目前,对机动导弹系统的论证分析还没有形成一套特有的方法体系,大多是借鉴其他军兵种武器装备的论证方法。由于机动导弹系统与其他军兵种武器装备存在一定的差异,运用其它军兵种装备论证方法会导致论证结果或多或少存在一些问题。机动导弹系统的发展和运用事关国家战略,必须高度重视,需要研究适合于机动导弹系统论证分析的方法。

论证方法是进行装备论证的工具和手段,论证方法的优劣将直接影响装备论证的质量,必须要高度重视。目前,我国的装备论证方法研究相对滞后,需要大力开展研究,提出更多更好的武器装论证方法,促进装备论证工作又好又快的发展。生存能力是影响机动导弹系统作战效能的重要因素,也是系统作战效能得以发挥的基础和前提,机动导弹系统在未来战场上的生存能力高低,直接决定了其能否完成作战任务。因此,从机动导弹系统设计研制和作战运用的不同角度对系统生存能力进行充分的论证,具有重要的意义。本篇正是基于上述目的,为促进机动导弹武器装备的发展,增强机动导弹系统在未来战场上各种硬毁伤威胁下的生存能力,从机动导弹系统设计研制方案和作战运用方案两个方面对机动导弹系统生存能力展开论证,提出可行且有效的机动导弹系统生存能力分析与设计方法。

1.2 国内外研究现状

1.2.1 武器装备论证方法研究现状

各种科学方法均是随着社会实践和科学研究的发展而产生和发展起来的，武器装备论证方法的形成和发展也是如此，经历了由初期的自然产生到自觉的应用扩展，继而不断向深层次发展的三个阶段。可以说，武器装备论证方法的形成和发展，与运筹学、系统工程、系统分析、系统动力学等理论和方法的实践有着密不可分的关系。

一般认为，对武器装备开展有意识、有目的的论证，大致起源于第二次世界大战时期。当时，以英美为代表的盟国为了在军事上战胜以德国为首的法西斯集团，针对盟军武器装备在作战使用中存在的问题以及不断提出的作战需求，相继成立了专门的研究机构，应用运筹学等现代系统科学的方法，对武器装备的作战使用性能、装备系统研制方案优化等内容开展了大量的论证工作。这是装备论证发展的初期，采用的论证方法也只是后来称为“运筹学”（OR）的方法。后来，随着武器装备类别逐渐增多，装备系统的规模日趋庞大，所采用的技术越来越复杂，对武器装备的论证工作提出了越来越高的要求。因此，外军在武器装备的论证中又先后提出了许多关于武器装备发展规划、计划，武器装备系统开发、方案优化，装备采办等方面的论证方法。当前，外军武器装备论证方法已经借鉴了在武器装备系统分析、效能费用评估、方案选优、规划制定、需求预测等方面的成功经验，并逐步地走向成熟。

总体上看，武器装备论证方法的发展经历了如下的过程：

20 世纪 30 年代末至 40 年代初形成的运筹学方法[5]，该方法是从解决一些武器装备的合理应用的问题开始形成的一套方法论，其核心是将问题规范化（简化）为数学模型，并寻其最优解。20 世纪 50 年代末至 60 年代初，由于一些大型导弹、通信系统等的研制需求，先后形成了各种系统工程（SE）方法论。特别是霍尔（Hall）所提出的三维结构矩阵（逻辑维、时间维、知识维），利用逻辑维深化了运筹学的方法论[6]。20 世纪 50 年代，美国兰德（RAND）公司提出系统分析（SA）的方法论，帮助政府和国防部门解决了一些复杂的社会、政治和军事问题，如帮助美国军方提出规划计划预算系统（PPBS）。1961 年，福雷斯特提出了系统动力学（SD），该方法在建模时强调了系统中因果关系和控制反馈的概念，强调了在计算机上的仿真试验[8]。由于上述方法过分的定量化、过分的数学模型的特点，在解决一些社会、经济、军事方面的实际问题时，遇到了一定的困难,应用的结果不是十分令人欣慰。为此,美国哈佛大学等又重新强调增加人文科学方面定性理论的课程。1984年,设在奥地利卢森堡的国际应用系统分析所(IIASA)还专门组织了"运筹学与系统分析过程的反思"讨论会[9]。英国的切克兰德(P. B. Checkland)将运筹学、系统工程、系统分析和系统动力学所使用的方法论都叫做"硬系统方法论"(HSM),而他在1981年提出了一种所谓的"软系统方法论"(SSM),并认为用软系统方法论来解决一些"结构不良问题"的效果往往要比硬方法论好。在70年代至80年代,还相继出现了一些与软系统方法论同类型的方法论[10]。到20世纪90年代初,西方又提出了关键系统思考(CSH)和整体系统干预法(TSI)等[11]。同时,我国钱学森教授等人提出了用于解决开放的复杂巨系统的从定性到定量综合集成的方法论,日本椹木义一教授等人提出的"既软又硬"的Shinayaka系统方法论[3]。

近年来,随着高新技术广泛应用于军事领域,装备论证在武器装备研制和运用中的地位变得越来越重要,各军兵种都在各自领域做了大量的工作,在装备论证方法的研究上取得了一些成果。其中比较有代表性的是李明等人将各种资料进行全面汇总和分析整理,于2000年编著的《武器装备发展系统论证方法与应用》一书。该书总结了武器装备论证工作中应用系统思想、系统工程理论和方法完成各项武器装备论证研究的实践经验,优化了当时已经广泛应用和一些具有潜在价值的论证分析方法,为我军武器装备发展论证研究提供了一种针对性强、具体实用、可直接操作、定性与定量分析相结合的综合集成论证方法。除此之外,其他人员也在相关领域取得了一些成果。文献[12]对以费用为独立变量(CIAV)的方法在新武器装备作战效能、费用和性能参数进行综合优化论证中的关键技术进行了研究,包括建立新武器系统的性能、费用模型,进行权衡研究以及确定寿命周期内各阶段的费用目标。文献[13]探讨了现代系统思想和系统工程的理论和方法在武器装备作战需求论证中的应用,提出了武器装备作战需求论证的基本方法,即"基于主体的嵌套式分析—研讨法"这一系统论证方法,并对其主要特征进行了分析。文献[14]从现有装备论证中存在的不足出发,将基于支持向量机(Support Vector Machine,SVM)的多属性决策方法引入到装备论证过程中,介绍了具体的实现过程。文献[15]论述了系统效能分析与武器装备论证的内在联系,探讨了系统效能分析在武器装备论证中的各种应用,提出了具体运用的方法步骤,并对如何使装备论证工作更具科学性与可靠性进行了探索。文献[16]提出了一种求解武器装备作战需求问题的综合集成论证方法,即"智能—嵌套式分析—研讨法",并就该方法的基本内涵、主要特征、构成要素以及综合集成的内容和实现途径进行了深入的剖析和论述。文献[17]利用数据包络分析对武器装备发展规划进行了有效性评价,指出了装备发展规划改进的方向,并进一步对数据包络分析方法在武器装备论证中的应用范围及特点进行了分析。文献[18]分析了目前鱼雷武器系统论证方案分析方法的优长,提出了鱼雷武器系统论证方案的模糊多目标生成方法,并建立了模糊多目标评价与选优模型。文献[19]对装备论证的基本概念及常用方法做了简要论述,对装备论证中的数据处理方法进行了分类综述,并对各类方法的特点以及实际应用时机进行了说明。文献[20]从现役航空装备改装论证出发,提出了基于层次分析法的模糊综合论证模型,并通过实例验证了模型的合理性。文献[21]针对武器装备论证方法中存在的缺乏定量分析、工程化水平低及对装备技术创新指导不明确等不足,综合应用公理化设计理论(AD)、质量功能部署法(QFD)、创造性解决问题理论(TRIZ),以 AD 为指导构建了一个集装备论证与技术创新于一体的装备论证体系结构框架,将 QFD 和 TRIZ 相结合对装备论证方法进行了创新,规范了装备论证过程,还对创新的论证方法进行了实践应用。文献[22]从概念论证、战术和经济论证、战技指标论证三个方面提出了新一代飞航导弹研发的三级论证体系及其方法。上述这些文献从不同角度,对武器装备论证过程中的各种方法进行了研究,丰富了武器装备论证方法论。

总体来看,武器装备论证方法基本都是以系统工程方法论作为分析工具,以计算机模拟仿真为试验手段,并且在不断融入其他学科中发展成熟的新理论、新方法的过程中不断创新。

1.2.2　导弹生存能力论证方法研究现状

美国和苏联导弹武器装备发展起步早,对导弹武器装备生存能力论证方法的研究也较为成熟。20 世纪 70 年代初,苏联研制了高精度分导多弹头重型洲际弹道导弹,引起美国对洲际弹道导弹生存能力的日益重视,加强了对基地方式和生存能力的论证研究,对生存能力的论证模型和方法、密集基地、加固机动发射车、铁路机动等方案的生存能力都进行了论证分析。1981 年,美国飞机生存能力联合技术协调组主办了“生存能力和计算机辅助设计”(CAD)专题研讨会,努力促使生存能力/易损性研究同 CAD/一体化 CAD 相结合。美国空军在战略弹道导弹生存能力论证工作中,继承和推广应用了在飞机生存能力研究工作中的大量经验[24]。1988 年,美国空军作战试验和评定中心(AFOTEC)制定并实施了修订的核评定方法,并曾用于论证 MX 在地下井中的生存能力,取得了不错的效果[25]。美军在导弹武器生存能力论证中,非常重视运用各种不同的方法和先进技术。美国空军系统司令部空军武器实验室的 Wong Felix. S 在 1986 年对地下结构的生存能力和易损性论证分析中使用了不确定性建模和分析技术,他建议在生存能力论证中,应利用随机方法改进随机不确定性模型,并引入非随机不定因素来扩展现有方法。Guzie,Gary L 基于效能层次模型和生存层次模型建立了一体化生存论证模型,该模型适用于体系和大型系统的生存论证,但其模型的量化和细化程度难以满足机动导弹武器系统的生存论证[27]。总的来说,美军在生存能力的论证研究中大力提倡建模与仿真技术,通过建立导弹武器系统不同类型、不同分辨率的模型来模拟仿真各种作战环境下系统的生存能力,以寻求有效的生存措施和办法。

我国自20世纪50年代发展导弹武器以来,航天工业部门、相关院校等单位也在导弹武器装备的发展和运用方面开展了大量导弹武器生存能力论证分析工作。文献[28]利用神经网络的模式识别功能,建立了用于研制方案评审的神经网络模型。该模型充分利用过去已定型的导弹研制信息,减少了方案评审过程中的主观性,从而增强了论证结果的可行性。文献[29]分析了系统仿真技术在导弹武器生存能力论证中的应用,对基于系统仿真试验的计算机辅助决策方法进行了研究,探讨了建立综合集成仿真环境,通过人与计算机辅助系统的高度融合形成导弹武器发展人机一体决策体系的构想。文献[30]还对机动战略导弹生存能力进行了分析,提出了机动战略导弹的生存能力指标,并进行了仿真研究,对机动战略导弹生存能力的论证有一定的参考和借鉴意义。

总体来看,我国目前机动导弹系统生存能力论证分析方法的研究滞后于武器装备研制和部队作战需求,还需要不断进行深入的研究和创新。

1.3 第一篇的主要内容

本篇从机动导弹系统生存能力论证分析需要解决的问题入手,提出机动导弹系统生存能力论证所需要的分析方法,主要包括以下内容。

(1) 全面分析在未来信息化战场上机动导弹系统面临的各种生存威胁。首先,分析未来战场复杂电磁环境的构成及其对机动导弹武器子系统、指挥控制子系统、作战人员子系统生存的威胁;其次,分析机动导弹系统面临的侦察监视和精确打击形势,及其对机动导弹系统生存构成的威胁;最后,针对临近空间飞行器这一新兴的作战平台,分析其在军事领域的应用及其对机动导弹系统生存能力带来的新威胁。

(2) 论述生存能力的基本概念,对目前机动导弹系统生存能力概念的不足之处进行分析和改进。考虑到机动导弹系统生存能力是整个系统的一种状态,因此需要对系统的结构进行分析,并将系统分解为几个主要的子系统。紧接着对系统的任务目标进行分析,系统的生存能力是在系统执行作战任务的过程中体现出来的,对系统任务目标的分析有助于明确生存能力的动态性和整体性。

最后，提出机动导弹系统生存能力的新概念，将系统生存能力分解成生存和能力两个概念分别加以定义，然后将其统一到机动导弹系统生存能力这一整体上来，并构建基于统一建模语言（UML）的机动导弹系统生存能力概念模型。

（3）依据指标构建的基本原则，对机动导弹系统生存能力的影响因素进行全面细致的分析，从隐蔽伪装能力、机动能力、防护能力和恢复能力四个方面提出机动导弹系统生存能力的基本指标体系，并运用各种方法对提出的指标进行量化研究。

（4）根据基本指标体系对机动导弹系统的生存能力进行论证研究，包括新型号系统研制方案或现有型号系统改型方案的生存能力论证。对于新型号的研制而言，必须对系统的设计方案生存能力进行深入细致的论证，通过论证，装备研制人员可以分析该新型号系统的设计生存能力如何。这对于新装备型号的研制至关重要，过低的生存能力不满足作战需求，过高的生存能力要求又会造成经费增加、研制周期增长甚至目标难以实现等问题。因此，通过对新型号系统设计方案的论证分析，如果预研设计方案生存能力不满足要求，装备研制人员通过适当修改方案中系统某些方面的性能参数，达到提高系统设计生存能力的目的。这是一个论证—修改—再论证—再修改的反复过程，需要对方案进行多次修改和论证，直到方案的设计生存能力满足要求为止。对于已经列装的型号系统的改型，研究人员也需要对其改型方案进行论证，以检验改型后的系统生存能力如何。

（5）在进行机动导弹系统研制方案生存能力论证的基础上，从作战运用方面对机动导弹系统生存能力进行论证。由于系统研制的目的是为作战服务的，因此结合机动导弹系统的作战运用方案对系统生存能力展开论证十分必要。通过对整个作战过程中系统生存能力的论证分析，找出影响系统整体生存能力的薄弱环节，战时有针对性的进行各种生存活动，可以有效地提高系统的战场生存能力。如果说对研制设计方案的论证是从技术层面提高系统的生存能力，那么对作战运用方案的论证就是从战术层面提高系统的生存能力。只有将机动导弹系统生存能力这两方面的论证紧密结合起来，才能切实增强机动导弹系统在未来信息化战场上的生存能力，确保机动导弹系统圆满完成各项作战任务。

1.4　第一篇的结构安排

第一篇共分6章，第一篇结构框图如图1.1所示。

第1章分析了国内外相关领域的研究现状，介绍本篇的主要内容和组织结构。

第 2 章主要分析了战场复杂电磁环境对机动导弹系统生存能力造成的软威胁，以及侦察监视和精确打击对系统生存能力的影响，探讨临近空间飞行器对机动导弹系统生存能力造成的新威胁。

第 3 章阐述了生存能力的基本定义，对机动导弹系统的组成结构和任务目标进行分析，提出机动导弹系统生存能力的新概念，并构建基于 UML 的机动导弹系统生存能力概念模型。

第 4 章对机动导弹系统生存能力的相关影响因素进行了分析，结合指标构建的一般原则，设计一集科学全面的机动导弹系统生存能力的基本指标体系，并对各指标进行量化研究。

第 5 章从新型号机动导弹系统的研制出发，对系统预研设计方案的生存能力进行了论证，并对系统方案做反复修改，优化系统设计方案，从技术层面提高机动导弹系统的生存能力。

第 6 章结合新型号机动导弹系统的生存作战运用方案，对系统在其生存作战各个阶段的生存能力进行了分析，论证系统在初步拟定的生存作战运用方案下的生存能力，并给出改进生存作战运用方案的建议，优化生存作战运用方案，从战术层面提高机动导弹系统的生存能力。

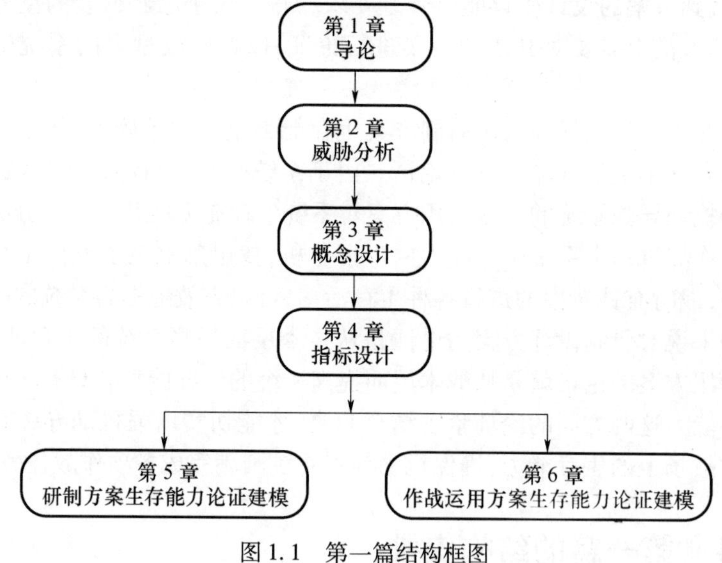

图 1.1　第一篇结构框图

第 2 章　机动导弹系统面临的硬毁伤威胁分析

机动导弹系统作为高科技武器装备和纵深突击力量,其重要的战略地位决定了其在未来的高技术战争中必将受到敌方的重点关注,成为敌优先考虑的打击目标。当前,在核威胁远未消除的情况下,高技术常规威胁也在日益增大,特别是随着现代高科技广泛运用于军事领域,信息技术与武器系统的高度融合,使战场透明度大大增加,远程精确打击已逐渐成为现代作战的主要手段。因此,机动导弹系统未来所处的战场环境将更加恶劣,生存形势更为严峻。本章从机动导弹系统所处的战场环境出发,分析机动导弹系统面临的生存威胁,主要分析机动导弹系统面临的电磁威胁、侦察威胁、精确打击威胁以及近太空作战平台的威胁。其中,侦察监视和精确打击作为机动导弹系统生存能力的传统威胁因素,相关的研究比较早;电磁威胁是伊拉克战争以来才受到各方日益重视的一大战场威胁,由于其效费比高,不受国际法约束,已经越来越受到各国军方的高度重视,相关的研究正在积极开展;而近太空作战平台是近年来正在发展的新兴武器平台,具有许多优点,随着其技术的成熟和装备的应用,对机动导弹系统的生存威胁将会越来越大。

2.1　机动导弹系统面临的电磁威胁环境分析

在信息化战场上,机动导弹系统面临着复杂的电磁环境威胁。电磁环境是指由电子设备或系统在工作时所释放的辐射信号以及自然界产生的辐射效应所形成的总和。它是信息化战争明显区别于传统机械化战争的重要领域,其中既有己方电子设备正常工作所产生的电磁环境,也包括敌方恶意释放的由各种干扰信号构成的电磁环境[32]。随着机动导弹作战系统各领域的信息化程度不断提高,作战指挥系统、武器控制系统、情报侦察系统、通信系统中电子元件、设备的比重也不断增大。而大量电子装备的使用使得在未来的作战行动中,机动导弹系统受周围复杂电磁环境的影响越来越大,电磁环境在机动导弹系统作战中的地位也越来越突出。

2.1.1　电磁威胁环境的构成

未来作战中,机动导弹系统所处的电磁环境是以电磁波和光波为主形成的电磁信息流,依据电磁辐射源的不同,主要包括以下类型。

(1) 雷达辐射信号。这是构成战场电磁环境最为重要的信号之一。在未来的信息化战争中,敌我双方将在陆、海、空、天多维部署各种体制的雷达,如相控阵雷达、合成孔径雷达(SAR)、单脉冲雷达、频率捷变雷达、噪声雷达、毫米波雷达、脉冲多普勒雷达等,占用的频谱和工作带宽正在迅速扩展,几乎包括了高频、甚高频、超高频和光波的整个无线电频谱。其中,新体制雷达不仅工作频段宽,而且能产生复杂的信号波形。

(2) 通信辐射信号。随着战场空间的急剧扩大,机动作战能力的不断提高,无线电通信成为保障作战指挥的主要手段,有时甚至是唯一的手段。大量无线电通信设备的使用使得战场通信辐射的密度成几何级增长。目前,无线电通信系统的工作频率已从极低频、微波频段向毫米波和光波频段发展,几乎到了全频段覆盖的程度。加密通信、猝发通信、跳频通信、扩频通信、无线电自适应调零通信、毫米波通信等先进的通信技术和设备,使得信号特征更加复杂,电磁环境更加恶劣。此外,通信对抗技术也正在向自动探测搜索、捕捉分析、跟踪压制等方向发展,而且干扰频谱覆盖面更宽、功率更大。

(3) 光电辐射信号。在未来作战中,大量由光电设备控制和引导的精确制导武器的使用,使得交战双方在光电领域围绕精确打击和抗精确打击展开激烈对抗。为保护重要目标的安全,双方都将采用激光、红外、可见光及毫米波综合侦察告警方式,对来袭的各种威胁进行侦察识别,并综合运用强激光致盲干扰、光电欺骗干扰及无源干扰等各种光电综合对抗手段,以对抗来袭的激光制导、电视制导、红外成像制导、毫米波制导等对地精确制导武器的攻击。各种光电对抗武器系统,如光电侦察卫星、红外/激光制导导(炸)弹、激光武器系统、激光目标指示器、激光测距仪等所产生的光电辐射信号将充斥战场,成为构成电磁环境的又一要素。

(4) 计算机辐射信号。目前,计算机设备在军队中的广泛使用已是不争的事实,计算机网络已成为军队指挥系统的中枢神经,同时也是敌方攻击的重要目标。计算机是采用高速脉冲电路工作的,由于电磁场的交替变化,必然会向外辐射电磁波,因此计算机辐射信号已经跻身于电磁环境并成为其中越来越重要的信号之一。

(5) 强电磁脉冲信号。在未来战争中,小型战术核武器的使用具有一定的可能性。由核爆炸产生的各种射线和高能分子与空气分子相互作用所引起的核电磁脉冲效应,其频段极宽,大部分集中在0~100MHz范围内,覆盖了目前军用通信设备的主要频段。在现代高技术条件下,即使不使用核武器,而运用非核电磁脉冲技术,如使用电磁脉冲炸弹,也可形成强大的电磁脉冲干扰。

(6) 噪声干扰信号。主要包括战场环境中的大气噪声、宇宙噪声和人为噪声等。大气中的雷电辐射可产生 3MHz 以下频段的干扰信号,宇宙间的太阳系和银河系则可产生 30~200MHz 的干扰信号。另外,战场上使用的各种电子设备、各种车辆以及人员的活动等产生的噪声干扰信号也是电磁环境中不可忽视的因素。

2.1.2 复杂电磁环境对机动导弹系统的威胁

由于机动导弹系统的导弹武器系统、指挥控制系统都有大量的电子元件或设备,当周围的各种电磁信号超过一定的密度时,将会对机动导弹系统造成严重的危害。这种危害主要表现在对机动导弹系统电子元件或设备的工作造成干扰和毁伤两个方面。下面从导弹武器子系统、指挥控制子系统以及作战人员子系统三个方面分析复杂电磁环境对机动导弹系统生存能力的威胁。

(1) 对导弹武器子系统的威胁。导弹武器子系统包括导弹武器以及地面发射设备等,一旦遭到敌方的电子攻击会造成导弹武器自身电子元器件的工作紊乱,甚至无法工作。例如,发射测控设备失效就足以导致整台发射车失去发射能力。此时,可认为机动导弹系统已经丧失了生存能力,因为系统已经无法继续执行发射任务。

(2) 对指挥控制子系统的威胁。由于战场通信主要是通过有线通信和无线通信两种方式,战时敌方通过实施电子干扰,可以影响机动导弹系统正常的通信联系,甚至造成通信中断。在伊拉克战争中,美军曾对伊拉克实施了大规模的电子干扰,瘫痪了伊军的通信系统,掐断了伊军各部队之间的联系,取得了非常好的作战效果。通信对现代作战来说至关重要,一旦通信系统不能正常工作,各种信息的上传下达都会受阻。指挥控制子系统作为机动导弹系统的中枢神经,其在恶劣的电磁环境中,尤其是在遭受敌方的电子干扰或者电子攻击下的生存能力是系统生存能力的重要方面。

(3) 对作战人员子系统的威胁。作战人员子系统是整个系统的重要组成部分,也是系统中较为脆弱的部分。由于人体自身的生理结构和心理的原因,在受到外界强烈的电磁干扰时,人体会产生不适反应甚至造成作战人员精神失常。从以往对导弹作战系统威胁分析的研究来看,复杂电磁环境对于作战人员的威胁没有引起足够的重视。就目前来看,作战人员仍然是机动导弹系统的重要组成部分,如何提高作战人员在复杂电磁环境下的生存能力是值得研究的问题。

2.2 机动导弹系统面临的侦察威胁分析

在目前和未来的信息化战争中,机动导弹系统首先要面对的就是敌方全时空、多层次、大纵深的立体侦察体系所带来的威胁[2]。侦察监视系统主要由部

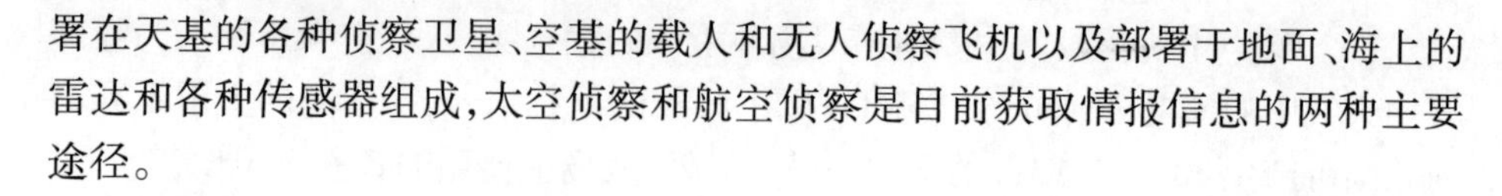

署在天基的各种侦察卫星、空基的载人和无人侦察飞机以及部署于地面、海上的雷达和各种传感器组成,太空侦察和航空侦察是目前获取情报信息的两种主要途径。

2.2.1 太空侦察分析

太空侦察的基本手段是各种侦察卫星,根据信息获取途径的不同,可以将太空侦察卫星分为成像侦察卫星和电子侦察卫星。

成像侦察卫星是利用卫星上携带的可见光、红外和雷达等侦察探测设备,获取目标的图像信息并传回地面,经过适当处理后即可判读、识别军事目标的性质和确定其地理位置,主要包括光学成像侦察卫星和雷达成像侦察卫星[3]。前者在各种侦察卫星中发展最早,发展数量最多,是太空侦察任务的主要承担者。目前美国主要使用三类成像侦察卫星:一是第五代光学成像侦察卫星 KH-11,主要采用了光电数字成像和实时图像传输技术,详查时地面分辨率可达 0.15m,卫星上的红外扫描仪可在夜间成像,星载多谱段扫描仪还具备揭露伪装的功能;二是第六代光学成像侦察卫星 KH-12,其地面分辨率不仅从 KH-11 的 0.15m 提高到 0.1m,而且瞬时观测幅宽从 2.8~4km 提高到 40~50km,卫星采用了当今最先进的自适应光学成像技术,可在计算机控制下随观测视场环境的变化灵活地改变主透镜曲率,从而有效地补偿了受大气影响造成的观测影像畸变;三是雷达成像侦察卫星"长曲棍球",为了弥补可见光侦察的不足,美国发展了合成孔径雷达(SAR)侦察卫星,到目前为止,只有美国发射了真正的 SAR 军事侦察卫星,卫星上的高分辨率合成孔径雷达能够克服云雾雨雪和夜暗条件的限制实现对地面成像,常用来监视机动式弹道导弹的动向,揭示伪装,发现隐蔽的武器装备以及识别假目标,甚至能穿透干燥地表,发现地下数米深处的导弹阵地设施。

电子侦察卫星是利用卫星上的电子接收装置监测、搜集地面无线电设备与雷达辐射的电磁信号,然后转发到地面站,通过分析获得有用的电子情报,如有关敌方预警、防空雷达的配置与能力等,来达到侦察目的[4,5]。它是平时掌握敌方部队行动、武器装备研制与部署情况的主要手段,也是战时实施电子战以及战略武器实施突防的主要情报来源。美国于 1962 年 5 月发射了世界上第 1 颗电子侦察卫星,至今已发展了 4 代。其中第 1 代为低轨道卫星,第 2~4 代主要为地球静止轨道和大椭圆轨道卫星。早期发展的电子侦察卫星现在仍有使用,如"旋涡"、"大酒瓶"等电子侦察卫星。目前美国主要使用第 4 代电子侦察卫星,即"水星"、"顾问"、"军号"等电子侦察卫星[37-39]。表 2.1 是目前美国使用的主要电子侦察卫星。

表 2.1　目前美国主要使用的电子侦察卫星

运行轨道	第2代	第3代	第4代
地球静止轨道（空军用于截获通信情报）	“峡谷”(Canyon)	“小屋”(Chalet) “漩涡”(Vortex)	“水星”(Mercury)
地球静止轨道（中情局用于截获电子情报）	“流纹岩”(Hyalite)	“大酒瓶”(Magnum) “猎户座”(Orion)	“顾问”(Mentor)
大椭圆轨道（空军用于截获电子情报）	—	“弹射座椅”(Jump Seat)	“军号”(Trumpet)

2.2.2　航空侦察分析

航空侦察的主要手段是各种侦察机，包括有人驾驶侦察机和无人驾驶侦察机。由于航空侦察距离地面近，获得的信息较太空侦察更为准确，而且可根据战场情况随时进行侦察，因此，仍然是目前及今后很长一段时间内获取战场情报信息的一大途径。

有人驾驶侦察机是目前空中侦察的主力，它可以携带可见光航空相机、红外航空相机、侧视成像雷达、电视摄像机等多种侦察设备。有人驾驶侦察机通常分为两类：一类是专门设计的侦察机；另一类是由各型飞机改装而成的侦察机。目前，美国专门设计的侦察机主要有 OV－1“莫霍克”、OV－10“野马”、TR－1A“斜眼狼”，以及 U－2S、SR－71 等。这些专门设计的侦察机具有搭载侦察设备多、侦察容量大、侦察精确度高等特点。例如，美国的 TR－1A 战术侦察机升限达到 27430m，最大航程 4830km，续航时间长达 12h，它沿国境线飞行可拍摄到对方国土 56km 纵深的目标，对地面目标的分辨率可达 3m，并可将获得的情报随时发回地面指挥所[40]。专门设计的侦察机虽然有很多优点，但由于技术复杂，研制周期长，成本较高，生产的数量有限。因此，由各型飞机改装的侦察机数量较多。由轰炸机和运输机改装而成的侦察机，一般具有装机容量大、侦察能力强、航程远和留空时间长等特点，主要执行战略、战役侦察任务，如美国的 RC－135 等；由战斗机、战斗轰炸机改装的战术侦察机则是数量最多的侦察机，如美国的 RF－4C/E、RF－5E 等。此外，国外几乎所有的先进战斗机均可配挂侦察吊舱以执行侦察任务，如 F－16 战机可以配挂 Red Baron 侦察吊舱，F/A－18 战机能够配挂 AN/38FLIR 侦察吊舱等。随着侦察—监视—攻击一体化系统的发展，这种配挂侦察吊舱的战斗机的地位将会越来越重要。

无人驾驶侦察机是 20 世纪 60 年代初发展起来的。近期世界几场局部战争的实践证明，同有人驾驶侦察机相比，无人驾驶侦察机具有更多的优点：①成本低，一架无人驾驶侦察机约需 50～100 万美元，而一架 SR－71 侦察机则为 2400 万美元；②可靠性高，能用以完成危险性比较大，不宜使用有人驾驶侦察机的侦察任务；③体积小，发动机功率低，红外辐射弱，不易被发现和击落；④发射机动灵活，既可用车辆运载起飞，也可装进运输机空运至前线发射。无人驾驶侦察机能携带可见光照相机、电视摄像机、前视红外遥感器及侧视雷达等。无人驾驶侦察机的缺点是需要多人维护，且操作复杂，地面和无人机之间的通信与控制链路易受到电子干扰和地形的影响，因此，只能与有人驾驶侦察机互为补充而不能完全取代。

目前，美军装备的无人驾驶侦察机主要有“捕食者”、“先锋”、“猎人”、“龙眼”、“全球鹰”等。我国台湾目前已研制出“天隼”和“中翔”两个系列共 5 型无人侦察机。这些无人机可搭载全球定位系统、摄像机、传感器、光电遥感器、电子战装备、通信系统等任务载荷，具备实时向地面传输目标图像情报的能力。

2.2.3 侦察监视对机动导弹系统的威胁

随着侦察监视技术的发展以及各类侦察装备的大量使用，战场正朝着透明化的方向发展。掌握信息优势的一方可以利用各种侦察手段，感知对方的作战部署、战场建设以及其他情报信息。机动导弹系统是一个复杂的作战系统，在单向透明的战场上，生存受到极大的威胁，侦察监视对机动导弹系统的威胁主要体现在以下几个方面：

(1) 增加了阵地暴露的可能性。机动导弹系统的各类阵地特征明显，加之建设过程中施工人员及车辆往来频繁，极易被敌侦察卫星发现和识别。由于阵地的建设也是一项复杂的工程，一旦在作战时继续使用已暴露的阵地，机动导弹系统将轻而易举地被敌毁伤。此外，即使机动导弹系统本身能够生存，但由于目前的机动导弹系统还需要依赖预有准备的发射阵地实施导弹发射，如果发射阵地被摧毁，机动导弹系统也将无法完成导弹突击任务。

(2) 增加了机动导弹系统在实施机动过程中暴露的可能性。目前，机动导弹系统在实施机动的过程中，一般采取喷涂特种迷彩、披挂伪装网等简易的伪装手段。但是随着合成孔径雷达侦察卫星的使用，这类伪装将变得毫无意义。机动导弹系统在机动时机的选择上虽可以考虑避开卫星临空的时间段，却无法避开高空无人机实施的航空侦察。而且，随着卫星组网、传感器组网等技术在侦察领域的应用，机动导弹系统将时时处处面临侦察监视的威胁。

(3) 增加了机动导弹系统被敌打击的可能性。随着侦察—监视—打击一体化的发展，发现即意味着打击，尤其是机动导弹系统被敌侦察发现之后，敌方可通过其在太空的优势对已发现目标进行实时跟踪监视，并将信息实时传输给各类作战飞机以及巡航导弹,对目标实施精确打击。

2.3 机动导弹系统面临的精确打击威胁分析

精确打击武器的概念出现于20世纪80年代,在后来的海湾战争和科索沃战争中,美军使用了少量的精确打击武器,取得了出乎意料的效果,至此精确制导武器在美军各类武器中的比例逐渐上升。到了伊拉克战争,精确制导武器在美军所使用的武器中的比例已经上升到95%。可以预想随着高技术广泛应用于军事领域,在未来的信息化战场上,精确制导武器将成为战场上的主角[7,8]。机动导弹系统将时时面临着精确打击武器的威胁,在点对点的精确打击模式下,机动导弹系统的生存形势将更加严峻。

2.3.1 机动导弹系统面临的精确打击形势分析

机动导弹系统面临的精确打击压力主要来源于美军存在于亚太地区的军事力量。目前,驻日、驻韩美军拥有F-15C/D、F-16战斗机,可在空中加油机的支援下,进入台湾海峡甚至南海区域遂行作战任务。位于日本冲绳的嘉首纳空军基地驻扎有美空军第5航空联队、第18航空大队等拥有丰富海外作战经验的王牌空军联队。2007年2月,美军又突然在冲绳临时部署了12架世界上最先进的F-22"猛禽"战斗机。2008年7月,美国空军将12架F-22战机部署到关岛的安德森空军基地,与已经驻扎在那里的B-2轰炸机一起组成一支"全球打击特遣部队",以便在针对任何一个对手的军事行动中率先"破门而入"。在海上,美海军的核动力航空母舰"乔治·华盛顿"号已经部署在日本的横须贺港。4艘改进型"俄亥俄"级核潜艇将以关岛基地为据点,在日本周边海域执行任务。这种经过大规模改造的核潜艇卸载了核导弹,取而代之的是150多枚"战斧"巡航导弹。

美国现役并多次使用的精确制导武器,主要有"战斧"系列巡航导弹、"托尔戈斯"(TORGOS)远程空地导弹、AGM-86C空射常规巡航导弹、AGM-154联合防区外武器、联合空对地防区外发射导弹(JASSM)、远程"斯拉姆"(SLAM)空地导弹以及AGM-65C/D/E/F/G空地导弹、GBU-32联合直接攻击弹药(JDAM)等。上述这些武器的制导精度有的已经达到1m,其制导方式也由原来单一的指令制导、惯性制导、电视、红外制导或激光制导发展到了地形匹配、数字景象区域匹配及全球定位系统(GPS)复合制导等多种方式。例如,AGM-86C空射常规巡航导弹,采用高爆杀伤战斗部或电磁脉冲发生器,射程为1500km,射击精度达到9~18m,既可对地面重点目标实施摧毁,还可对地面电子设备进行干扰破坏;联合空对地防区外发射导弹(JASSM)射击精度更是高达1m,在伊拉克战争中多次使用。该型导弹中段采用GPS或惯性制导,末段采取红外成像制导,射程在290~320km之间,飞行速度为亚声速或高亚声速。

近年来,由于美国大量对台军售,台军军事实力有所提升,并且具备了一定的精确打击能力。我国台湾目前拥有F-16A/B、幻影-2000以及IDF等各型主战飞机430余架,最大作战半径都在1200km以上,且均可携带空地导弹和精确制导炸弹。此外,台军还装备有“雄风”ⅡE、“雄风”ⅡD以及“雄风”Ⅲ型巡航导弹。“雄风”ⅡE是一种外形、性能与美国的“战斧”巡航导弹极其相似的远射程、亚声速、攻击陆地目标的巡航导弹,可携带500kg的弹头,射程为873~1249km。由于“雄风”ⅡE巡航导弹的最大射程超过1000km,因此,能够对机动中的导弹武器系统构成威胁。

2.3.2 精确打击对机动导弹系统的威胁

精确打击武器对机动导弹系统的威胁主要是通过常规巡航导弹以及各类作战飞机实现的。它们各有特点,对机动导弹系统的威胁也不同,以下分别进行分析。

(1) 常规巡航导弹的精确打击威胁。常规巡航导弹可以从海上、空中、陆上发射,又在防空火力网之外,因此其突防能力强,命中精度高,对机动导弹阵地系统构成极大威胁,如导弹储存库、发射阵地以及阵地上处于静止状态的机动导弹武器等目标,都在其打击范围之内。但巡航导弹也有一定的不足,即飞行速度较慢,一般为马赫数0.7~0.9,目前尚不具备打击机动目标的能力。

(2) 各类作战飞机的精确打击威胁。战斗机和远程轰炸机(包括携带精确制导武器的无人机)既能携带空地导弹对机动中的导弹武器实施攻击,也能携带激光制导炸弹对各类阵地实施攻击,具有奔袭远(有空中加油能力)、突防能力强(战斗机护航,电子干扰)等特点,对机动导弹系统的威胁主要体现在对机动导弹发射单元能适时地发现并以较大的概率命中。对处于发射状态的机动导弹发射单元威胁较大,尤其是对机动路线比较单一、各类车辆偏多、发射准备时间长的机动导弹武器系统,具有更大的威胁。

2.4 机动导弹系统面临的临近空间飞行器威胁分析

所谓临近空间飞行器,是指能够在临近空间执行特定任务的一种飞行器。临近空间,一般指距地面20~100km的空域,处于现有飞机的最高飞行高度和卫星的最低轨道之间,也称为亚轨道或空天过渡区,大致包括大气平流层区域、中间大气层区域和部分电离层区域。美空军认为,这一区域既不属于航空范畴,也不属于航天范畴,而对于情报收集、侦察监视、通信保障以及对空、对地作战等,却很有发展前景。由此可见,临近空间飞行器将成为机动导弹系统未来面临的新的生存威胁。

2.4.1　临近空间飞行器的军事应用前景

目前,世界各国提出了多种临近空间飞行器的发展方向,研究的热点主要集中在平流层飞艇、浮空气球和高空长航时无人机上。其中,平流层飞艇是地球同步卫星之外的另一种重要的定点平台。几种临近空间飞行器的设计思想、主要特点以及当前面临的主要技术挑战如表2.2所列。

表2.2　几种临近空间飞行器比较

类型	设计思想	主要特点	主要技术挑战
平流层飞艇	具有较大的气囊,气囊中充满轻质气体(如氮气),依靠空气浮力来平衡飞行器的重力,依靠螺旋桨的推力来克服阻力	可定点悬停或低速水平飞行,机动性能好	抗腐蚀、防渗透材料、能源、推进与定点控制、操作控制(放飞、回收)
浮空气球	具有较大气囊,充满轻质气体,无推进装置,依靠空气浮力进入临近空间	简单、成本低,易受风的影响,定点悬停和机动性能差	抗风、防腐蚀、防渗透材料
高空长航时无人机	采用航空飞行器设计方法,利用太阳能、氢燃料电池等新型能源,轻质结构,依靠空气动力到达临近空间	可快速机动	长距、长航时飞行,高度集成化

由于临近空间飞行器具有可持续对同一地区进行不间断覆盖、与目标距离近等优点,因此在区域情报搜集、监视、侦察、通信中继、导航和电子战等方面具备独特的优势。临近空间飞行器可对重点区域进行连续长时间监视与观测,有助于获取战场情报和进行战场评估;可作为电子干扰与对抗平台,毁伤敌方电子设备;可作为无线通信中继站,提供超视距通信。

目前,美国空军为临近空间飞行器确定了多个军事应用方向,其中包括战场指挥与控制、通信与情报、监视与侦察、对空与对地毁伤等方面。具体用途如近实时跟踪高价值目标、空间监视(可监视卫星而基本不受天气的影响)、导弹防御等。此外,美军还计划设计发展30km高空飞艇,其设计载重能力将近2t,可携带小直径炸弹、搭载机载激光器和地基激光器中继镜等,上可以攻击卫星,下可以攻击中低空飞行器和地面目标。

2.4.2 临近空间飞行器对机动导弹系统的威胁

临近空间飞行器与其他飞行器相比较,具有两大独特的优势。一是目前世界上绝大多数作战飞机和地空导弹都无法达到这一高度,而外太空武器还没有进入实战阶段。因此,临近空间便成了相对独立的“真空”层,从而给临近空间飞行器提供了相对安全的工作环境。二是临近空间飞行器能够比卫星提供更多、更全面的信息(尤其对于一些特定区域),而且应用成本也比卫星和高空侦察机低得多。由于临近空间飞行器具备的独特优势,在战场上能够长时间不间断地对某一特定区域实施侦察和监视,使得机动导弹系统实施隐蔽伪装的难度变大。而且,临近空间飞行器还作为一个攻击平台,一旦其侦察识别机动导弹系统之后,可立即实施打击。由于是临空打击,距离很近,命中率将会大大提高,这势必对机动导弹系统的生存构成极大的威胁。此外,它还可以作为一个实施电子干扰和电子对抗的平台,战时对机动导弹系统实施电子战,干扰甚至瘫痪指挥控制子系统或造成导弹武器电子元器件工作故障甚至毁伤。因此,随着临近空间飞行器技术的成熟以及临近空间飞行器的广泛部署,拥有临近空间飞行器一方的综合作战能力将会得到很大提高,机动导弹系统在战场上面临的生存压力将会越来越大。

2.5 本章小结

本章从战场上机动导弹系统所处的复杂电磁环境分析入手,研究了复杂电磁环境对机动导弹系统造成的软威胁,然后分别就侦察监视和精确打击对机动导弹系统的生存威胁进行了分析,最后探讨了临近空间飞行器对机动导弹系统作战及生存带来的新威胁。随着战场侦察—监视—打击一体化的发展,机动导弹系统在未来战场上的生存作战将面临着更为严重的威胁。

第3章　机动导弹系统生存能力概念设计

3.1　生存能力的基本定义

生存能力是军事研究人员和作战人员历来所关心的且正在从事研究的一个新的领域,研究的目的是尽可能地增大人员和武器装备在战场上的生存概率。在已有的生存能力定义中基本都基于两条重要的事实:一是把生存能力看成是军事系统的一种特性;二是能完成特定的任务。这样的定义显然是不完善的,因为军事系统的生存能力并不仅仅是由系统本身的特性所决定的,自然环境和战场环境对其也有重要影响。《战略武器系统生存能力概率的统计与实验》一文中定义:“武器系统生存能力是指武器系统在遭受敌方攻击后,能得以生存,并具备反击的能力。”定义中包含了三层含义:①系统本身具有一定功能;②系统遭受外部环境因素作用;③系统在遭受外部作用后仍具备功能[47]。根据上述定义,可以用图3.1所示系统生存能力机理图对其进行描述。

外部因素作用X → 系统功能Z → 输出功能SA

图3.1　系统生存能力机理图

基于上述分析,在此将一般的军事作战系统(包括武器系统和作战人员)的生存能力做如下定义:系统在特定的环境条件(自然环境、战场环境)作用下所反映出来的保持执行规定功能的能力的大小,称为该系统在特定环境条件下的生存能力。

3.2　机动导弹系统生存能力的系统分析

3.2.1　机动导弹系统的结构分析

系统的结构决定着系统的功能,对于机动导弹系统,其系统结构决定着系统的生存能力。机动导弹系统包括以下子系统:导弹和用于运输、发射导弹的发射装备组成的导弹武器子系统;供导弹武器子系统储存和实施机动作战的阵地子系统;用于指挥、通信和控制的指控子系统;维护、使用武器的人员子系统及综合保障子系统。导弹武器子系统是系统的主体部分,是实施对敌作战的主要物质基础,也是生存防护的主要对象;指控子系统是作战的生命线,是机动导弹系统赖以实施生存防护活动和突击作战行动的信息和指令来源;阵地子系统是提供导弹储存、维修、检测和作战准备的场所,又是防御敌方攻击的盾牌;保障子系统对机动导弹系统的生存同样重要,因为快速高效的保障,可以实现战损装备的修复和补充,而这无疑提高了系统的战场生存能力;人员子系统是机动导弹系统战斗力构成中唯一主观能动因素,也是最活跃的因素,对机动导弹系统的生存能力影响至关重要,因为战场上人员较脆弱,人员的受损将导致机动导弹系统丧失作战能力,此时也可以认为系统丧失了生存能力。

3.2.2 机动导弹系统的任务目标分析

作为任何一个军事系统,其首要任务目标就是实现系统所必须达到的军事目的。对于机动导弹系统,其任务目标包括实现常规威慑、常规导弹突击作战以及抗敌反制作战,其中核心任务是实施导弹突击作战,具体的任务目标可以用如图 3.2 所示的任务目标树描述。

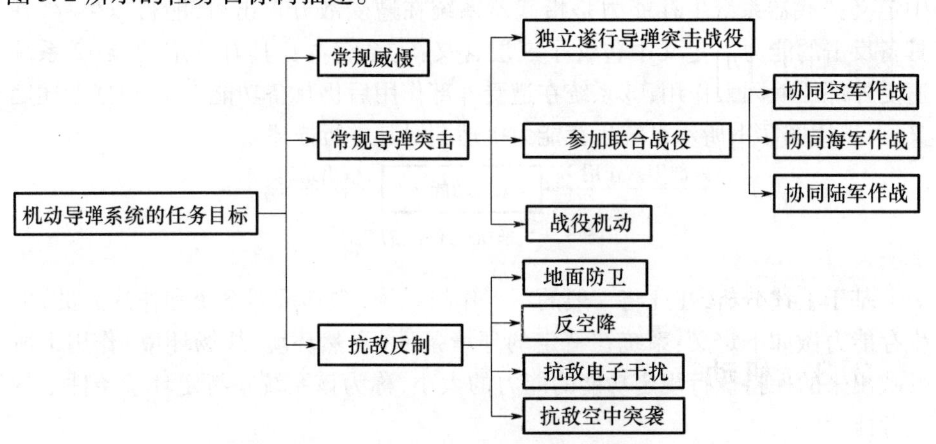

图 3.2　机动导弹系统的任务目标树

对机动导弹系统而言,其生存要求是在对抗条件下对敌实施远程突击或者遭敌精确打击后能够遂行反击作战任务。系统的生存作战过程包括了以下四个阶段:一是存储阶段,即机动导弹系统处于储存库内,进行作战准备阶段;二是机动阶段,即处于作战区域内实施机动阶段;三是待机阶段,即处于待机库或处于隐蔽待机点进行待机阶段;四是发射阶段,即处于发射阵地上实施发射阶段,包括发射准备和撤收。

根据上述机动导弹系统任务目标的分析,按照系统学的观点,功能是完成任务目标的基础和前提，而机动导弹系统的生存能力又是系统总功能的组成部分，换句话说，是子功能。机动导弹系统的总功能是实施远程突击作战或遂行反击作战，它可进行如下的分解（图3.3）[50]。

由图3.3可知，生存能力作为机动导弹系统的子功能之一，它并不是孤立的而是与其他子功能相互影响、相互作用的。一方面生存能力是系统发挥其他能力的前提和基础；另一方面其他能力也会对生存能力造成显著的影响。例如，如果武器系统的发射能力低，发射准备时间较长，就会导致系统暴露时间增长，也就增大了被敌侦察识别和遭受精确打击的可能，从而影响到整个系统的生存能力；如果维修保障能力强，能够及时而高效地对受损装备进行修复和补充，也能相应地提高系统的生存能力。可以将这种关系表示为网络拓扑结构图，如图3.4所示。

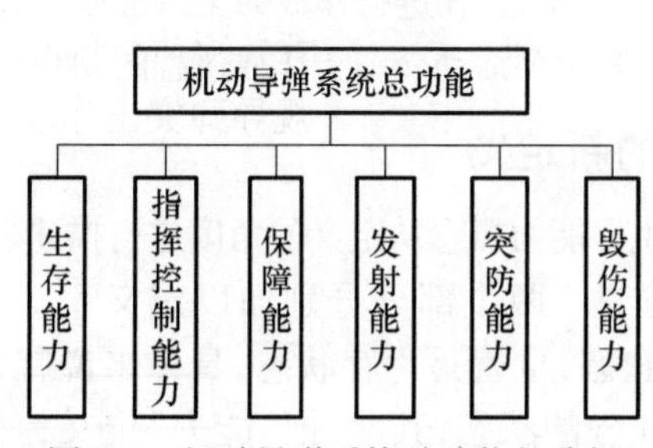

图3.3　机动导弹系统总功能的分解

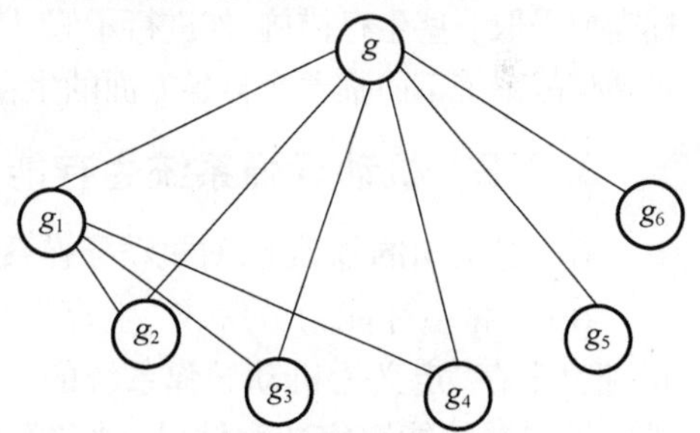

图3.4　机动导弹系统其他能力对生存能力的影响图

图3.4中，g 表示系统的总功能，g_1 表示系统的生存能力，g_2 表示系统的指挥控制能力，g_3 表示系统的发射能力，g_4 表示系统的保障能力，g_5 表示系统的突防能力，g_6 表示系统的毁伤能力。

3.3　机动导弹系统生存能力新概念

3.3.1　现有生存能力概念的不足

目前，对于导弹作战系统的生存能力还没有形成一个统一的概念，但从以往各种相关的研究成果来看，基本上都立足于以下定义：所谓导弹武器的生存能力是指导弹武器系统在遭受敌方的打击之后，仍然具备还击的能力[50]。很显然，这个定义存在一些不足，主要表现在以下几个方面。

（1）适用范围太过狭窄。这一定义仅仅考虑了导弹武器本身，而没有针对整个导弹作战系统。

（2）没有以系统的观点看待生存能力，没有联系整个导弹作战系统以及整个作战过程去考虑生存能力，也没有将生存能力与作战系统的其他能力之间发生的相互影响和相互作用体现出来。

(3) 在该定义下,主要进行了导弹武器在硬杀伤因素作用下的生存能力研究,而对于在电磁脉冲、电子干扰等软杀伤因素作用下的生存能力,则没有引起足够的重视。

(4) 按照这个定义的表述,“生存”就是指“仍然能够实施反击作战”,此处“生存”的涵义不够清晰,存在较大的模糊性。

(5) 上述定义将贯穿于整个作战过程始终的生存活动(如隐蔽伪装、机动规避等)从整个作战过程中分割出来,人为制造了一个“生存阶段”,这显然是不合理的。在实际的作战过程中,根本没有独立的生存阶段,导弹作战系统所进行的生存活动与作战活动是紧密交织在一起的。例如,在机动阶段,系统也有可能遭到敌方打击,同样需要采取一些生存措施,如进行示假、佯动等。总之,在进行作战的全过程中,机动导弹作战系统都面临着来自各方面的生存威胁,生存活动交织于作战过程的始终。

3.3.2 机动导弹系统生存能力的新定义

在上述分析的基础上,对机动导弹系统生存能力概念从定义的角度进行描述。

在此,将生存能力分解成“生存”与“能力”两个部分分别加以定义[6]。首先,把“生存”定义为机动导弹系统的一种状态,也就是生存状态,具体来说就是机动导弹系统能够完成存储、机动和发射任务的状态;其次,把“能力”定义为机动导弹系统所具有的功能,如机动、发射等。

于是,对机动导弹系统生存能力可做如下定义:机动导弹系统的生存能力是指机动导弹系统为完成导弹发射所具有的能够保持生存状态的潜在功能。

对于这个定义,需要做进一步分析。

(1) 这里所说的生存状态是针对整个机动导弹系统而言的,对于系统的各个子系统的生存状态的具体标准还应该分别加以定义。例如,武器子系统的生存状态可定义为导弹完成测试、可以发射的状态,各种作战车辆性能良好、可以实施机动和发射的状态;阵地子系统的生存状态可定义为阵地能够完成导弹存储、测试、待机、发射的状态,或虽遭受打击,但经过作战允许时限的修复能够完成上述作战任务的状态;人员子系统的生存状态可表述为作战人员能够完成从导弹测试到导弹发射的所有操作,保障人员能够完成各项后勤、装备和技术保障的状态。

(2) 生存状态是就机动导弹系统作战全过程而言的。机动导弹系统作战过程包括存储、机动、发射等多个阶段,系统的生存状态是通过这多个阶段生存状态的串联体现出来的。如果在任何一个阶段系统被毁伤,不再具备继续作战的能力,那么整个系统也就丧失了生存功能。例如,机动导弹系统在机动阶段被敌侦察发现,遭到攻击并严重损毁,不再具备继续进行机动、发射的能力。此时,从系统整个生存作战过程来看,系统已经丧失了生存功能。

（3）生存能力具有潜在性。机动导弹系统的这种潜在功能主要表现在对环境的适应能力上，包括对自然环境和战场环境的适应能力，其中主要是对战场环境的适应能力。在战场上系统生存能力的影响因素有敌侦察监视、电磁对抗以及精确打击。当机动导弹系统没有受到这些因素的干扰作用时，系统的生存功能表现得不明显。而当机动导弹系统受到外界的干扰作用时，系统生存功能便开始发挥作用，这种作用体现在以下两个方面：如果机动导弹系统受到的干扰较小，则保持系统的生存状态；如果受到的干扰作用使系统偏离了生存状态但仍在允许的范围内，则系统能够在允许的时间内恢复到生存状态。例如，储存库在被敌侦察发现并遭受打击之后，没有受到毁伤，这就是保持了生存状态不变；又如，在实施机动的过程中，机动导弹武器遭到敌方打击而受损，但是很快被修复，没有对机动任务造成不利影响，这就是系统暂时偏离生存状态但很快得到恢复的情况。机动导弹系统的战场生存能力就是系统对于环境作用的自适应、自调节过程，这种承受环境干扰作用的鲁棒性也就是系统生存能力的外在体现。如果系统偏离生存状态超出一定的范围，达到在允许的时间内不能恢复的状态，就认为其丧失了生存功能。例如，发射阵地被敌严重毁伤，难以在短时间修复甚至不能修复，此时，即使其他子系统没有受到任何损伤，但对整个机动导弹系统而言已经丧失了生存功能，因为系统已经无法继续执行作战任务。

（4）生存能力是和作战紧密联系的，生存的最终目的是为了完成作战任务。如果武器系统不进入战场，没有作战任务可言，那么它生存与否将没有任何意义。对于机动导弹系统，其任务目标前面已经进行了分析，系统的生存能力是保证这些任务目标得以实现的前提。

3.3.3　生存能力的相关概念

各种文献和资料中涉及的生存能力的相关概念很多，为了加深对生存能力定义的认识和理解，简要介绍一些相关的其他概念[51]：

（1）稳态生存能力，它是系统在多种打击策略下的平均生存能力。

（2）动态生存能力是系统在某种特定环境下的生存能力，随着不同的打击环境和自然环境而呈现出来的动态生存特性。

（3）固有生存能力是武器装备本身具有的生存能力，一般是指射前生存能力，对武器系统而言，它是构成武器系统的一项战技术指标。

（4）随机生存能力在某种程度上与动态生存能力具有相同的含义。

（5）离散生存能力是指系统在一次打击下的生存能力或特定时刻、时间段上的生存能力。

（6）连续生存能力或持久生存能力，它是系统在一定时间范围上的生存能力，是系统在战场环境下所表现出的持久生存特性。

(7) 狭义生存能力或目标生存能力，它是指系统某一单元、子系统或部分系统的生存能力。

(8) 广义生存能力或系统生存能力，它是整个配套系统的生存能力，同时又是广义生存概念上的系统生存能力。

基于上述对机动导弹系统生存能力的描述，以下构建基于 UML 的机动导弹系统生存能力概念模型。

3.4 基于 UML 的机动导弹系统生存能力概念模型

机动导弹系统作为高技术武器装备，无论是提出新型号系统的预研设计方案、现有型号系统的改型方案还是机动导弹系统的作战运用方案，都需要对各类方案进行深入细致的评估分析，以使各种方案满足费用最小化和作战效能最大化的要求，而机动导弹系统生存能力的评估是其中的重要内容。生存能力是影响机动导弹系统作战效能的重要因素，也是系统作战效能得以发挥的基础和前提，机动导弹系统在未来战场上的生存能力高低，直接决定了其能否完成作战任务。因此，从机动导弹系统设计研制和作战运用的不同角度对系统生存能力进行评估分析，具有重要意义。但机动导弹系统生存能力的评估具有高度复杂性，其主要原因就是存在大量的不确定性因素。影响机动导弹系统生存能力的不确定因素主要包括三类：作战环境的随机性、量化指标的不确定性和参数的未确知性。由于这些不确定因素的存在，使得在机动导弹系统生存能力评估中难以建立解析评估模型，或由于解析建模的需要进行过多的假设，使生存能力评估模型的适用性受到影响，而运用仿真建模方法评估机动导弹系统生存能力，是解决评估过程复杂性问题的有效手段。要实现机动导弹系统生存能力的仿真评估，首先需要进行生存能力概念建模，其目的是明确仿真中各实体的属性、建立实体间的关系，并对实体的活动和持续过程进行规范化描述。近年来，UML 在概念建模方面的有效性已被大量实践所证明。在此从机动导弹系统生存能力仿真建模的需求出发，以 UML 为工具，建立机动导弹系统生存能力的概念模型。

3.4.1 机动导弹系统生存能力用例图

用例图（Use Case Diagram）是从用户的角度出发对系统的功能、需求进行描述，并展示外部参与者以及它们与系统内部用例之间的关系，主要元素是用例和活动者。其用途是列出系统中的用例和参与者，并显示哪个参与者参与了哪个用例的执行。依据机动导弹系统生存作战过程所包括的存储、机动、待机、发射等四个阶段，找出系统生存作战过程中的所有用例，建立机动导弹系统生存能力的用例图，如图 3.5 所示。

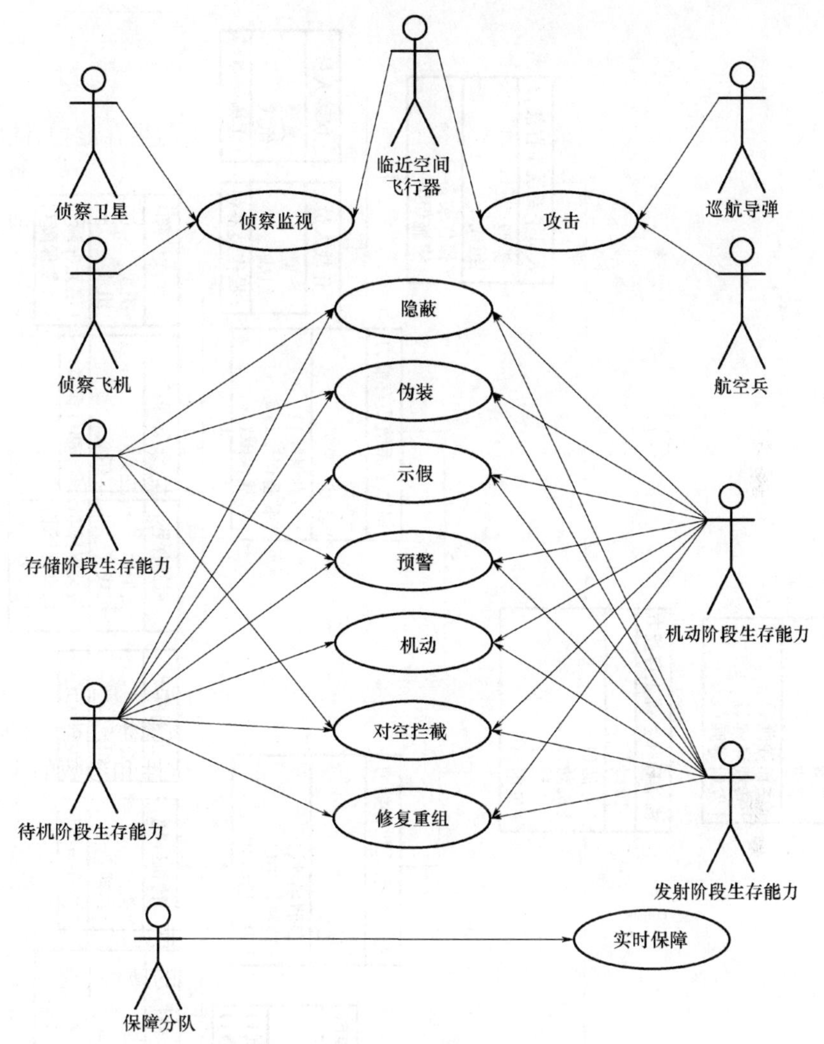

图 3.5　机动导弹系统生存能力用例图

3.4.2　机动导弹系统生存能力静态概念模型

UML 中的静态概念模型主要用于描述模型中与时间无关的元素，一般通过类图实现静态概念建模。类图描述了系统中的类及相互之间的各种关系，反映了系统中包含的各种对象的类型以及对象间的静态关系。机动导弹系统包括导弹武器子系统、阵地子系统、指挥控制子系统、保障子系统和人员子系统。机动导弹系统的生存能力是通过这些子系统的状态体现出来的，于是建立机动导弹系统生存能力类图如图 3.6 所示。

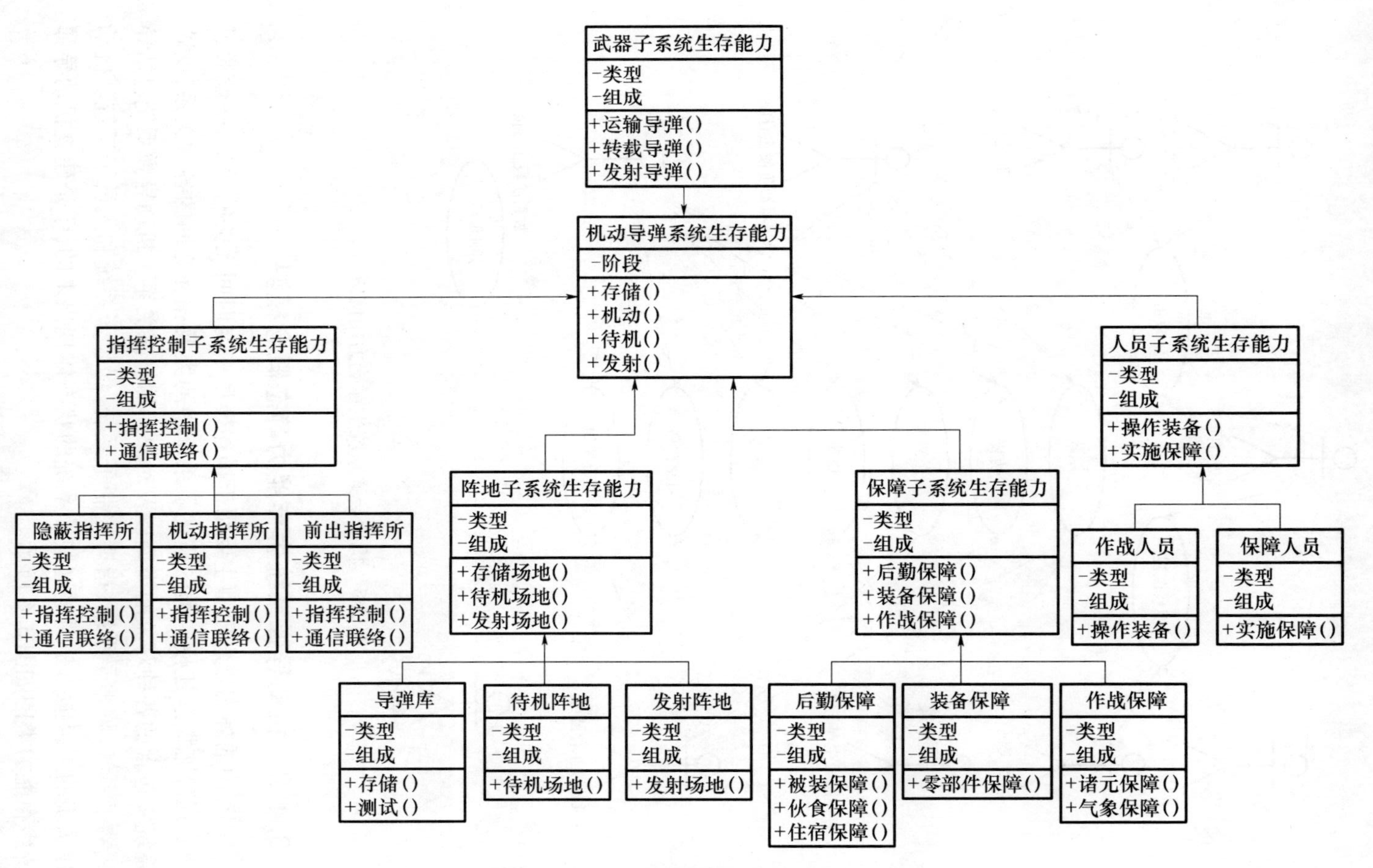

图 3.6 机动导弹系统生存能力类图

导弹武器子系统作为机动导弹系统的主要组成部分,应对其生存能力进行更为细致的描述,于是采用层次分析的方法建立武器子系统的类图,如图 3.7 所示。

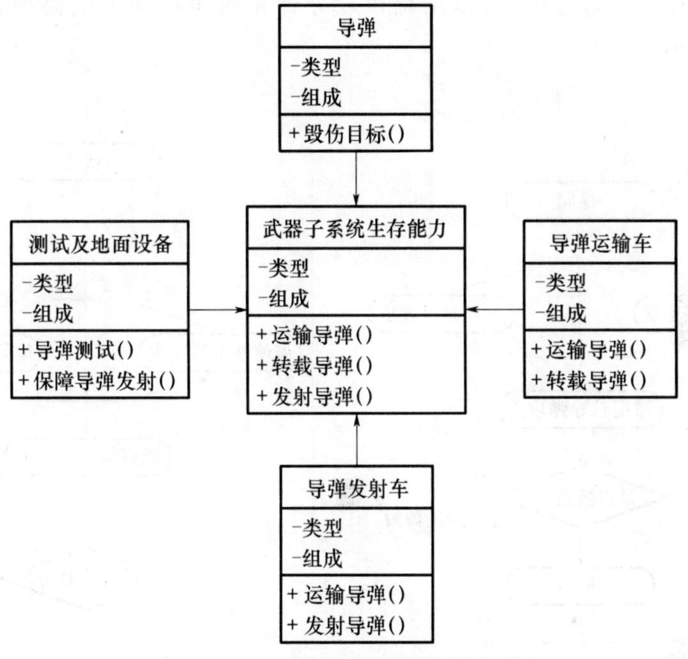

图 3.7　导弹武器子系统生存能力类图

3.4.3　机动导弹系统生存能力动态概念模型

建立了静态概念模型之后,便可以对机动导弹系统生存能力进行动态概念建模。在 UML 中的动态建模主要通过建立状态模型、协作模型、顺序模型、活动模型来实现,并相应地用状态图、顺序图、协作图、活动图来进行表示。下面分别用机动导弹系统生存能力的状态图和交互图描述机动导弹系统生存能力的动态概念模型。

状态图描述的是一个对象穿越多个用例的行为,它显示了类可能具有的状态,以及引起状态发生变化的事件,结合机动导弹系统的生存作战过程,建立机动导弹系统生存能力的状态图,如图 3.8 所示。

下面建立机动导弹系统生存能力的活动图。活动图由各种动作状态构成,每个动作状态由包含可执行动作的规范说明。活动图中显示了一个状态流向一个与之相连状态的转化,同时还可显示条件决策、条件、动作状态的并行执行、消息的规范等内容。机动导弹系统生存能力活动图如图 3.9 所示。

在建立机动导弹系统生存能力的 Use Case 图、静态概念模型以及动态概念模型的基础上,即可建立机动导弹系统生存能力仿真模型。通过对机动导弹系统生存能力的概念建模,可以给出机动导弹系统生存能力的模拟框架图,如图 3.10所示。

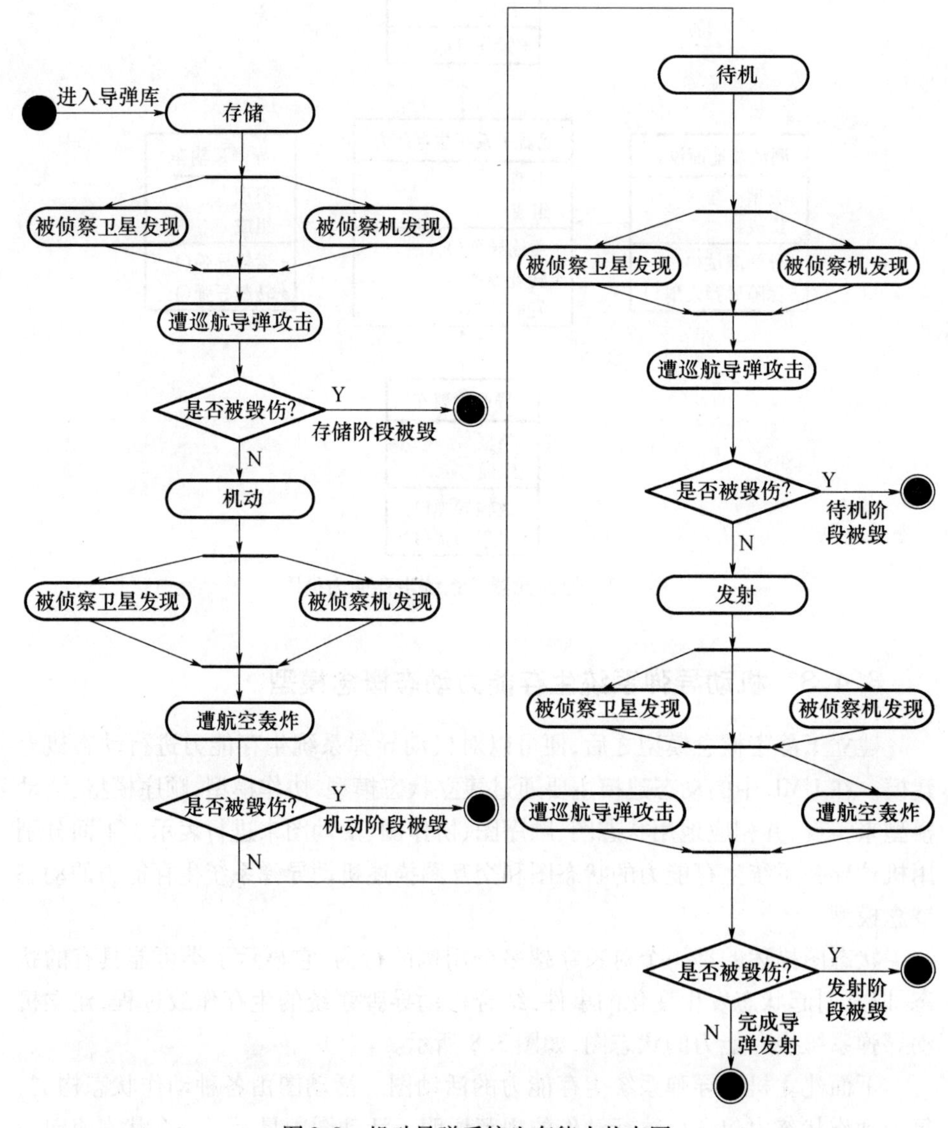

图 3.8 机动导弹系统生存能力状态图

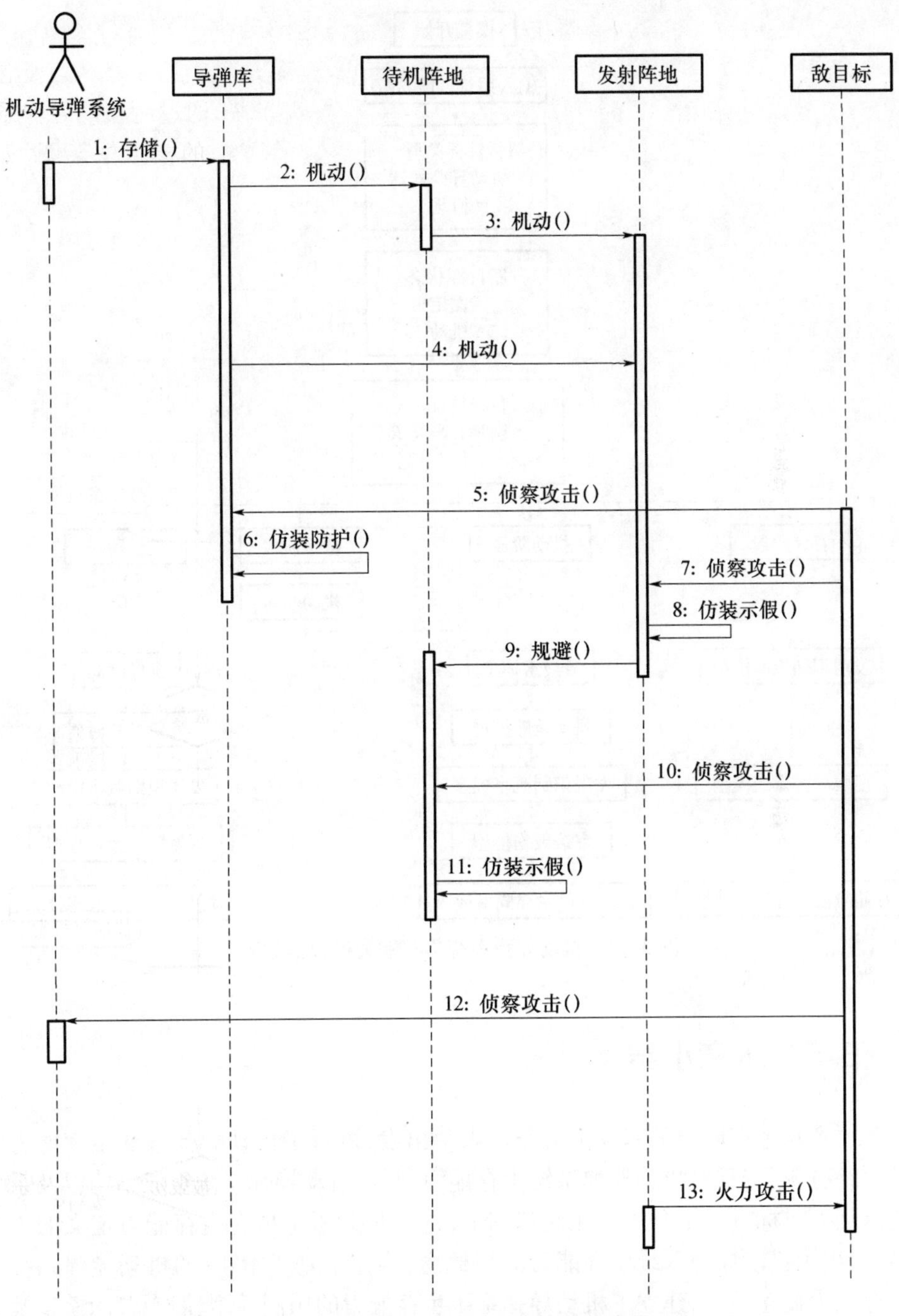

图 3.9　机动导弹系统生存能力活动图

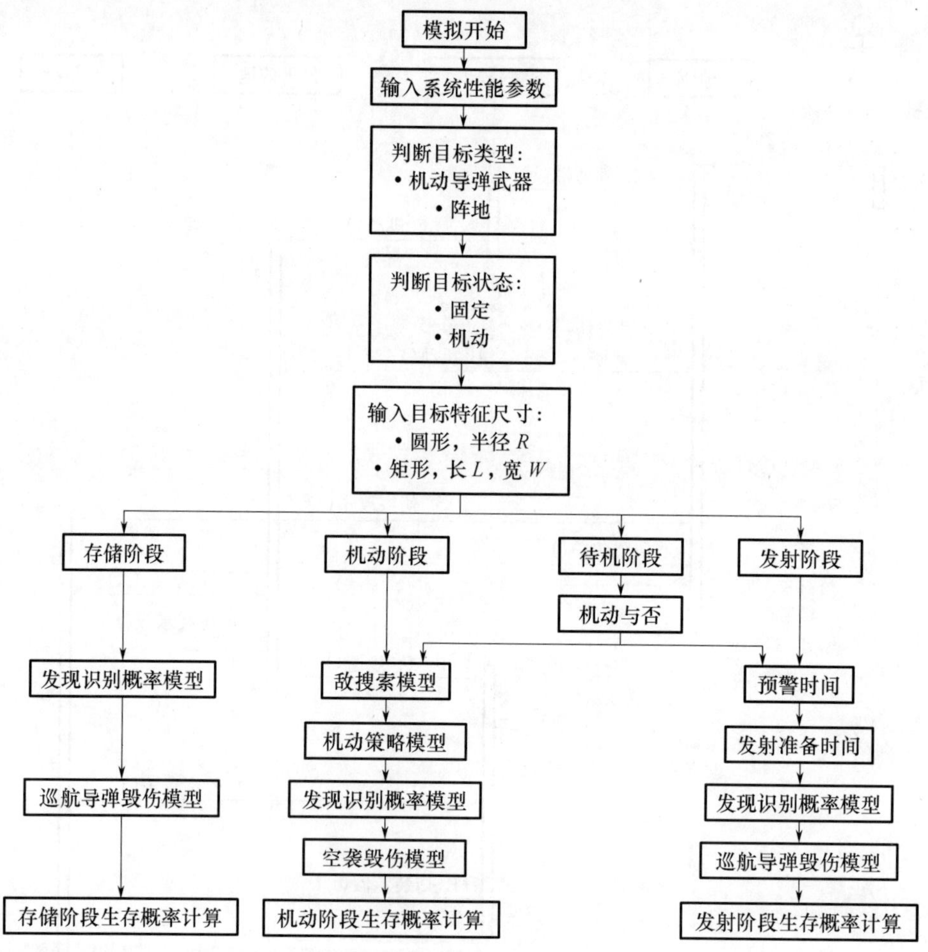

图 3.10　机动导弹系统生存能力模拟框架图

3.5　本章小结

本章从生存能力的基本定义分析入手出发，进行了机动导弹系统生存能力的系统分析，着重对机动导弹系统生存能力现状、机动导弹系统组成结构以及系统的任务目标进行了分析。在此基础上，进一步分析了现有生存能力定义的不足，提出了机动导弹系统生存能力的新概念，构建了基于 UML 的机动导弹系统生存能力概念模型，建立了机动导弹系统生存能力的用例模型、静态概念模型及动态概念模型，为机动导弹生存能力仿真奠定了基础。

第4章 机动导弹系统生存能力指标设计

生存能力指标是衡量机动导弹系统生存能力的主要依据,科学合理的指标体系无论是对于系统的论证还是评估都至关重要。生存能力是机动导弹系统主要作战效能之一,它包括了系统的隐蔽伪装能力、快速反应能力,机动能力、防护能力和快速修复能力等。通常,提高机动导弹系统生存能力的主要途径有:减小被发现的可能性;减小被命中的可能性;减小易损性和提高修复性。因此,在机动导弹系统的预研设计时要从以下四个方面进行考虑:系统在作战运用中尽可能不被发现;如果被发现了,系统特性或外形特征要尽可能使敌方难以命中;如果被命中了,要具有尽可能高的耐毁伤性;如果被毁伤了,则要保证能尽快修复。上述这些要求在系统的设计方案中具体通过与系统生存能力相关的战术技术指标体现出来,本章将对影响机动导弹系统生存能力的因素进行分析,并进行生存能力指标设计,最后对提出的指标进行量化研究。

4.1 机动导弹系统生存能力影响因素分析

4.1.1 机动导弹系统生存能力影响因素分类

机动导弹系统生存能力通常与以下几类因素有关。

(1) 系统的构成,包括构成机动导弹系统的子系统如武器、阵地、人员、C^4I 等以及各要素。

(2) 机动导弹系统的使用原则,包括机动导弹武器战术运用、环境使用特征等。

(3) 敌方武器性能、数量、运用原则,可能用于侦察和攻击机动导弹系统的敌方武器情况。

(4) 作战使用环境、态势对比。包括自然环境和战场环境。

(5) 机动导弹系统采取的伪装隐蔽(隐真、示假)策略。

(6) 机动性(车辆、道路、系统规模)因素。

(7) 加固防护性(防空装备、阵地、武器抗力)因素。

(8) 反应能力(指挥控制的快速性及预警)因素。

(9) 可靠、维修性(系统可靠性、维修性及保障性)因素。

(10) 预警与电子干扰、对抗。

4.1.2 生存能力相关因素分析

通过上述分析,机动导弹系统的生存能力与敌方武器的性能、攻击策略以及机动导弹系统的性能和作战运用等因素相关,可以说是多种因素综合作用的结果,其最大的特点是衡量时具有不确定性,这是由于其所处的自然环境和战场环境等因素的随机性造成的,总的说来可以将其相关因素分为以下两大部分[51,54]。

1. 外部攻击因素

攻击模式:A:临空轰炸,B:防区外打击,C:地面袭扰,D:核攻击。

攻击策略:发现机动导弹系统的可能性、攻击模式的确定以及攻击强度的确定(攻击武器性能、数量)。

这部分因素的确定是比较困难的,其判断的准确性直接影响到作战指挥决策恰当与否,从而影响系统在对抗条件下的生存能力。

2. 系统的内部生存因素

系统的分布结构:机动导弹系统生存相依性构成(数量、性能:机动性、隐蔽性、防护性、维修性、分散性等)。

生存策略:机动导弹系统作战运用原则、方法与阵地相配套的布局、机动与隐蔽伪装策略等。

机动性因素:机动速度、道路通过性、动力等。

分散性因素:导弹库、待机库、发射阵地三者之间的间隔距离;发射阵地之间的间隔距离。

隐蔽性因素:防可见光、红外、雷达侦察措施,系统的大小尺寸、高度(行驶中)、宽度等。

防护性因素:抗超压值,对电子干扰、电磁脉冲的防护性能以及对空防御等。

维修性因素:维修人员的业务水平、备件率、复杂性(车辆多少、维护难易等)。

按机动导弹系统作战使用原则,平时机动导弹集中储存于导弹库内,战时在技术阵地完成测试装弹后,转入待机阵地,根据上级命令进入发射阵地完成导弹发射。因此系统的生存作战过程包括以下四个阶段:

(1) 存储阶段(防护工程的生存性是关键)。

(2) 机动阶段(伪装,车辆机动性是关键)。

(3) 待机阶段(系统的隐蔽伪装是关键)。

(4) 发射阶段(完全暴露时其生存能力取决于快速反应时间、发射准备时间以及车辆的机动性)。

机动导弹系统的生存能力是系统在这四个阶段下生存能力的复合。

通过上述分析，建立机动导弹系统生存能力相关因素关系模型如图 4.1 所示。

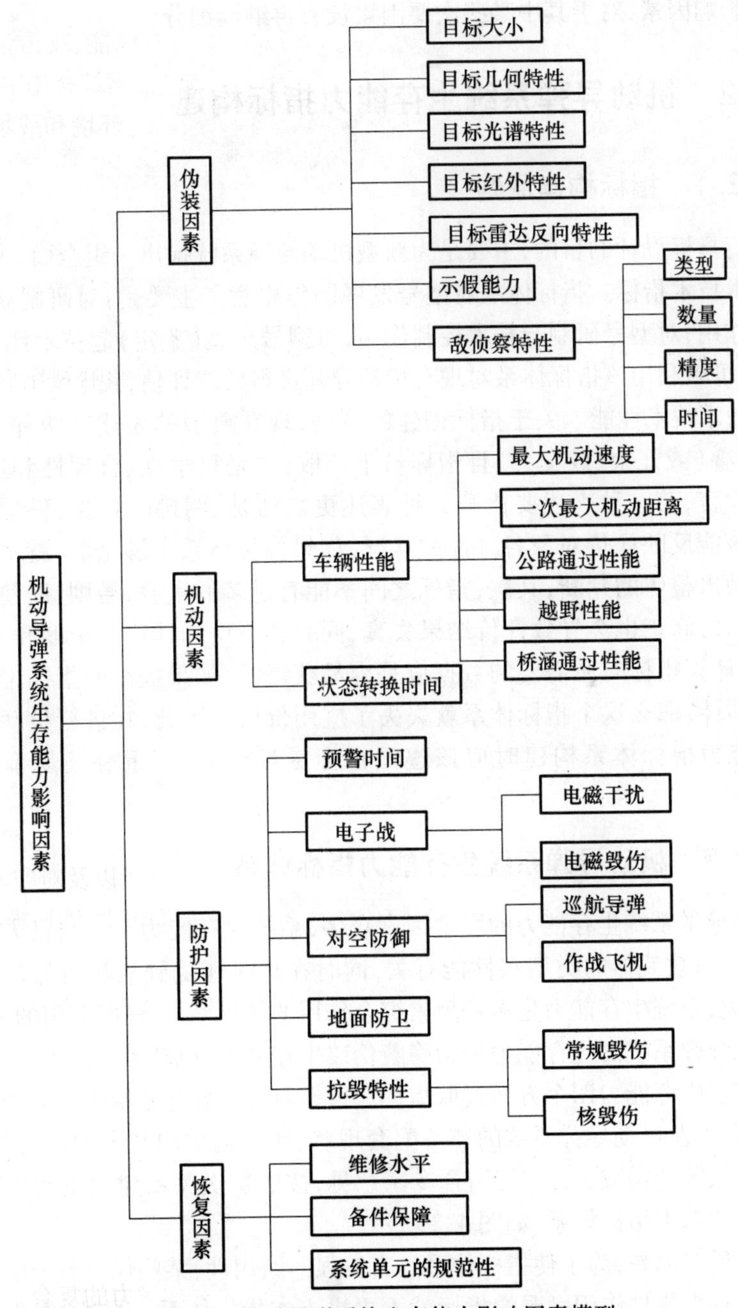

图 4.1　机动导弹系统生存能力影响因素模型

这个模型主要是从如何使机动导弹系统不被发现、发现后不被命中、命中后不被毁伤、毁伤后能尽快恢复四个方面提取的对机动导弹系统生存能力起主要作用的影响因素，对于其中某些次要因素没有再继续细分。

4.2 机动导弹系统生存能力指标构建

4.2.1 指标构建原则

进行指标设计的目的，主要是为新型机动导弹系统提出一组全面、先进和可行的战术技术指标。指标体系对型号发展的作用意义主要是：对研制立项起辅助决策作用，对型号研制起技术控制作用，对型号定型（鉴定）起技术评审作用。同时，还可以利用该指标体系对现有机动导弹进行效能评估，找出影响作战效能的主要战术技术性能。关于指标构建的原则，现在典型的表述有两种：一是全面、不重叠（或冗余、或交叉）且指标易于获取；二是科学性、合理性和适用性。相比较而言，第一种表述要比第二种表述更加清楚、明确。首先，科学的指标体系应该能反映评价对象各方面的状况，如果指标体系不够全面，就不能对评价对象做出整体的判断；其次，指标之间不能有过多的重叠，否则，即使对重叠进行适当的修正也会导致评价结果失真，同时还会增加计算的难度和工作量；最后，在计算指标时所需要的数据应是容易获得的，如果提出的指标难以进行计算或估计，那么这个指标体系就失去了应用价值。因此，在进行机动导弹系统生存能力指标体系构建时应该遵循指标尽量全面、不重叠且易于获取的原则。

4.2.2 机动导弹系统生存能力指标体系

机动导弹系统生存能力的影响因素众多，系统生存能力除了与己方因素相关外，还与进攻武器的类型和性能有关，同时在战时还受到战场自然环境的影响，可以说，系统生存能力是多种因素综合作用的结果[56]。根据上面的分析，本书将机动导弹系统的生存能力分为隐蔽伪装生存能力、机动生存能力、防护生存能力和恢复生存能力四个方面提取指标。根据对机动导弹系统生存能力影响因素的分析，以及机动导弹系统的装备配套现状、作战运用的基本理论、作战系统及其各分系统的构成特点[57]，结合专家意见，按照层次关系建立机动导弹系统生存能力的基本指标体系，如图 4.2 所示。

需要说明的是，为了使指标体系具有较强的通用性，某些仅对系统中单一或少数设备有影响且作用微弱的指标就不再进入本指标体系。另外，作为机动导弹系统生存能力的基本指标体系，对于生存能力有影响但可作为一个综合指标来对待的指标此处不再进行细分（如公路机动能力、抗毁能力等指标），以满足指标体系建立原则中“在不影响指标系统性的原则下，尽量减少指标数量”的简捷性原则。

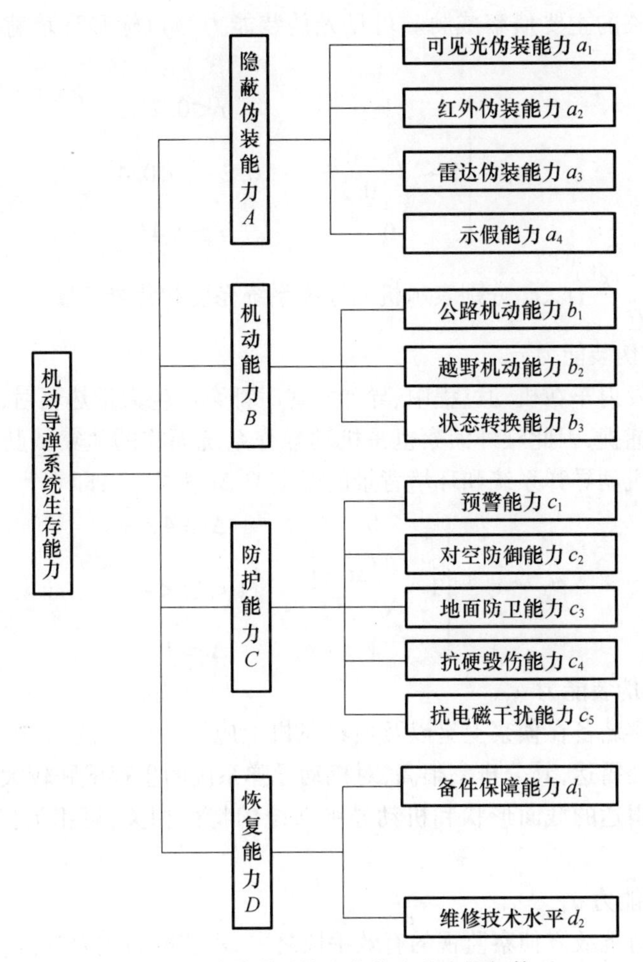

图 4.2　机动导弹系统生存能力基本指标体系

4.3　机动导弹系统生存能力指标量化分析

针对上面建立的机动导弹系统生存能力基本指标体系，下一步的工作就是对指标进行量化分析，为本篇后续生存能力的论证奠定基础。

4.3.1 隐蔽伪装能力 A 的量化

1. 可见光伪装能力 a_1

可见光侦察是现阶段航天和航空侦察的重要手段之一，也是机动导弹系统在战场上面临的主要侦察威胁。可见光伪装能力与目标和环境背景的亮度相关[58]，即

$$a_1 = \begin{cases} 1 & r \leqslant 0.2 \\ 1 - \sqrt{\dfrac{r-0.2}{0.2}} & 0.2 < r < 0.4 \\ 0 & r \geqslant 0.4 \end{cases} \tag{4.1}$$

式中：$r = \dfrac{|r_0 - r_b|}{r_0}$；$r_0$、$r_b$ 分别表示机动导弹系统亮度和背景亮度。

2. 红外伪装能力 a_2

多功能发射车在机动过程中、导弹发射时都会产生大量热辐射，极易被敌红外侦察设备捕捉，因此红外侦察也是机动导弹系统面临的侦察威胁之一。红外伪装能力与机动导弹系统和环境背景的温度差 Δt 相关[58]，即

$$a_2 = \begin{cases} 0 & \Delta t \geqslant 4 \\ 1 - \sqrt{\dfrac{\Delta t - 1}{3}} & 1 < \Delta t < 4 \\ 1 & \Delta t \leqslant 1 \end{cases} \tag{4.2}$$

3. 雷达伪装能力 a_3

雷达侦察装备在侦察卫星以及侦察飞机上应用比较广泛，其中比较典型的就是合成孔径雷达，其分辨率很高，对机动导弹系统的生存威胁较大。雷达伪装能力主要与雷达的截面形状和机动导弹系统的特征相关，可用类似于式(4.2)的方法量化。

4. 示假能力 a_4

示假是对抗敌方侦察监视的有效手段之一，示假能力主要与假目标数量、真目标数量以及假目标的逼真程度相关，即

$$a_4 = 假目标数 \cdot S_{逼真度系数} / (真目标数 + 假目标数 \cdot S_{逼真度系数}) \tag{4.3}$$

因此，机动导弹系统隐蔽伪装能力 A 可综合量化为

$$A = \sum_{i=1}^{4} \lambda_{ai} a_i \tag{4.4}$$

式中：λ_{ai} 为加权系数且满足 $\sum_{i=1}^{4} \lambda_{ai} = 1$。

4.3.2　机动能力 B 的量化

机动导弹系统的机动能力是指机动导弹武器从某一位置迅速转移到另一位置的能力。它包括了两层意思:一是机动导弹系统在中心库、待机库或发射阵地被敌侦察识别,为了避开敌巡航导弹或航空兵的打击而迅速从存储、待机或发射状态转换到机动状态的能力;二是机动导弹系统在机动过程中,系统自身所具备的能够保持机动状态的能力。因此,机动能力直接影响到机动导弹武器的生存能力。对于机动能力的量化求解,本书提出了一种层次分析与模糊评价相结合的方法。

(1) 根据前面提出的机动导弹系统生存能力指标体系,考虑与机动能力相关的子指标以及它们之间的隶属关系,建立机动能力的层次分析结构模型[57],如图 4.3 所示。

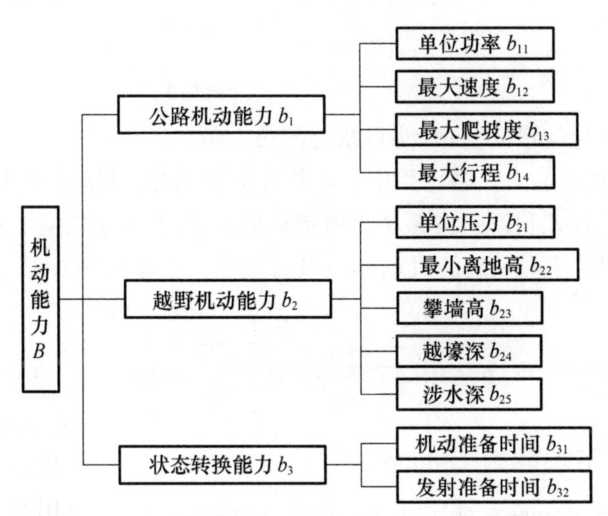

图 4.3　机动导弹系统机动能力的层次分析模型

(2) 确定各基本层指标对目标层指标的权重 ω_i。通过专家打分法构造判断矩阵,计算单一准则下元素的相对权重,最后计算基本层指标对于目标层的组合权重。由于大家对层次分析法较为熟悉,在此不再赘述。

(3) 对性能指标进行无量纲化和归一化处理。本层次分析模型中的各项性能指标,如最大速度、最大行程、机动准备时间等,各自属性不同、取值不同,量纲也不相同。因此,必须采用一定的方法对它们进行无量纲化和归一化处理,转化为无量纲的相对值,才可以对机动能力进行综合评价与分析。

对于本层次模型中指标的无量纲化和归一化问题,本文采用模糊数学中有关隶属度和隶属函数的理论和方法进行求解。在模糊数学中,常用[0,1]区间的一个实数来描述对象属于某一事物的程度,“0”表述为完全不隶属,“1”表述为完全隶属。隶属函数描述的就是从不隶属到隶属这一渐变过程。

假设对于给定论域 X 和任意的 $x\in X$,X 到[0,1]区间的任一映射 μ_B,即

$$\mu_B: X\rightarrow[0,1]$$
$$x\rightarrow\mu_B(x)$$

都能够确定 X 的一个模糊子集 B,那么就将 μ_B 定义成 B 的隶属函数,$\mu_B(x)$ 定义成 x 对于 B 的隶属度,每一项性能指标都对应一项隶属函数。比较常用的隶属函数有降半梯形分布、升半梯形分布、梯形分布、半矩形分布、矩形分布、三角形分布等。这里采用升半梯形分布作为某项指标的隶属函数,即

$$\mu(x)=\begin{cases}0 & (x\leqslant b_1)\\ \dfrac{x-b_1}{b_2-b_1} & (b_1\leqslant x\leqslant b_2)\\ 1 & (x\geqslant b_2)\end{cases} \tag{4.5}$$

式中:b_1 为该指标的最小值;b_2 为该指标的最大值。

(4) 量化机动能力。当计算出了各基本层指标对于目标层指标即机动能力的组合权重 ω_i,以及机动导弹系统该项指标值 x_i 对于其理想值的隶属度 $\mu(x_i)$ 后,就可用理想点法对系统的机动能力进行量化。基本层指标共有 11 项,机动能力量化值为

$$B=1-\sqrt{\sum_{i=1}^{11}\omega_i\left[1-\mu(x_i)\right]^2} \tag{4.6}$$

4.3.3 防护能力 C 的量化

机动导弹系统的防护能力是指机动导弹系统被敌侦察识别之后,在遭受打击的情况下,仍能够维持系统的生存状态的能力。这里的防护能力除了体现在机动导弹系统的预警能力、对空防御能力和地面防卫能力等之外,还包括了硬杀伤防护能力和软杀伤防护能力等。

1. 预警能力 c_1

机动导弹系统战时的预警任务主要由其他军兵种的地面预警雷达、预警机以及预警卫星进行保障,预警能力的高低通过预警时间体现,而预警时间的长短又是由预警探测设备的性能决定的。因此,用[0,1]区间的一个数来量化预警能力,“0”表示预警时间过短,不满足机动导弹系统生存作战所需最短时间,“1”表示预警时间大于等于机动导弹系统生存作战所需最长时间,即

$$c_1 = \begin{cases} 0 & t < t_1 \\ \dfrac{t}{t_2} & t_1 \leqslant t \leqslant t_2 \\ 1 & t > t_2 \end{cases} \tag{4.7}$$

式中:t 为预警系统的预警时间;t_1 为机动导弹系统生存作战所需的最短预警时间;t_2 为机动导弹系统生存作战所需的正常预警时间。

2. 对空防御能力 c_2

机动导弹系统的面临的空中打击威胁主要是敌作战飞机和巡航导弹,对这两类目标的拦截是对空作战的重点。由于机动导弹系统自身缺乏对空作战能力,战时对空防御任务也是由配属的其他军兵种防空部队来保障的,对空防御能力的高低通过对敌作战飞机和巡航导弹拦截的成功率来体现。这个成功率与进攻武器和防御武器的性能相关,很难在每一次对空作战之前准确预测。因此,本文用[0,1]区间的一个数来度量对空防御能力,"0"表示对于空中来袭目标完全不具备拦截能力,"1"表示能够成功拦截空中来袭目标。

3. 地面防卫能力 c_3

战时机动导弹系统除了面临来自空中的威胁外,也可能遭到敌特种力量的地面袭扰。这虽然不是防卫作战的重点,但是如果处理不当,很容易造成作战人员伤亡、武器装备损毁以及作战阵地遭到破坏等直接影响系统生存的严重后果。机动导弹部队自身虽然具备一定的地面防卫能力,但是这不足以满足地面防卫作战的需要,战时机动导弹系统的地面防卫作战力量也是由配属的其它军兵种来提供的。这也是一个定性的值,同样可以用[0,1]区间的一个数进行表征。

4. 抗硬毁伤能力 c_4

机动导弹系统对硬杀伤的承受程度用抗硬毁伤能力进行度量,硬杀伤主要包括破片和冲击波两类杀伤要素,如图 4.4 所示。

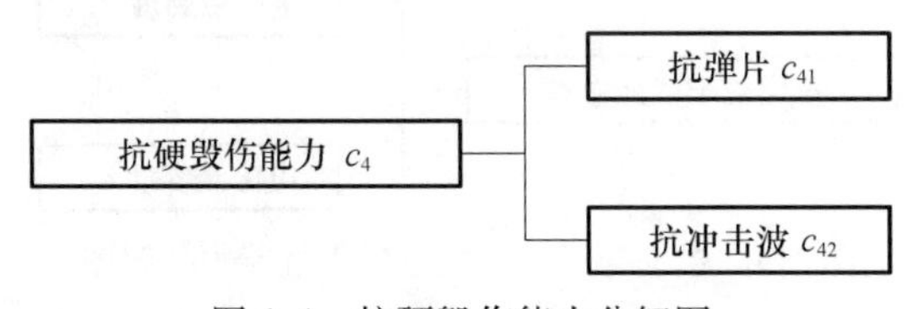

图 4.4 抗硬毁伤能力分解图

(1) 量化抗弹片能力 c_{41}。精确制导炸弹、巡航导弹等常规武器对机动导弹系统的毁伤主要是通过其爆炸产生的高速弹片来作用的。通常认为这样的毁伤是服从扩散高斯毁伤律的,在此条件下,可按如下公式计算抗弹片能力,即

$$c_{41}=1-\frac{\sigma_k^2}{\sqrt{(\sigma_k^2+\sigma_x^2)(\sigma_k^2+\sigma_y^2)}}\exp\left\{-\frac{1}{2}\left[\frac{a^2}{\sigma_k^2+\sigma_x^2}+\frac{b^2}{\sigma_k^2+\sigma_y^2}\right]\right\} \quad (4.8)$$

式中：a、b 为瞄准点的坐标；σ_x、σ_y 为来袭武器的散布标准差；σ_k 为扩散高斯毁伤参数，与打击目标类型、武器型号和武器爆炸方式相关。

（2）量化抗冲击波能力 c_{42}。机动导弹系统抗冲击波能力可由下面经验公式给出[61]，即

$$c_{42}=\begin{cases}1 & \Delta p<p_{\max}\\ 0 & \Delta p\geqslant p_{\max}\end{cases} \quad (4.9)$$

$$\Delta p=0.098\left(1.06\frac{q^{1/3}}{R}+4.3\frac{q^{2/3}}{R^2}+14\frac{q}{R^3}\right) \quad (4.10)$$

式中：Δp 为武器爆炸时产生的超压值（N/m^2）；$p_{\max}$ 为机动导弹系统自身所能承受的最大超压值（N/m^2）；R 为弹着点与机动导弹系统目标之间的距离，与瞄准点、系统误差等因素有关（m）。

于是，可将机动导弹系统抗硬毁伤能力表示为

$$c_4=\sum_{i=1}^{2}\lambda_{4i}c_{4i} \quad (4.11)$$

式中：λ_{4i}为加权系数且满足 $\sum_{i=1}^{2}\lambda_{4i}=1$。

5. 抗电磁干扰能力 c_5

抗电磁干扰能力也就是系统的抗软毁伤能力，机动导弹系统包含有大量的电子设备，战时敌方使用各种电子战武器对机动导弹系统进行打击时，会造成电子元器件失效或毁伤，进而造成系统无法继续作战。机动导弹系统对于电磁干扰的防护性能主要从系统的电磁敏感度和电磁兼容性两方面进行衡量，如图4.5所示。

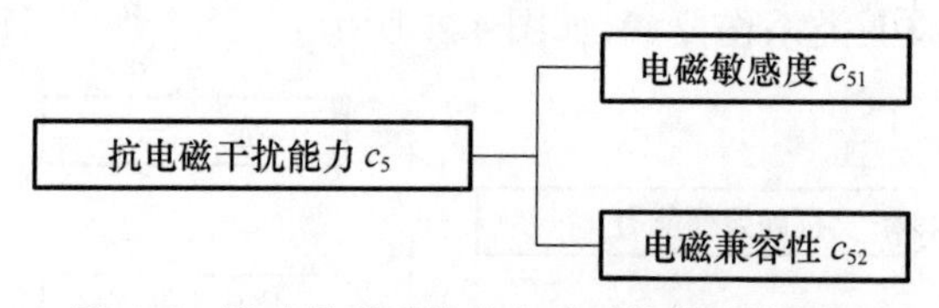

图4.5 机动导弹系统抗电磁干扰能力分解图

（1）量化电磁敏感度 c_{51}。电磁敏感度（Electromagnetic Susceptibility（Immunity），EMS）指的是电子元器件、设备、分系统或者系统在受到电磁辐射时所表现出来的运行性能不降低的能力。这项指标反映的是电子设备或系统对外界影响因素的抵抗能力，主要是对抗敌方恶意释放的电磁干扰，可表示为

$$c_{51} = (PT_0B_SG) \cdot S_A \cdot S_S \cdot S_M \cdot S_P \cdot S_C \cdot S_N \cdot S_J \tag{4.12}$$

式中：P 为机动导弹系统的雷达发射功率；T_0 为干扰信号的持续时间；B_S 为干扰信号带宽；G 为雷达的天线增益；S_S 为天线副瓣因子；S_A 为频率跳变因子；S_M 为 MTI 质量因子；S_P 为天线极化可变因子；S_C 为恒虚警率处理因子；S_N 为“宽—限—窄”电路的抗干扰改善因子；S_J 为重复品的频率抖动因子。

(2) 量化抗电磁兼容性 c_{52}。电磁兼容性(Electromagnetic Compatibility, EMC)指的是电子设备或系统在其电磁环境下能够正常工作，并且不对该环境中的任何事物产生不能承受的电磁干扰的能力。它和大家熟知的安全性类似，是电子产品质量的一项重要指标，该项指标主要反映的是系统自身的抗扰能力。对于该项性能指标的分析，国内外普遍采用四级筛选原理对其进行分级预测，即幅度筛选、频率筛选、详细预测和性能分析。为了确定单个发射源和单个敏感度设备之间的电磁干扰，应先将干扰源函数和包括天线函数与耦合途径函数在内的传输函数组合起来，以得到在敏感设备处的有效功率。然后，对比敏感度函数与有效功率来确定是否存在潜在的干扰。系统间的干扰分析只需考虑辐射干扰的情况，主要是考虑机动导弹系统发射源天线与敏感器天线之间的耦合，可表示为

$$\begin{aligned}\mathrm{IM}(f,t,d,p) = I/N = P_1(f_1) + G_1(f_1,t,d,p) - L(f_1,t,d,p) + \\ G_2(f_1,t,d,p) - P_2(f_2) + C_F(B_1,B_2,\Delta f)\end{aligned} \tag{4.13}$$

$$c_{52} = \frac{\mathrm{IM}}{\mathrm{IM}_0} \tag{4.14}$$

式中：IM 为干扰裕量(dBm)；IM_0 为机动导弹系统固有的抗自扰裕量(dBm)；$P_1(f_1)$为在发射频率为 f_1 时的发射功率(dBm)；$G_1(f_1,t,d,p)$为在发射天线方向上频率为 f_1 时对应接收天线方向上的增益(dB)；$L(f_1,t,d,p)$为在频率为 f_1 时收发天线间的传输函数(dB)；$G_2(f_1,t,d,p)$为发射天线方向上频率为 f_1 时对应接收天线方向上的增益(dB)；$P_2(f_2)$为在响应频率为 f_2 时接收机的敏感度门限值(dBm)；$C_F(B_1,B_2,\Delta f)$为发射机带宽 B_1、接收机带宽 B_2 以及发射机发射频率到接收机响应频率之间的频率间隔 Δf 的系数(dB)。

于是，可以将机动导弹系统的抗电磁干扰能力表示为

$$c_5 = \sum_{i=1}^{2} \lambda_{5i} c_{5i} \tag{4.15}$$

式中：λ_{5i} 为加权系数且满足 $\sum_{i=1}^{2} \lambda_{5i} = 1$。

综上分析，将机动导弹系统防护能力综合量化为

$$C = \sum_{i=1}^{5} \lambda_{ci} c_i \tag{4.16}$$

式中：λ_{ci}为加权系数且满足 $\sum_{i=1}^{5}\lambda_{ci}=1$。

4.3.4　恢复能力 D 的量化

机动导弹系统的恢复能力是指机动导弹系统在遭受敌航空兵或巡航导弹打击后系统生存状态能够迅速得以恢复的能力，主要取决于系统的备件保障能力和维修技术水平。

备件保障能力可以用备件器材的保障供应置信度 $Q(t)$ 来进行量化，$Q(t)$ 表示在 t 时间内系统所需的维修资源保障满足修复要求的概率程度。

维修技术水平可以用维修度 $M(t)$ 来进行量化，$M(t)$ 表示在 t 时间内完成一次战损修复的概率，t 是系统遭袭后到完成战斗准备的所需时间。

因此，机动导弹系统的恢复能力可以量化为

$$D=M(t)\cdot Q(t) \tag{4.17}$$

4.4　本章小结

本章从机动导弹系统生存能力的相关因素分析入手，构建了机动导弹系统生存能力的相关因素模型，在此基础上建立了机动导弹系统生存能力的基本指标体系，并运用各种方法对各项指标进行了量化分析研究，为本篇后续的论证分析工作奠定了基础。

第5章 机动导弹系统研制中的生存能力论证建模

开展机动导弹武器系统生存能力的论证分析是一项十分复杂的系统工程，同时又具有十分重要的意义，是机动导弹系统研发所必需的工作。机动导弹系统研制过程中的生存能力论证建模主要是针对新型号系统预研设计方案进行的论证分析工作，系统预研设计方案生存能力论证的目的是检验设计的新型号系统的生存能力能否满足规定的作战需求，只有满足作战需求的预研设计方案才能进行研发工作。如果经过对预研设计方案的论证分析，发现设计的新型号系统生存能力不能满足未来作战需求，则需要对方案进行适当的修改，然后再进行论证，这是一个不断反馈和修改的过程。

5.1 论证模式分析

5.1.1 论证的一般模式分析

所谓论证模式就是对论证过程客观规律的表述，是论证人员进行装备论证时所必须遵守的最一般的活动规律。根据构成论证系统的基本要素及其活动规律，从事论证活动必然包括如下过程：分析问题、提出方案、评审方案[3]。它们之间既具有一定的相对独立性，又在论证过程中相互衔接，存在着特定的逻辑关系，论证的一般模式如图5.1所示。

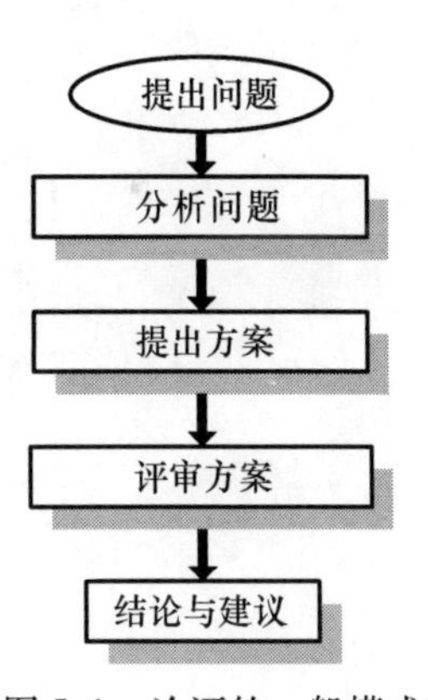

图5.1 论证的一般模式

5.1.2 武器装备论证的基本模式分析

根据上述论证的一般模式，结合武器装备论证的客观规律，武器装备论证的基本模式如图5.2所示。

在武器装备论证中，分析某项武器装备论证问题的主要内容包括弄清论证问题与论证目的，继而开展解决这一武器装备论证问题的必要性分析。必要性分析是武器装备论证的前期环节，也是解决该项论证问题的前提。在明确了论证问题和论证目的之后,便可进行下一步的工作——寻求解决武器装备论证问题与达到论证目的的备选方案。实际上,提出备选方案的过程是一个系统生成的过程。经过分析问题和提出方案两个过程,解决武器装备论证问题的备选方案已经清晰明朗了。但是,这个方案不可能马上付诸实践,还需要对它进行评审,以判断它是否满足预期的物质性和精神性效果。

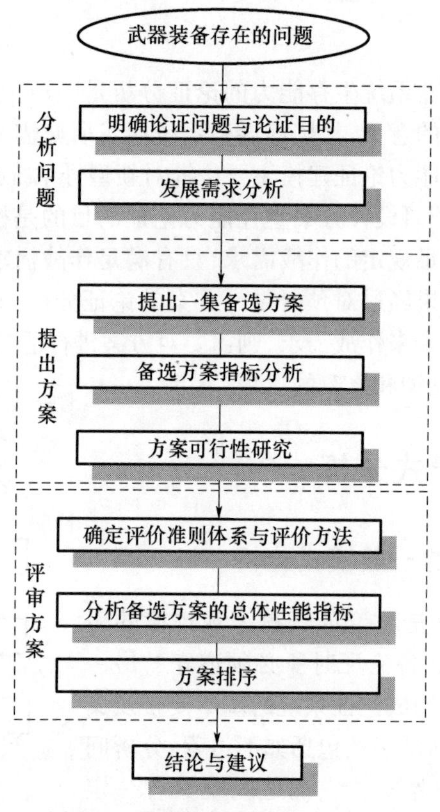

图 5.2　武器装备论证的基本模式

5.2　机动导弹系统研制方案生存能力论证建模准备

5.2.1　开展研制方案论证的目的

研制方案是武器装备研发的总体设计,是新型武器装备的总体蓝图,进行系统方案设计是武器装备发展的第一个环节,也是控制武器装备性能的重要环节。对于机动导弹系统而言,其技术含量高、价格昂贵、系统复杂,开展机动导弹系统的研发需要投入大量的人力物力。而且,作为我军的战略力量,其在我国国防建设中的地位显著,是我军对敌实施远程精确打击和纵深突击的“撒手锏”。从机动导弹系统研制的角度出发,设计研制具备较高生存能力的机动导弹系统方案是提高机动导弹系统战场生存能力最根本也是最有效的途径。这是因为,在系统设计阶段,研究人员可以通过对国内外现有同类型的武器装备性能的比较,设计出性能指标较高的系统方案,从源头上解决机动导弹系统战场生存能力不高的问题。另外,在设计方案论证阶段,论证人员可以进行大量的模拟研究,提出一个生存能力最令人满意的机动导弹系统研制方案。这样可以将有限的经费更多的用于装备的研发,实现了资源的最优配置。对系统研制方案的生存能力开展论证研究是从技术层面提高机动导弹系统生存能力的重要途径,它与下一章的机动导弹系统作战方案生存能力论证共同构成了机动导弹系统生存能力论证分析的两个主要方面。

5.2.2　系统设计方案

通过对现有机动导弹系统与国外先进机动导弹系统的比较,设计出一种新型号机动导弹系统的研制方案,其各项战术技术参数均已通过各种方法设定。假设该方案中与生存能力相关的基本参数如下:

1. 使用环境设计

(1) 野战使用环境。

环境温度:-×~×℃。

相对湿度:不大于×%。

地面风速:平均速度为×m/s,最大瞬时速度不大于×m/s。

天候:昼夜、阴天、中雨(雪)、重雾、沙尘等(能见度不低于×m)。

高程:发射点海拔高程不大于×m,通过海拔高程不低于×m。

道路条件:Ⅳ级公路、急造土路和越野路面。

(2) 导弹库使用环境。

环境温度:+×~+×℃。

相对湿度:×%~×%(×℃)。

高程:海拔高程不大于×m。

2. 伪装设计

该机动导弹系统地面车辆采用全流程、全波段、多样化伪装。全流程,即伪装措施满足整个作战流程的需求,在野外待机、公路机动、占领发射阵地三个阶段,均有相应的伪装手段和措施;全波段,即伪装装备能够对抗光学、红外和雷达全波段侦察;多样化,即伪装手段采取隐真与示假相结合的方式,不同作战阶段变换不同的伪装方式。

同时,伪装措施不会降低武器系统的作战使用性能,伪装器材可靠、实用、经济,与战场环境结合紧密,力求综合伪装性能最佳;各种伪装器材均能随车携带,操作简便,单项伪装措施的操作时间不超过×min。

3. 机动设计

(1) 机动距离。一次最大机动距离不小于×km,其中允许越野机动里程不小于×km,Ⅳ级公路里程×km。累积机动距离为×km,其中允许越野机动里程不小于×km,Ⅳ级公路里程×km。续驶里程为不小于×km。

(2) 机动速度。Ⅳ级公路平均速度为×km/h,最大机动速度为×km/h,Ⅳ级以上路面最大速度可达到×km/h。急造土路、越野路面平均机动速度为×km/h,最大机动速度为×km/h。

(3) 越野能力。多功能导弹发射车载弹机动时,具备涉水深×m,越沟宽×m,越障高×m,爬坡×°的越野能力,可通过急造土路、水网稻田、硬底沙漠等。

(4) 跨区作战能力。跨区作战时,多功能发射车和导弹运输车载弹,经过铁路机动运输后,再经公路(含越野)机动运输至发射阵地实施发射。一次运输最大距离为×km,最大铁路机动速度不大于×km/h。

4. 准备时间

(1) 发射阵地准备时间。光学直瞄下的发射准备时间为×min。

(2) 撤收时间。带弹撤收时间不大于×min,不带弹撤收时间不大于×min。

5. 防护设计

(1) 硬防护。机动导弹系统导弹库及待机库防护门的抗力为×kg/cm^2,多功能发射车的抗压强度×kg/cm^2。

(2) 软防护。系统在工作过程中,具备兼容内部电磁环境和抗外部电磁环境的能力,可保持导弹武器系统在各种任务剖面内能够正常工作。

机动导弹系统在阵地的电磁环境要求:

① 抗间接雷击×m距离,频率×kHz~×MHz,场强×~×V/m;

② 抗敌方造成的外界电磁环境×MHz~×GHz,场强×V/m。

导弹的电磁环境要求:允许×~×A的瞬时雷电流通过弹体。

(3) 预警、防空及地面防卫。这三项由配属的空军、陆军及其他力量保障。

6. 维修设计

该机动导弹系统全面贯彻维修性国军标,在参考其他型号系统的基础上,提高武器系统的维修性,对于需要维护的设备力求做到拆装方便,可达性好。同时,降低了对维修人员、设备的要求,减少了检测内容,延长了检测周期。维修体制符合基地级、中继级、基层级维修级别的要求。

导弹备件到单机、零部件;重要单机、零部件按不大于×:1备件;一般单机、零部件按不大于×:1和不大于×:1备件;导弹的返厂维修率小于×%。地面设备备到模块、插件、部件;重要模块、插件、部件按不大于×:1备件;一般模块、插件、部件按不大于×:1备件。

发射准备阶段的平均修复时间MTTR为×min,最大为×min;技术准备阶段的平均修复时间为×min;待机阶段的最大修复时间为×min。

多功能导弹发射车检修周期为×年,或者×km运输距离,或者工作时间达×h。

多功能发射车的大修周期为×年或者大修里程为×km。

5.2.3　机动导弹系统生存能力论证指标体系

从机动导弹系统的隐蔽伪装能力、机动能力、防护能力和恢复能力四个方面建立机动导弹系统生存能力的基本指标体系,在进行生存能力论证时参照第4章提出的指标体系,此处不再赘述。

5.3　机动导弹系统研制方案生存能力论证模型

在提出了机动导弹系统的预研设计方案和系统生存能力的基本指标体系之后,就进入到对方案进行评审阶段。由于机动导弹系统生存能力的基本指标体系中,既有可控因素,又有不可控因素,而且这些因素对机动导弹系统生存能力的影响都均有相当程度的模糊性和随机性,难以进行绝对的度量。鉴于此,本书提出了一种基于相邻优属度熵权的机动导弹系统研制方案生存能力模糊综合论证模型。

5.3.1　模糊综合评判模型

模糊综合评判模型是在模糊集理论的基础上,应用模糊关系合成原理,从多个因素对被评判对象隶属等级状况进行综合评判的一种方法。它通过建立在模糊集合概念上的数学规则,能够对不可量化和不精确的概念采用模糊隶属函数进行表达和处理。近年来,模糊综合评判模型已逐步推广到军事领域,应用于武器装备的论证工作中,成为军事系统工程学科中用于系统方案评审的重要方法[65]。下面结合上述机动导弹系统研制设计方案和生存能力基本指标体系,构建机动导弹系统研制方案生存能力的模糊综合论证模型。

1. 评判等级集合的确定

以机动导弹系统的生存概率作为评判系统生存能力的标准,可将机动导弹

系统生存能力划分为5个等级:低、较低、一般、较高、高,分别用Ⅰ、Ⅱ、Ⅲ、Ⅳ、Ⅴ来进行表示,这样得到评价等级集合为

$$V=\{\text{Ⅰ、Ⅱ、Ⅲ、Ⅳ、Ⅴ}\}$$

评判等级与机动导弹系统生存概率的对应关系如表5.1所列,表中所列的概率值实际上是评判等级的量化指标或者分级标准。

表5.1 评判等级的量化指标

评判等级	Ⅰ	Ⅱ	Ⅲ	Ⅳ	Ⅴ
机动导弹系统生存概率	0.2以下	0.21~0.4	0.41~0.6	0.61~0.8	0.8以上

2. 评判因素子集的确定

根据第4章的分析,影响机动导弹系统生存能力的14种因素如下:①可见光伪装能力a_1;②红外伪装能力a_2;③雷达伪装能力a_3;④示假能力a_4;⑤公路机动能力b_1;⑥越野机动能力b_2;⑦状态转换能力b_3;⑧预警能力c_1;⑨对空防御能力c_2;⑩地面防卫能力c_3;⑪抗硬毁伤能力c_4;⑫抗电磁干扰能力c_5;⑬备件保障能力d_1;⑭维修技术水平d_2。

指标的量化分析在第4章中均有介绍,这里不再赘述。需要说明的是,有些指标的量化还需要考虑其下级子指标,如公路机动能力、抗电磁干扰能力等。还有一些指标,虽然提出了量化公式,但是由于数据方面的原因难以准确进行定量计算,此时将其按定性指标处理,量化为[0,1]之间的一个值,数值越大表示该单项能力越高,反之则反。

综上分析,得到评判因素子集$V=\{v_1,v_2,\cdots,v_{14}\}$。

3. 机动导弹系统研制方案生存能力的二级模糊综合评判

根据评判因素的不同属性,将评判因子划分为四个子集:

$$V_1=\{a_1,a_2,a_3,a_4\},V_2=\{b_1,b_2,b_3\},V_3=\{c_1,c_2,c_3,c_4,c_5\},V_4=\{d_1,d_2\}$$

为了以下分析的方便,可将$a_1\sim a_4$用$v_1\sim v_4$表示,$b_1\sim b_3$用$v_5\sim v_7$表示,$c_1\sim c_5$用$v_8\sim v_{12}$表示,$d_1\sim d_2$用$v_{13}\sim v_{14}$表示。

其中:V_1反映了系统的隐蔽伪装能力对生存能力的影响;V_2反映了系统的机动能力对生存能力的影响;V_3反映了系统的防护能力对生存能力的影响;V_4反映了系统的恢复能力对生存能力的影响。

根据上述分析,可以建立机动导弹系统生存能力的二级模糊综合评判模型。

第一级分别对在V_1、V_2、V_3、V_4四个因素子集中同因素影响下的机动导弹系统生存能力进行评判,模型为(取$M(\cdot,+)$)

$$\underset{\sim}{B}_1=\underset{\sim}{A}_1*\underset{\sim}{\boldsymbol{R}}_1 \tag{5.1}$$

$$\underset{\sim}{B}_2=\underset{\sim}{A}_2*\underset{\sim}{\boldsymbol{R}}_2 \tag{5.2}$$

$$\underset{\sim}{B}_3 = \underset{\sim}{A}_3 * \underset{\sim}{\boldsymbol{R}}_3 \tag{5.3}$$

$$\underset{\sim}{B}_4 = \underset{\sim}{A}_4 * \underset{\sim}{\boldsymbol{R}}_4 \tag{5.4}$$

式中：$\underset{\sim}{A}_1$、$\underset{\sim}{A}_2$、$\underset{\sim}{A}_3$、$\underset{\sim}{A}_4$ 分别为 V_1、V_2、V_3、V_4 中的评判因素权重集，是评判因素集 V 的模糊子集；$\underset{\sim}{\boldsymbol{R}}_1$、$\underset{\sim}{\boldsymbol{R}}_2$、$\underset{\sim}{\boldsymbol{R}}_3$、$\underset{\sim}{\boldsymbol{R}}_4$ 分别为 V_1、V_2、V_3、V_4 与评判等级集合 V 之间的模糊关系矩阵，其形式为

$$\underset{\sim}{\boldsymbol{R}}_1 = \begin{bmatrix} r_{11,1} & r_{11,2} & r_{11,3} & r_{11,4} & r_{11,5} \\ r_{12,1} & r_{12,2} & r_{12,3} & r_{12,4} & r_{12,5} \\ r_{13,1} & r_{13,2} & r_{13,3} & r_{13,4} & r_{13,5} \\ r_{14,1} & r_{14,2} & r_{14,3} & r_{14,4} & r_{14,5} \end{bmatrix} \quad \underset{\sim}{\boldsymbol{R}}_2 = \begin{bmatrix} r_{21,1} & r_{21,2} & r_{21,3} & r_{21,4} & r_{21,5} \\ r_{22,1} & r_{22,2} & r_{22,3} & r_{22,4} & r_{22,5} \\ r_{23,1} & r_{23,2} & r_{23,3} & r_{23,4} & r_{23,5} \end{bmatrix}$$

$$\underset{\sim}{\boldsymbol{R}}_3 = \begin{bmatrix} r_{31,1} & r_{31,2} & r_{31,3} & r_{31,4} & r_{31,5} \\ r_{32,1} & r_{32,2} & r_{32,3} & r_{32,4} & r_{32,5} \\ r_{33,1} & r_{33,2} & r_{33,3} & r_{33,4} & r_{33,5} \\ r_{34,1} & r_{34,2} & r_{34,3} & r_{34,4} & r_{34,5} \\ r_{35,1} & r_{35,2} & r_{35,3} & r_{35,4} & r_{35,4} \end{bmatrix} \quad \underset{\sim}{\boldsymbol{R}}_4 = \begin{bmatrix} r_{41,1} & r_{41,2} & r_{41,3} & r_{41,4} & r_{41,5} \\ r_{42,1} & r_{42,2} & r_{42,3} & r_{42,4} & r_{42,5} \end{bmatrix}$$

$\underset{\sim}{B}_1$、$\underset{\sim}{B}_2$、$\underset{\sim}{B}_3$、$\underset{\sim}{B}_4$ 分别为对应于 V_1、V_2、V_3、V_4 的机动导弹系统生存能力的一级评判结果，它们都是评判等级集合 V 上的模糊子集。

在一级评判的基础之上，进行二级综合评判，其模型为

$$\underset{\sim}{B} = \underset{\sim}{A} * \begin{bmatrix} \underset{\sim}{B}_1 \\ \underset{\sim}{B}_2 \\ \underset{\sim}{B}_3 \\ \underset{\sim}{B}_4 \end{bmatrix} \tag{5.5}$$

式中：$\underset{\sim}{A}$ 为 V_1、V_2、V_3、V_4 这四类评判因素的权重集，即将 V_1、V_2、V_3、V_4 这 4 个因素子集视为 V 中 4 个集合元素各自的权重；$\underset{\sim}{B}$ 为总的评判结果。

4. 模糊关系矩阵的确定

确定模糊关系矩阵 $\underset{\sim}{\boldsymbol{R}}_1$、$\underset{\sim}{\boldsymbol{R}}_2$、$\underset{\sim}{\boldsymbol{R}}_3$、$\underset{\sim}{\boldsymbol{R}}_4$ 就是要确定矩阵元素 $r_{i,j}$，而 $r_{i,j}$ 就是只考虑评判因素 $v_i(i=1,2,\cdots,14)$ 时机动导弹系统生存能力对评判等级 $j(j=1,2,\cdots,5)$ 的隶属度 $\mu_{ij}(v_i)$，这样就将求矩阵元素的问题转化为了求评判因素对评判等级的隶属度的问题。

评判因素 $v_i(i=1,2,\cdots,14)$ 相对于Ⅰ、Ⅱ、Ⅲ、Ⅳ、Ⅴ这 5 个等级的隶属函数均可取为如下的正态分布形式，即

$$\mu_{ij}(v_i) = \exp\left[-\left(\frac{v_i - m_{ij}}{\sigma_{ij}}\right)^2\right] \qquad i=1,2,\cdots,14; j=1,2,3,4 \tag{5.6}$$

式中：m_{ij} 为第 i 个因素 $v_i(i=1,2,\cdots,14)$ 对第 j 个等级的统计值的平均值；σ_{ij} 为

第 i 个因素 $v_i(i=1,2,\cdots,14)$ 对第 j 个等级的统计值的均分差。

假定对于同一评判因素，其统计值的均方差 σ_{ij} 对任一评判等级都是相等的，即 $\sigma_{ij}=\sigma_i(j=1,2,3,4,5)$。根据经验及有关统计资料，确定 $m_{ij}(i=1,2,\cdots,14;j=1,2,3,4,5)$，$\sigma_i(i=1,2,\cdots,14)$，为了简化，将指标值处理成[0,1]的效益型指标，并将其分别列入表5.2、表5.3。

表5.2　评判因素在Ⅰ、Ⅱ、Ⅲ、Ⅳ、Ⅴ5个评判等级的均值

v	Ⅰ	Ⅱ	Ⅲ	Ⅳ	Ⅴ
v_1	0.20	0.40	0.55	0.70	0.92
v_2	0.25	0.35	0.60	0.72	0.85
v_3	0.30	0.45	0.65	0.78	0.90
v_4	0.16	0.38	0.56	0.79	0.88
v_5	0.35	0.47	0.64	0.75	0.87
v_6	0.18	0.32	0.53	0.72	0.81
v_7	0.12	0.28	0.46	0.63	0.82
v_8	0.19	0.31	0.48	0.64	0.86
v_9	0.33	0.44	0.53	0.68	0.87
v_{10}	0.35	0.48	0.57	0.69	0.84
v_{11}	0.30	0.42	0.56	0.70	0.82
v_{12}	0.26	0.38	0.53	0.66	0.84
v_{13}	0.32	0.44	0.55	0.71	0.83
v_{14}	0.28	0.41	0.54	0.70	0.85

表5.3　评判因素在Ⅰ、Ⅱ、Ⅲ、Ⅳ、Ⅴ5个评判等级的均方差

σ_1	σ_2	σ_3	σ_4	σ_5	σ_6	σ_7	σ_8	σ_9	σ_{10}	σ_{11}	σ_{12}	σ_{13}	σ_{14}
0.44	0.13	0.45	0.30	0.31	0.26	0.52	0.41	0.33	0.48	0.18	0.38	0.43	0.28

5.3.2　基于相邻优属度熵权的权重确定方法

权重是描述目标相对重要程度的数值，是方案评审中不可或缺的一部分。由于权重是人们知识经验的积累与反映，因此就本质而言，权重是一个主观概念，也是一个模糊概念。目前，权重的确定方法主要有三类：主观赋权法、客观赋权法和综合赋权法。

主观赋权法是根据各个目标的主观重视程度进行赋权的一类方法，主要有专家调查法、层次分析法、环比评分法、比较矩阵法、二项系数法等。由于在很多

复杂系统的评审中都存在大量的不确定性因素,因此导致主观赋权法所得到的结果带有较大的主观任意性,从而影响了评审结果的真实性和可靠性。

客观赋权法是依据一定的规律或规则对各个目标进行自动赋权的方法,主要有均方差法、熵值赋权法、多目标规划法、模糊迭代法等。这些方法一般只有在评审方案数远大于目标数时才能得出合理的权重,而在评审方案数较少,尤其在方案数少于目标数时,往往会导致权重出现负值,从而给评审和决策带来困难。

综合赋权法是将主观分析和客观赋权相结合的一种方法,即权重中既包含主观信息又包含客观信息。这类方法多采用定性与定量相结合的思想,从而使权重既能体现专家的主观意志,又能较好地反映问题的客观情况。

1. 相邻优属度熵权的基本理论

基于相邻目标相对优属度的权重确定方法是在有限二元比较法的基础上提出的一种求取权重的方法,其原理是:对于目标集 $\boldsymbol{O}=\{o_1,o_2,\cdots,o_m\}$ 中的所有目标作关于重要性的排序,可得到符合排序一致性原则的 m 个目标关于重要性的排序,假设为:$o_1>o_2>\cdots>o_m$,其中$o_i>o_j$ 表示o_i 比o_j 重要。

定义:基于排序一致性$o_1>o_2>\cdots>o_m$,对目标集 $\boldsymbol{O}$ 中的目标作关于重要性程度的二元比较:当 o_k 比 o_l 重要时,$0.5<\beta_{kl}\leqslant 1$;当 o_l 比 o_k 重要时,$0\leqslant\beta_{kl}<0.5$;当 o_k 与 o_l 一样重要时,$\beta_{kl}=0.5$,特别的$\beta_{kk}=0.5$,且$\beta_{kl}=1-\beta_{lk}$。

称β_{kl}为目标 o_k 对 o_l 的相对重要性模糊标度值,称$\beta_{k,k+1}$为相邻目标相对重要性模糊标度值。其中,$k=1,2,\cdots,m;l=1,2,\cdots,m$。

基于上述定义及相对隶属度原理,有如下结论:

在目标关于重要性的排序$o_1>o_2>\cdots>o_m$ 下,由相邻目标相对重要性模糊标度值$\beta_{k,k+1}(k=1,2,\cdots,m-1)$,必可求得目标相对重要性模糊标度值$\beta_{kl}(k=1,2,\cdots,m;l=1,2,\cdots,m)$。

对于目标 o_k,它与所有目标作关于重要程度的二元比较后得到$\beta_{k1},\beta_{k2},\cdots,\beta_{kk},\beta_{k,k+1},\cdots,\beta_{km}$,其中相邻目标相对重要性模糊标度值$\beta_{k,k+1}$已知。由目标相对重要性模糊标度值的定义可知,$\beta_{kk}=0.5$,$\beta_{kl}=1-\beta_{lk}$,因此只需求$\beta_{k,k+2}$,$\beta_{k,k+3},\cdots,\beta_{km}$,即得上述结论。

由目标排序$o_1>o_2>\cdots>o_m$ 可知:$\beta_{k,k+1}\in[0.5,1]$,$\beta_{k,k+2}\in[\beta_{k,k+1},1],\cdots$,$\beta_{k,m}\in[\beta_{k,m-1},1]$,它们在数轴$0-\beta_{kl}$上的关系如图5.3所示。

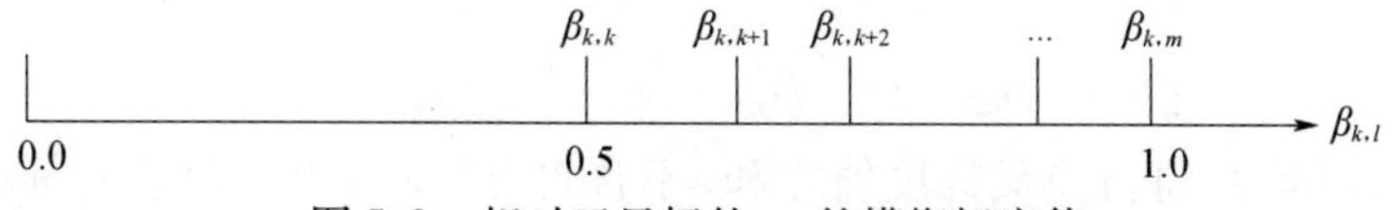

图5.3 相对于目标的 o_k 的模糊标度值

考察$\beta_{k,k+2}$与$\beta_{k,k+1}$及$\beta_{k+1,k+2}$之间的关系。在数轴$0-\beta_{kl}$上,$\beta_{k,k+2}\in[\beta_{k,k+1},1]$;在数轴$0-\beta_{k+1,l}$上,$\beta_{k+1,k+2}\in[\beta_{k+1,k+1},1]=[0.5,1]$,如图5.4所示。

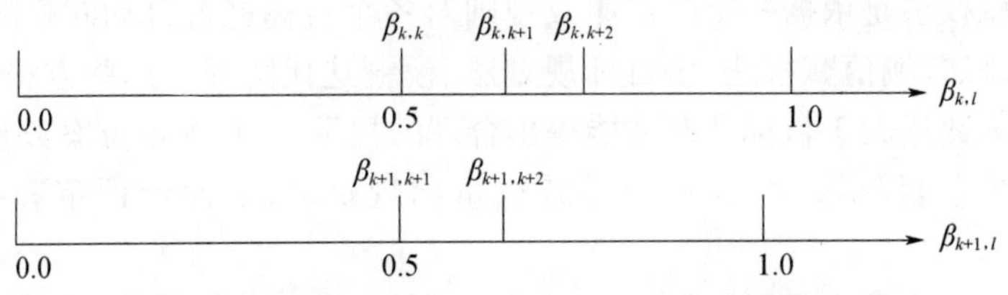

图5.4　模糊标度值$\beta_{k,k+2}$和$\beta_{k+1,k+2}$之间的投影关系

记:

$$\beta_{k+1,k+2}^{(k)}=\beta_{k,k+2}-\beta_{k,k+1} \tag{5.7}$$

$$\beta_{k+1,k+2}^{(k+1)}=\beta_{k+1,k+2}-\beta_{k+1,k+1}=\beta_{k+1,k+2}-0.5 \tag{5.8}$$

$\beta_{k+1,k+2}^{(k)}$和$\beta_{k+1,k+2}^{(k+1)}$分别是以o_k和o_{k+1}为基准作相对重要性程度比较时,$\beta_{k+1,k+2}$与$\beta_{k+1,k+1}$之间的差值,是同一问题在不同坐标系下的不同表述。

将$\beta_{k+1,k+2}^{(k+1)}$从坐标系$0-\beta_{k+1,l}$的[0.5,1]区间投影到坐标系$0-\beta_{kl}$的$[\beta_{k,k+1},1]$区间上,即将$\beta_{k+1,k+2}^{(k+1)}$转换为$\beta_{k+1,k+2}^{(k)}$,有

$$\frac{\beta_{k+1,k+2}^{(k)}}{(1-\beta_{k,k+1})}=\frac{\beta_{k+1,k+2}^{(k+1)}}{0.5} \tag{5.9}$$

$$\beta_{k+1,k+2}^{(k)}=2\beta_{k+1,k+2}^{(k+1)}(1-\beta_{k,k+1}) \tag{5.10}$$

由式(5.8)和式(5.10),可得

$$\beta_{k,k+2}=\beta_{k,k+1}+2(1-\beta_{k,k+1})(\beta_{k+1,k+2}-0.5) \tag{5.11}$$

同理,可推广得到一个统一的递推公式,即

$$\beta_{k,l}=\beta_{k,l-1}+2(1-\beta_{k,l-1})(\beta_{l-1,l}-0.5) \tag{5.12}$$

也就是可以由相邻目标的相对重要性模糊标度值来求得任何两个目标的相对重要性模糊标度值。

对于下三角元素,可由互补关系$\beta_{kl}=1-\beta_{lk}$求得。从而得到目标关于重要性的有序二元比较矩阵:

$$\boldsymbol{\beta}=\begin{bmatrix}\beta_{11} & \beta_{12} & \cdots & \beta_{1m}\\ \beta_{21} & \beta_{22} & \cdots & \beta_{2m}\\ \vdots & \vdots & & \vdots\\ \beta_{m1} & \beta_{m2} & \cdots & \beta_{mm}\end{bmatrix}=(\beta_{kl})\quad k,l=1,2,\cdots,m \tag{5.13}$$

显然,矩阵$\boldsymbol{\beta}$每行模糊标度值之和(不含自身比较)可以代表目标的相对重要性,也可以看作是非归一化的目标权重:

$$\omega'_k = \sum_{l=1}^{m} \beta_{kl} \quad k,l=1,2,\cdots,m;k\neq l \tag{5.14}$$

经归一化处理后得

$$\omega_k = \frac{\omega'_k}{\sum_{k=1}^{m} \omega'_k} \quad k=1,2,\cdots,m \tag{5.15}$$

从而得到目标权重向量 $\boldsymbol{\omega}=(\omega_1,\omega_2,\cdots,\omega_m)^{\mathrm{T}}$。

这种方法的优点主要是：以模糊相对隶属度为基础，充分利用目标排序的一致性，克服了层次分析法（AHP）两两比较判断中的固有缺陷，即互反性二元比较判断矩阵的一致性问题（例如，元素 i 比 j 稍重要，元素 j 比 k 稍重要，根据AHP规定的标度有 $a_{ij}=3,a_{jk}=3$。按AHP一致性矩阵的准则，有 $a_{ik}=a_{ij}\cdot a_{jk}=9$，而AHP标度9的含义为极端重要，也就是说，元素 i 比元素 k 极端重要。显然，这一判断与日常语言习惯不符合，也不合理），使得权重的确定符合决策过程的逻辑思路，也符合人们在给出目标排序前提下用两两比较来判断重要性的思维习惯，同时减少了决策者给定相对重要性判断的次数，在目标数量较多时，评审和决策的过程更为简洁和方便。

但是，这种方法虽然采用了模糊标度来反映处理问题当中所遇到的不确定性问题，但仍然需要专家或专业人员给出相邻目标的相对重要性，因此本质上来说仍然是一种主观赋权法。针对此不足，提出基于相邻优属度熵权的权重确定方法，利用熵可以作为不确定性特别是随机不确定性客观量度的特点，来求取权重。

熵来源于热力学，后被引入信息论，作为系统状态不确定性的一种度量。目前已在工程技术、经济社会中得到了广泛应用。

假设系统可能具有的状态有 n 种，每种状态出现的概率为 $p_i(i=1,2,\cdots,n)$，则该系统的熵为

$$E=-\sum_{i=1}^{n} p_i \ln p_i \quad 其中，p_i 满足：0\leqslant p_i\leqslant 1;\sum_{i=1}^{n} p_i=1 \tag{5.16}$$

设有 n 个待评对象，m 个评估指标，则有评估矩阵 $\boldsymbol{R}=(r_{ij})_{n\times m}$。对于某个指标 r_j，其信息熵为

$$E_j=-\sum_{i=1}^{n} p_{ij}\ln p_{ij}$$

其中

$$p_{ij}=\frac{r_{ij}}{\sum_{i=1}^{n} r_{ij}} \quad j=1,2,\cdots,m \tag{5.17}$$

熵可以用来衡量某一指标对目标价值高低的影响程度,即确定各个指标的客观权重。

构造评价矩阵。设有 n 个待评对象,m 个评价指标,则评价矩阵为

$$\boldsymbol{R}=\begin{bmatrix} r_{11} & r_{12} & \cdots & r_{1m} \\ r_{21} & r_{22} & \cdots & r_{2m} \\ \vdots & \vdots & & \vdots \\ r_{n1} & r_{n2} & \cdots & r_{nm} \end{bmatrix}$$

评价矩阵中的定性指标可以利用多种方法将其量化,如多级比例法等,在此不再赘述。

进行归一化处理。由于指标体系中的各个指标具有不同的量纲,因此需要进行归一化处理。对于正指标(越大越好),有

$$r'_{ij}=\frac{r_{ij}}{\max(r_{1j},r_{2j},\cdots,r_{nj})} \tag{5.18}$$

对于适度指标(越接近某一值越好),有

$$r'_{ij}=\frac{1}{(1+|a-r_{ij}|)} \quad a\text{ 为理想值} \tag{5.19}$$

对于负指标(越小越好),有

$$r'_{ij}=\frac{\min(r_{1j},r_{2j},\cdots,r_{nj})}{r_{ij}} \tag{5.20}$$

于是,得到处理后的评价矩阵为

$$\boldsymbol{R}'=(r'_{ij})_{n\times m}$$

计算各指标的熵值与相对熵值。各指标的熵值为

$$E_j=-\sum_{i=1}^{n}d_{ij}\ln d_{ij} \tag{5.21}$$

式中:$d_{ij}=\dfrac{r'_{ij}}{\sum\limits_{i=1}^{n}r'_{ij}}(j=1,2,\cdots,m)$;假定 $d_{ij}=0$ 时,$d_{ij}\ln d_{ij}=0$。

由熵的性质可知,某个指标的各评价值越接近,其熵值就越大。当 d_{ij} 相等时,熵达到最大值 $\ln n$。因此,其相对熵值为

$$e_j=\frac{E_j}{\ln n} \quad j=1,2,\cdots,m \tag{5.22}$$

计算各指标的熵权。第 j 个指标的熵权θ_j 定义为

$$\theta_j=\frac{1-e_j}{m-\sum\limits_{j=1}^{m}e_j} \quad j=1,2,\cdots,m;0\leqslant\theta_j\leqslant1;\sum_{j=1}^{m}\theta_j=1 \tag{5.23}$$

运用熵值原理确定的熵权系数并不表示各指标的实际重要性，而是反映各指标提供给决策者的信息量多少的相对程度，它体现了各指标在竞争意义上的相对激烈程度。由上述定义可以得知，当各个评价对象的某一指标值都相同时，该指标的信息熵达到最大值1，因此其熵权为0。说明该指标在评价中没有提供任何有用的信息，也就是说从这一指标上无法区分各评价对象的优劣，在评价时可以不考虑该指标。而当各评价对象的某一指标值相差越大，其信息熵越小，说明该指标提供的有用信息量越大，其权重也就越大，应重点考察。

利用信息熵确定的指标权重具有客观性强、数学理论完备等优点，也符合评价中重点考察差异性大的指标的要求。

将利用相邻目标相对优属度法求得的主观权重 ω 与利用熵权法求得的客观权重 θ 相结合，得到机动导弹系统各指标的组合权重，即

$$\overline{\omega} = \frac{\theta_j \omega_j}{\sum_{j=1}^{m} \theta_j \omega_j} \quad j = 1, 2, \cdots, m \tag{5.24}$$

此种方法的优点在于既利用了相邻目标相对优属度法中专家给出的各个指标的重要程度，又充分考虑了各指标本身所包含的信息程度，使所得到的权重中既包含主观信息又包含客观信息，既能体现专家的主观意志又能较好地反映问题的客观情况。

2. 确定指标权重

先以机动导弹系统隐蔽伪装能力 A 为例，利用相邻优属度熵权法求取其四项子指标的组合权重

根据所征求的专家意见，系统隐蔽伪装能力所属四个指标的重要性排序为

$$a_1 \succ a_4 \succ a_2 \sim a_3$$

对其作相邻目标的重要程度比较，认为 a_1 比 a_4 以及 a_4 比 a_2 都在稍微重要与较为重要之间。根据语气算子与模糊标度的对应关系(表5.4)可得相邻目标相对重要性模糊标度值为$\beta_{12} = 0.6$，$\beta_{23} = 0.6$。

表5.4　语气算子与模糊标度对应关系表

语气算子	同样	稍微	略为	较为	明显	显著
模糊标度值	0.5	0.55	0.6	0.65	0.7	0.75
语气算子	十分	非常	极其	极端	无可比拟	
模糊标度值	0.8	0.85	0.9	0.95	1	

记按上述重要性排序之后目标的权重向量为 $\boldsymbol{\omega}'_1 = (\omega'_{11}, \omega'_{12}, \omega'_{13}, \omega'_{14})$，记按原下标目标的权重向量为 $\boldsymbol{\omega}_1 = (\omega_{11}, \omega_{12}, \omega_{13}, \omega_{14})$。根据给定的重要性排

序,有如下的二元比较矩阵:

$$\boldsymbol{\beta}=\begin{bmatrix}0.5 & 0.6 & \beta_{13} & \beta_{14}\\ 0.4 & 0.5 & 0.6 & 0.6\\ \beta_{31} & 0.4 & 0.5 & 0.5\\ \beta_{41} & 0.4 & 0.5 & 0.5\end{bmatrix}$$

其中

$$\beta_{13}=\beta_{14},\beta_{31}=\beta_{41}=1-\beta_{14}$$

根据式(5.11)可以得到

$$\beta_{14}=\beta_{13}=0.6+2(1-0.6)(0.5-0.5)=0.6$$

故

$$\beta_{31}=\beta_{41}=0.4$$

由式(5.13)、式(5.14)得

$$\omega'_{11}=0.2875,\omega'_{12}=0.2625,\omega'_{13}=\omega'_{14}=0.225$$

将下标还原后目标的权重向量为

$$\boldsymbol{\omega}_1=(0.288,0.225,0.225,0.262)$$

根据式(5.21)~式(5.23)计算各指标的熵值 $\boldsymbol{E}_1=(1.364,1.359,1.381,1.373)$,相对熵值 $\boldsymbol{e}_1=(0.986,0.981,0.993,0.991)$,各指标的熵权 $\boldsymbol{\theta}_1=(0.304,0.413,0.087,0.196)$。

从 $\boldsymbol{\omega}_1$ 和 $\boldsymbol{\theta}_1$ 可以看出,尽管红外伪装能力 a_2 和雷达伪装能力 a_3 在主观重要程度上相同(主观权重也相同),但由于其本身所包含的信息量不同,因此其客观权重相差很大。这也正是要从两方面来求指标权重的原因。

综合所得到的主、客观权重,由式(5.24)计算得到组合权重:

$$\overline{\boldsymbol{\omega}}_1=(0.352,0.364,0.081,0.203)$$

对于机动能力 B、防护能力 C 和恢复能力 D 下属子指标的组合权重的求法相同,在此不再赘述,只给出相应的结果,如表5.5~表5.7所列。

表5.5 机动能力各指标的权重

指标	公路机动能力 b_1	越野机动能力 b_2	状态转换能力 b_3
ω	0.344	0.323	0.333
θ	0.326	0.256	0.418
$\overline{\omega}$	0.365	0.223	0.412

需要说明的是,由于机动能力各指标下面还有子指标,表格中的数据是从最底层指标开始进行计算的 d_1。

表 5.6　防护能力各指标的权重

指标	预警能力 c_1	对空防御能力 c_2	地面防卫能力 c_3	抗硬毁伤能力 c_4	抗电磁干扰能力 c_5
ω	0.236	0.236	0.028	0.2	0.2
θ	0.124	0.336	0.088	0.213	0.249
$\overline{\omega}$	0.144	0.391	0.012	0.21	0.243

表 5.7　恢复能力各指标的权重

指标	备件保障能力 d_1	维修技术水平 d_2
ω	0.563	0.437
θ	0.334	0.663
$\overline{\omega}$	0.394	0.606

根据上述的模糊综合评判模型，还需要求机动导弹系统生存能力一级指标各自的组合权重，按照同样的方法，生存能力一级指标的权重如表 5.8 所列。

表 5.8　机动导弹系统生存能力一级指标的权重

指标	隐蔽伪装能力 A	机动能力 B	防护能力 C	恢复能力 D
ω	0.247	0.306	0.247	0.2
θ	0.246	0.383	0.272	0.099
$\overline{\omega}$	0.229	0.442	0.254	0.075

至此，已经求出了机动导弹系统生存能力各级指标的权重，可以将权重值运用到模糊综合评判模型中去。

5.4　机动导弹系统研制方案生存能力论证示例

对于 5.2.2 节给定的某新型机动导弹系统设计方案，假设根据其未来可能面临的作战任务和作战环境，要求该新型机动导弹系统必须具备较高的生存能力，即设计方案的生存概率为 0.61 ~ 0.8。因此，需要对该机动导弹系统设计方案的生存能力展开论证，以检验该系统在特定作战环境下的生存能力的大小能否满足未来作战需求。经过充分的论证分析，如果系统方案的生存能力满足设计要求，则可以进行下面的研制工作；如果生存能力的大小不能达到要求，则需将论证结果反馈给系统设计部门，对设计方案进行修改后再进行论证。

5.4.1　论证条件

(1) 假定根据研制方案初定的性能参数及事先预测，按照第 4 章提出的指标量化方法计算出生存能力的相关因素值,并将它们处理成[0,1]区间的值,如表5.9所列。

表5.9 机动导弹系统设计方案生存能力的评判因素初值

因素编号	因素值
v_1	0.64
v_2	0.58
v_3	0.52
v_4	0.68
v_5	0.70
v_6	0.58
v_7	0.48
v_8	0.38
v_9	0.52
v_{10}	0.72
v_{11}	0.64
v_{12}	0.57
v_{13}	0.68
v_{14}	0.62

(2) 根据相邻优属度熵权法确定的各级指标权重集分别为

$$(A,B,C,D) = (0.229,0.442,0.254,0.075)$$

$$(a_1,a_2,a_3,a_4) = (0.352,0.364,0.081,0.203)$$

$$(b_1,b_2,b_3) = (0.365,0.223,0.412)$$

$$(c_1,c_2,c_3,c_4,c_5) = (0.144,0.391,0.012,0.21,0.243)$$

$$(d_1,d_2) = (0.394,0.606)$$

5.4.2 论证步骤

第一步:利用式(5.6)计算出$\mu_{ij}(v_i)$,即模糊关系矩阵$\underset{\sim}{\boldsymbol{R}}_1$、$\underset{\sim}{\boldsymbol{R}}_2$、$\underset{\sim}{\boldsymbol{R}}_3$、$\underset{\sim}{\boldsymbol{R}}_4$的元素值,于是得到

$$\underset{\sim}{\boldsymbol{R}}_1 = \begin{bmatrix} 0.3679 & 0.7427 & 0.9590 & 0.9816 & 0.6670 \\ 0.0016 & 0.0437 & 0.9766 & 0.3136 & 0.0134 \\ 0.7874 & 0.9761 & 0.9199 & 0.7162 & 0.4901 \\ 0.0496 & 0.3679 & 0.8521 & 0.8742 & 0.6412 \end{bmatrix}$$

$$\underset{\sim}{R}_2=\begin{bmatrix}0.2795 & 0.5767 & 0.9632 & 0.9743 & 0.8817\\0.0938 & 0.3679 & 0.9637 & 0.7483 & 0.4572\\0.6912 & 0.8625 & 0.9985 & 0.9202 & 0.6521\end{bmatrix}$$

$$\underset{\sim}{R}_3=\begin{bmatrix}0.8420 & 0.9713 & 0.9422 & 0.6689 & 0.254\\0.7178 & 0.9429 & 0.9773 & 0.7669 & 0.3905\\0.5520 & 0.7788 & 0.9070 & 0.9961 & 0.9394\\0.0282 & 0.2245 & 0.8208 & 0.3292 & 0.3679\\0.5140 & 0.7788 & 0.9890 & 0.8731 & 0.6262\end{bmatrix}$$

$$\underset{\sim}{R}_4=\begin{bmatrix}0.4961 & 0.7323 & 0.9127 & 0.9951 & 0.8854\\0.2289 & 0.5698 & 0.9216 & 0.9216 & 0.5093\end{bmatrix}$$

第二步：根据相邻优属度熵权法确定的各级指标权重集分别为

$$\underset{\sim}{A}_1=(0.352,0.364,0.081,0.203)$$

$$\underset{\sim}{A}_2=(0.365,0.223,0.412)$$

$$\underset{\sim}{A}_3=(0.144,0.391,0.012,0.21,0.243)$$

$$\underset{\sim}{A}_4=(0.394,0.606)$$

$$\underset{\sim}{A}=(0.229,0.442,0.254,0.075)$$

由式(5.1)～式(5.4)计算得到一级评判结果为

$$\underset{\sim}{B}_1=(0.2039\quad 0.4311\quad 0.9405\quad 0.6951\quad 0.4095)$$

$$\underset{\sim}{B}_2=(0.4077\quad 0.6479\quad 0.9779\quad 0.9016\quad 0.6924)$$

$$\underset{\sim}{B}_3=(0.5394\quad 0.7543\quad 0.9414\quad 0.6894\quad 0.4300)$$

$$\underset{\sim}{B}_4=(0.3342\quad 0.6338\quad 0.9181\quad 0.9506\quad 0.6575)$$

第三步：由式(5.5)计算得到二级评判结果为

$$\underset{\sim}{B}=(0.3890\quad 0.6242\quad 0.9556\quad 0.8041\quad 0.5583)$$

归一化后得

$$\underset{\sim}{B}_1=(0.1168\quad 0.1874\quad 0.2869\quad 0.2414\quad 0.1675)$$

第四步：结果分析。根据最大隶属度原则可知，该型号机动导弹系统预研设计方案的生存能力为等级Ⅲ，说明该型号机动导弹系统生存能力一般，即生存概率为0.41～0.6。这样的结果是不满足其作战需求的，需要对系统方案中的相关性能参数作适当的修改，再进行论证。

5.4.3　修改后再论证

经过对上述机动导弹系统研制设计方案的初步论证分析，得知该预研机动导弹系统的生存能力偏低，不满足未来作战需要。因此，本着提高机动导弹系统生存能力的目的，并综合考虑制约武器装备发展的经济条件、技术水平等因素，对系统方案的性能参数做适当修改,修改后的评判因素值如表 5.10 所列。

表 5.10 机动导弹系统设计方案生存能力的评判因素修改值

因素编号	因素值
v_1	0.72
v_2	0.68
v_3	0.70
v_4	0.75
v_5	0.78
v_6	0.58
v_7	0.62
v_8	0.48
v_9	0.56
v_{10}	0.80
v_{11}	0.64
v_{12}	0.57
v_{13}	0.74
v_{14}	0.63

按照 5.4.2 节的步骤进行再论证。

第一步:利用式(5.6)计算出 $\mu_{ij}(v_i)$,即模糊关系矩阵 $\underset{\sim}{R}_1$、$\underset{\sim}{R}_2$、$\underset{\sim}{R}_3$、$\underset{\sim}{R}_4$ 的元素值,于是得到

$$\underset{\sim}{R}_1=\begin{bmatrix}0.0132 & 0.1943 & 0.6289 & 0.9936 & 0.5273\\0 & 0.0016 & 0.6848 & 0.9097 & 0.1809\\0.4538 & 0.7344 & 0.9877 & 0.9689 & 0.8208\\0.0209 & 0.2185 & 0.6696 & 0.9824 & 0.8288\end{bmatrix}$$

$$\underset{\sim}{R}_2=\begin{bmatrix}0.1460 & 0.3679 & 0.8155 & 0.9907 & 0.9958\\0.0938 & 0.3679 & 0.9637 & 0.7483 & 0.4572\\0.1690 & 0.4098 & 0.8208 & 0.9992 & 0.7433\end{bmatrix}$$

$$\underset{\sim}{R}_3=\begin{bmatrix}0.6064 & 0.8420 & 1 & 0.8587 & 0.4236\\0.6152 & 0.8761 & 0.9918 & 0.8761 & 0.4138\\0.0756 & 0.2709 & 0.5093 & 0.8570 & 0.9798\\0.0282 & 0.2245 & 0.8208 & 0.8948 & 0.3679\\0.5140 & 0.7788 & 0.9890 & 0.9455 & 0.6036\end{bmatrix}$$

$$\underset{\sim}{R}_4=\begin{bmatrix}0.3852 & 0.6146 & 0.8226 & 0.9951 & 0.9571\\0.2096 & 0.5394 & 0.9018 & 0.9394 & 0.5394\end{bmatrix}$$

第二步:结合相邻优属度熵权法确定的各级指标权重,由式(5.1)~

式(5.4)计算得到一级评判结果为

$$\underset{\sim}{B}_1 = (0.0456 \quad 0.1728 \quad 0.6866 \quad 0.9588 \quad 0.4862)$$

$$\underset{\sim}{B}_2 = (0.1438 \quad 0.3852 \quad 0.8507 \quad 0.9401 \quad 0.7717)$$

$$\underset{\sim}{B}_3 = (0.4596 \quad 0.7034 \quad 0.9506 \quad 0.8942 \quad 0.4585)$$

$$\underset{\sim}{B}_4 = (0.2788 \quad 0.5690 \quad 0.8706 \quad 0.9613 \quad 0.7040)$$

第三步:由式(5.5)计算得到二级评判结果为

$$\underset{\sim}{B} = (0.2117 \quad 0.4312 \quad 0.8400 \quad 0.9343 \quad 0.6217)$$

归一化后得

$$\underset{\sim}{B}_1 = (0.0697 \quad 0.1419 \quad 0.2764 \quad 0.3074 \quad 0.2046)$$

第四步:结果分析。根据最大隶属度原则可知,该型号机动导弹系统生存能力为等级Ⅳ,说明该型号机动导弹系统生存能力较高,即生存概率为0.61～0.8。此时,修改设计方案的生存能力已经满足作战需求,将这一结论反馈给设计研制部门,可以展开下一步的立项研制工作。

基于相邻优属度熵权的模糊综合论证模型既利用模糊综合评判模型自身的特点,又结合相邻优属度熵权法的优点,可以很好地将定性指标所包含的随机不确定性和模糊不确定性结合在一起,而且避免了传统的模糊综合评判方法、层次分析方法、专家调查法等主观性过强或只考察一种不确定性的缺点,从而增强了模型的可信性。

5.5　本章小结

论证分析的思想在机动导弹系统的研制、改型以及作战运用等方面都有广泛的应用,只有经过深入细致的论证分析之后得出的各类方案才可能是权衡了各方因素之后的最优方案。本章从机动导弹系统在研制过程中所需开展的生存能力论证入手,分析了论证的一般模式,继而对武器装备论证的基本模式进行了研究,接下来以某型号机动导弹系统的研制设计方案论证为背景,提出了基于相邻优属度熵权的模糊综合论证模型,并对该系统设计方案的生存能力进行了细致的论证研究。由于新型号装备的研制受多种因素的制约,系统设计方案中的各项性能参数很难一次满足作战需求,这就需要对研制设计方案开展论证—修改—再论证的工作,直到方案的论证结果达到满意的要求方可进行下面的研制工作。从研制阶段出发对预研新型号系统的生存能力开展论证分析,进而得到设计生存能力较高的预研设计方案是从技术方面提高机动导弹系统生存能力的有效途径。

第6章　机动导弹系统作战运用中的生存能力论证建模

提高机动导弹系统战场生存能力的途径可分为技术和战术两个方面。技术途径就是第5章所论述的从系统设计研制或者现有型号系统改型的角度出发提高系统的各项性能参数,从而提高机动导弹系统战场生存能力。而机动导弹系统研制或改型的最终目的是为作战服务的,只有在战场上,机动导弹系统的生存能力才能得以真实体现。因此,还需要从战术途径出发提高机动导弹系统的战场生存能力。战术途径就是指通过合理运用机动导弹武器系统、采取灵活多样的生存策略,使生存作战方案得以优化,进而达到提高机动导弹系统战场生存能力的目的,其本质是生存作战方案论证。合理地作战运用是提高机动导弹系统战场生存能力的重要方面,同时也是立足现有装备打赢未来高技术条件下局部战争的具体体现。

6.1　机动导弹系统生存作战运用方案描述

6.1.1　机动导弹系统生存作战过程分析

根据机动导弹系统在整个作战过程中所承担任务的不同,可以将其生存作战过程分为四个阶段:存储阶段、机动阶段、待机阶段、发射阶段。在存储阶段,机动发射单元存放于导弹库内,进行导弹的测试以及日常的维护工作;机动阶段是指机动导弹离开导弹库至到达发射阵地或者待机阵地这一时间段,这期间机动导弹系统各种作战车辆在作战区域内进行公路机动或越野机动;在待机阶段,机动导弹系统处于待机阵地或者隐蔽待机点,这一阶段有时是不需要的,这要根据具体的作战命令具体行动;发射阶段是指机动发射单元到达发射阵地进行发射准备到发射完毕完成撤收驶离发射阵地这一时间段。机动导弹系统的生存是这4个作战阶段系统生存的串联形式,其结构如图6.1所示。

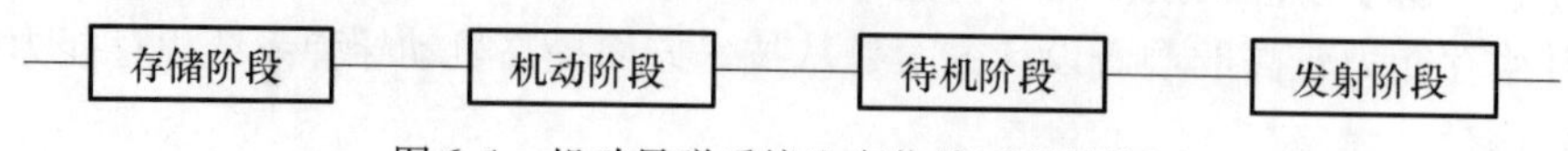

图6.1　机动导弹系统生存作战过程结构图

6.1.2　机动导弹系统生存作战运用方案设计

假设该机动导弹系统的作战区域内设有若干发射阵地、待机阵地以及若干增设的假发射阵地；区域内道路条件良好，80%以上为Ⅳ级公路。机动导弹阵地的隐蔽伪装依靠平时的战场建设，如在发射阵地表面覆盖草皮等植被以削弱发射阵地的外形特征、通过各种手段使中心库出入口与周围地貌地物保持一致等，在敌侦察卫星临空时间段内减少人员和装备的活动；对机动导弹武器的隐蔽伪装一方面依靠随车携带的伪装装备，包括伪装网、烟雾发生器等，另一方面在机动过程中还进行示假、佯动等；对于作战区域内大面积的隐蔽伪装还可以通过人工造雾实现。机动导弹武器机动时，对侦察卫星的临空时间段进行规避，机动路线随机进行选择，机动过程中遵循兵力分散配置的原则，各发射单元分波次实施机动，并采取分段机动的策略。作战过程中对敌来袭巡航导弹、无人机、航空兵的预警、拦截依托其他军兵种保障，机动导弹系统担负一定的电子对抗、防敌防特等任务。

通过上述分析，结合现有导弹作战系统的作战行动计划，从该新型号机动导弹系统生存作战的四个阶段出发提出系统的生存作战运用方案。

（1）存储阶段的生存作战运用。通过采取化学和物理伪装手段降低导弹库出入口与周围环境的反差，减少侦察卫星临空时间段内人员和装备出入导弹库的活动，对来袭巡航导弹和作战飞机实施干扰和拦截。

（2）机动阶段的生存作战运用。对侦察卫星进行规避，采取小规模多批次的机动方式，同时设置假目标进行佯动，选择路况好、连接点多的路线进行机动，每次机动距离不超过×km，机动全过程对机动导弹武器披挂迷彩伪装、必要时人工释放烟幕进行隐蔽并保持预警雷达开机，并按1∶1的比例设置假目标进行佯动，遇敌航空轰炸时，对敌作战飞机进行电子干扰和拦截。

（3）待机阶段的生存作战运用。待机阵地的隐蔽伪装依托平时的战场建设，尽量减小阵地同周围环境的差别，机动导弹武器进入待机库或待机阵地后保持设备关机和无线电静默状态，杜绝人员和装备在待机阵地周围的活动，防空分队对来袭巡航导弹实施拦截，增加待机阵地的出入口，方便机动导弹武器实施机动。

（4）发射阶段的生存作战运用。发射阵地平时依靠草皮、泥浆进行伪装，弱化阵地的外形特征，机动导弹武器进入发射阵地后迅速展开设备进行发射准备，对发射阵地施放烟幕进行隐蔽，同时按2∶1的比例在假阵地配置假目标，进行与真目标相同的动作，发射过程中保持预警雷达开机，发现敌巡航导弹和作战飞机来袭时对其进行干扰和拦截。

6.2 机动导弹系统生存作战策略论证模型

在未来战场上,机动导弹系统生存策略论证建模主要考虑在整个作战过程中敌方对己方目标的打击过程和己方采取的对抗策略和措施。整个生存对抗过程如下:敌方首先利用侦察系统对机动导弹系统进行侦察,然后传输信息引导敌方武器对机动导弹系统进行攻击(只考虑巡航导弹和航空兵攻击),这些来袭武器进入己方防空领域后遭到己方拦截,没有拦截成功的将继续按原计划对已发现的机动导弹系统目标进行攻击。机动导弹系统的对抗措施则有对卫星临空进行机动规避、对系统进行伪装防护、设置假目标、对敌方武器实施电子干扰以及增大阵地的抗力等。这些措施主要是为了降低机动导弹系统的被发现概率、被识别概率以及被毁伤概率。

6.2.1 机动导弹系统隐蔽伪装生存能力模型

隐蔽伪装是提高机动导弹系统生存能力的重要途径之一,包括隐真和示假两个方面。①隐真是通过覆盖、遮蔽等伪装手段使目标的表现特征远离其真实特征,使敌侦察器材侦察到的目标信号发生改变,从而达到对目标的隐蔽作用;② 示假是指采用特殊材料、器材制造出与真目标外形、尺寸、光谱和电磁特征相同或接近的假目标,将其部署于预定区域,以达到隐蔽真目标和真实作战意图,欺骗敌人的目的。目前的侦察方式主要有光学成像、红外和雷达成像等,由于在导弹发射以前,机动导弹系统的红外特征并不明显,因此暂不考虑红外探测方式下机动导弹系统的被发现概率模型。

1. 可见光侦察下机动导弹系统被发现概率模型

(1) 未采取生存措施时机动导弹系统被可见光侦察发现概率模型。可见光成像侦察是目前机动导弹系统面临的主要侦察威胁,其对机动导弹系统的发现概率模型可表示为

$$P_a = \lambda \cdot \exp(-(\theta \cdot K/L)^2) \tag{6.1}$$

式中:P_a 为未采取生存措施时机动导弹系统在可见光成像侦察下的被发现概率;λ 是判断机动导弹系统在可见光照像侦察下是否被发现的基本参数;θ 为机动导弹系统形状修正因子(圆形为 0.97,矩形为 1.45,正方形为 1.72,长条形为 2.58,复杂形状为 4);K 为成像设备的地面分辨率(m);L 为机动导弹系统的几何尺寸(m)。其表达式为

$$\lambda = \begin{cases} 1 & r > 0.4 \\ \sqrt{\dfrac{r-0.2}{0.2}} & 0.2 \leqslant r \leqslant 0.4 \\ 0 & r < 0.2 \end{cases}$$

式中：r 为机动导弹系统与背景的亮度对比系数，$r=\frac{|L_0-L_B|}{L_B}$，其中 L_0 为机动导弹系统的亮度系数，L_B 为背景的亮度系数（当物体为理想漫射体时，亮度系数等于反射率）。

当考虑气象因素对可见光侦察的影响时，有

$$P_A=P_a\cdot\alpha$$

式中：P_A 为考虑气象因素时机动导弹系统的被发现概率；α 为气象因子，$\alpha=\alpha_1\cdot\alpha_2\cdot\alpha_3\cdot\alpha_4$，其表达式为

$$\alpha_1=\begin{cases}0 & \text{雪、雨、阴}\\ 0.2 & \text{多云}\\ 0.7 & \text{少云}\\ 1 & \text{晴}\end{cases}\qquad \alpha_2=\begin{cases}0 & \text{大雾}\\ 0.5 & \text{薄雾}\\ 1 & \text{无雾}\end{cases}$$

$$\alpha_3=\begin{cases}0 & \text{夜晚}\\ 0.6 & \text{早晚}\\ 1 & \text{白天}\end{cases}\qquad \alpha_4=\begin{cases}0 & T<0.5\text{h}\\ 0.8 & 0.5\text{h}<T<24\text{h}\\ 1 & T>24\text{h}\end{cases}\quad T\text{ 为侦察时间}$$

（2）采取生存措施对机动导弹系统被可见光侦察发现概率的影响。可见光成像侦察卫星在晴天可以提供准确有效的情报信息，但是在不良气象条件如大雾、雨雪天气或者在人工施放的烟幕干扰下都不能正常工作。战时机动导弹系统可以充分利用其工作的弱点，进行反制以削弱其侦察效果，降低机动导弹系统在可见光侦察下的被发现概率。生存措施包括：①实施隐蔽伪装，降低机动导弹系统与背景的亮度差；②实施改性伪装，改变机动导弹系统的外形特征，改变机动导弹系统的外形尺寸；③实施人工造雾或施放烟幕，影响侦察设备对机动导弹系统的发现和识别。假设可见光侦察卫星地面分辨率为 0.1m，那么 λ、L 值的变化对可见光侦察发现概率的影响如图 6.2、图 6.3 所示。

从图中可以看出，无论是对机动导弹系统实施隐蔽伪装或还是改性伪装，都可以降低机动导弹系统在可见光侦察下的被发现概率。

2. 雷达成像侦察下机动导弹系统被发现概率模型

（1）未采取生存措施时机动导弹系统被雷达侦察发现概率模型。雷达成像侦察主要考虑合成孔径雷达（Synthetic Aperture Radar，SAR），它是一种全天时、全天候、多视角、穿透能力强的高分辨率微波遥感成像雷达。SAR 成像是通过雷达发射电磁波后，以接收目标回波的强弱进行成像，回波的强弱决定了物体在 SAR 图像中的色调。

SAR 探测背景地物的信噪比方程为

$$(S/N)_G = \frac{\sqrt{M} \cdot P_{\text{av}} \cdot G^2 \cdot \lambda^3 \cdot \sigma^0 \cdot \rho_{\text{gr}}}{2\,(4\pi)^3 \cdot R^3 \cdot v_s \cdot k \cdot T_s} \cdot \frac{1}{k_s} \tag{6.2}$$

式中：$(S/N)_G$ 为雷达探测背景地物的信噪比；P_{av} 为平均发射功率；G 为天线增益；λ 为波长；ρ_{gr} 为 SAR 的距离分辨率；R 为地面到卫星的距离；v_s 为卫星的速度；k 为玻耳兹曼常数，有 $k = 1.38054 \times 10 - 23\text{J/K}$；$T_s$ 为接收系统的噪声温度，且 $T_s = k_r(T_o + T_e)$，其中 k_r 为传输损耗因子（$k_r > 1$），T_o 为环境温度（290K），T_e 为接收机的等效输入温度；k_s 为系统损耗因子；M 为等效视数；σ^0 为地面目标归一化后的散射系数，且计算公式为

$$\sigma^0(\theta) = \frac{0.0133\cos\theta_L}{(\sin\theta_L + 0.1\cos\theta_L)^3} \tag{6.3}$$

上式中：θ_L 为中心视角。

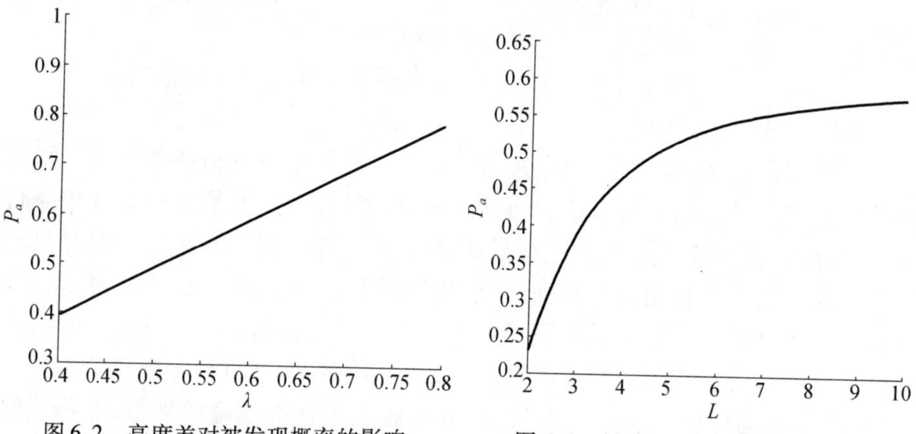

图 6.2　亮度差对被发现概率的影响　　　图 6.3　尺寸对被发现概率的影响

SAR 探测机动导弹系统的信噪比方程为

$$(S/N)_S = \frac{\sqrt{M} \cdot P_{\text{av}} \cdot G^2 \cdot \lambda^3 \cdot \sigma \cdot T_a}{(4\pi)^3 \cdot R^4 \cdot k \cdot T_s} \cdot \frac{1}{k_s} \tag{6.4}$$

式中：σ 为机动导弹系统的雷达散射面积；T_a 为回波信号的相干积累时间，其余参数意义同上。

又因为

$$\rho_a = \frac{1}{2}\left(\frac{\lambda}{T_a \cdot v_s}\right) \cdot R$$

则有机动导弹系统与背景的信噪比方程为

$$S_G = \frac{(S/N)_S}{(S/N)_G} = \frac{2\sigma \cdot T_a \cdot v_s}{\lambda \cdot \sigma^0 \cdot \rho_{\text{gr}} \cdot R} = \frac{\sigma}{\sigma^0 \rho_a \rho_{\text{gr}}} \tag{6.5}$$

式中:S_G 为信号比;ρ_a 是 SAR 的方位分辨率。

只有当 $S_G > K_\sigma$ 时目标才能被检测到(其中 K_σ 为检测系数),理论和实践证明,当目标和背景的信号强度之比大于 1.5 时(即 $K_\sigma = 1.5$),目标才能在雷达荧屏上呈现出清晰的光标。当满足条件 $S_G > K_\sigma$ 时,机动导弹系统在雷达成像侦察下的的被发现概率为

$$P_b = \exp\left(\frac{\ln P_{bx}}{1 + S_G}\right) \tag{6.6}$$

式中:P_b 为雷达成像侦察下机动导弹系统的被发现概率;P_{bx} 为 SAR 雷达的虚警概率。

(2) 采取生存措施对机动导弹系统被雷达侦察发现概率的影响。虽然合成孔径雷达发现目标的能力很强,可以不受天气状况和人工施放烟幕的影响,而且还能发现干燥地面以下的工程设施。但是,对于隐藏在工程设施内部的机动导弹武器装备,却不能有效发现。对于并不干燥的地表下,如一定厚度的泥浆层覆盖的设施,SAR 并不能发现。对于泥浆层覆盖设施内部的武器装备,就更加无从发现了。战时,机动导弹系统也可以针对其弱点进行有效地生存作战,生存措施包括:①通过实施伪装,改变机动导弹系统的雷达散射面积(RCS),减小雷达探测机动导弹系统与探测地面背景时的信噪比 S_G;②通过实施全波段伪装,干扰雷达的探测信号,从而减小其探测机动导弹系统时的信噪比;③在条件允许时,可在待机阵地、发射阵地表面覆盖泥浆,对机动导弹武器披挂潮湿的特种伪装网,增大机动导弹系统在雷达探测下的散射系数,减小雷达探测信噪比。假设敌方 SAR 的虚警概率为 10^{-5},那么信噪比的变化对雷达探测下系统被发现概率的影响如图 6.4 所示。

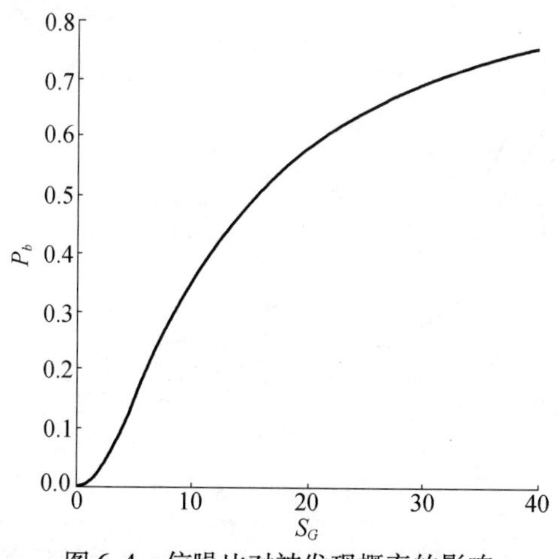

图 6.4　信噪比对被发现概率的影响

从图 6.4 中可以看出,对雷达侦察采取对抗措施,减小雷达探测机动导弹系统时的信噪比,可以有效地降低机动导弹系统在雷达探测下的被发现概率。

综上所述,机动导弹系统在敌多种侦察方式探测下的综合被发现概率为

$$P_F = 1 - (1 - P_a)(1 - P_b) \tag{6.7}$$

式中:P_F 为机动导弹系统总的被发现概率;P_a、P_b 意义同式(6.1)和式(6.6)。

在现代作战条件下,特别是随着侦察—监视—打击一体化的发展,机动导弹系统一旦被发现基本上就意味着被打击,从这个角度讲机动导弹系统伪装生存能力模型可表示为

$$P_s = 1 - P_F \tag{6.8}$$

3. 采取示假措施下的机动导弹系统生存能力模型

一般认为,采取正确的示假措施,能使得机动导弹系统的被毁伤概率降低为原来的 $1/K$,$K=\lambda m+1$,m 表示设置的假目标的数量,$\lambda = P_f/P_t$,P_f 为真目标的被发现识别概率,P_t 为假目标的被发现识别概率。

那么在设置有假目标的条件下,机动导弹系统进行伪装后的被毁伤概率 P_{fk} 可表示为

$$P_{fk} = P_k/(\lambda m + 1) \tag{6.9}$$

式中:P_k 为在仅采取隐真伪装措施下机动导弹系统的被毁伤概率。

假设:敌方侦察设备对机动导弹系统假目标的发现概率是真目标的发现概率的 1.2 倍,即 $\lambda = \dfrac{5}{6}$,当机动导弹系统的被毁伤概率分别为 0.4、0.5、0.6、0.7 时,设置假目标后,被毁伤概率的变化如图 6.5 所示。

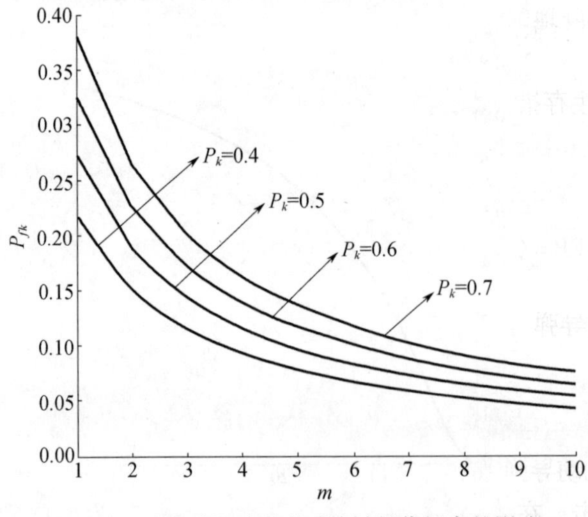

图 6.5 示假对机动导弹系统被毁伤概率的影响

从图6.5中可以看出，设置假目标可以显著地降低机动导弹系统的被毁伤概率，但是随着被毁伤概率下降到一定程度后，继续增加假目标的效果越来越不明显。

因此，在采取示假措施下，机动导弹系统的生存能力模型为

$$P_{sj} = 1 - P_{fk} \tag{6.10}$$

6.2.2 机动导弹系统防护生存能力模型

由于核战争爆发的可能性不大，本书仅讨论在常规武器攻击下的机动导弹系统的防护生存问题。从最近几场局部战争美军的作战经验和作战手段来看，常规武器攻击主要是利用巡航导弹和航空兵进行攻击。其中，巡航导弹用以打击机动导弹系统的中心库、待机阵地、发射阵地、固定指挥所等阵地目标，而航空兵主要通过携带精确制导空地导弹、精确制导炸弹和防区外发射武器的轰炸机和战斗机对作战区域内的机动导弹系统目标（机动导弹阵地、机动导弹武器、机动指挥所等）实施打击。

1. 单枚巡航导弹攻击下机动导弹阵地的被毁伤概率模型

（1）未采取生存措施下的被毁伤概率模型。巡航导弹是目前实施精确打击的主要手段之一，对机动导弹系统的生存具有极大的威胁。在没有干扰情况下，单枚巡航导弹对机动导弹阵地的毁伤概率可以用下式进行计算，即

$$P_k = \left(1 - \exp\left(-0.6931\lambda \frac{R_m^2}{\mathrm{CEP}^2}\right)\right) \cdot \frac{R_d^2}{R_m^2} \tag{6.11}$$

式中：P_k 为单枚巡航导弹攻击下机动导弹阵地的被毁伤概率；λ 为弹头可靠性；R_m 为机动导弹阵地的折算半径（m）；R_d 为弹头毁伤半径（m）；CEP 为弹头圆概率偏差（m）。

（2）采取生存措施对机动导弹系统被单枚巡航导弹毁伤概率的影响。对来袭巡航导弹实施电子干扰、诱偏等对抗行动可以降低其命中精度，此时在计算毁伤概率时，CEP 用$\overline{\mathrm{CEP}}$替换，即

$$\overline{\mathrm{CEP}} = \mathrm{CEP} \times \left(1 + 0.32 \times \frac{J}{S} + 4.5 \times 10^{-9} \times R^2 \times \frac{J}{S}\right)^{1/2} \tag{6.12}$$

式中：R 为来袭导弹与机动导弹系统的距离；$\frac{J}{S}$为干扰信噪比。

2. 单枚精确制导武器攻击下机动导弹系统的被毁伤概率模型

（1）未采取生存措施下的被毁伤概率模型。当轰炸机或战斗机突破防空系统，搜索发现机动导弹系统后，使用精确制导炸弹、精确制导空地导弹对机动导弹系统发动攻击。在机动导弹系统没有采取生存措施时，单枚精确制导武器对

机动导弹系统的毁伤概率模型类似于单枚巡航导弹对机动导弹系统的毁伤概率模型,如式(6.11)。

(2)采取生存措施对机动导弹系统被单枚精确制导武器毁伤概率的影响。当敌航空兵对机动导弹系统实施打击时,机动导弹系统在接收到预警信号后可以迅速转换到机动状态,增加敌打击的难度。单枚精确制导武器攻击机动目标时,命中精度会有所下降,此时模型中的圆概率偏差需要再乘一个修正因子 θ,毁伤概率表示为

$$P_k = \left(1 - \exp\left(-0.6931\lambda \frac{R_m^2}{(\theta \cdot \mathrm{CEP})^2}\right)\right) \cdot \frac{R_d^2}{R_m^2} \tag{6.13}$$

式中:θ 为单枚精确制导武器攻击机动目标时命中精度修正因子,一般来说 $\theta \geqslant 1$;P_k、λ、R_m、CEP、R_d 意义同上。

除此之外,机动导弹系统还可以对来袭的精确制导武器实施电子干扰或者诱偏,降低其命中精度,此时在计算毁伤概率时,CEP 用 CEP′替换,即

$$\mathrm{CEP}' = \mathrm{CEP} \times \left(1 + 0.32 \times \frac{J}{S} + 4.5 \times 10^{-9} R^2 \frac{J}{S}\right)^{1/2} \tag{6.14}$$

式中:R 为来袭精确制导武器与机动导弹系统的距离;$\frac{J}{S}$为干扰信噪比。

因此,在常规攻击模式下,机动导弹系统总的防护生存能力模型为

$$P_s = \prod_{i=1}^{N} (1 - a_i P_{ki}) \tag{6.15}$$

式中:P_{ki}为第 i 种攻击模式下机动导弹系统的被毁伤概率;a_i 为第 i 种攻击模式的可能性;N 为可能攻击模式的类型数量($N=2$)。

6.2.3 机动导弹系统机动生存能力模型

机动导弹系统的机动生存有两种涵义,一是指处于隐蔽待机状态或发射状态下的机动导弹武器,在接到预警后通过机动而使其不被敌来袭武器命中和摧毁,统称为预警机动;二是指处于机动状态中(如行军开进,转移)的机动导弹武器或机动指挥车辆被敌侦察发现遭到攻击仍能继续实施机动,统称为连续机动。机动导弹系统的机动生存能力主要取决于敌来袭武器的精度、毁伤方式、毁伤半径、机动导弹武器或机动指挥车辆的反应时间、机动速度、机动时间、被侦察发现概率、抗毁伤强度等因素。

1. 机动导弹系统预警机动生存模型

此时,机动导弹武器处于隐蔽待机状态或发射状态,在接到预警后迅速转换到机动状态并以最大机动速度进行随机机动。其生存概率模型可表示为

$$P_j=\begin{cases}\dfrac{V\cdot t_c-R_d-\mathrm{CEP}}{V\cdot t_c} & V\cdot t_c>R_d+\mathrm{CEP}\\ 0 & V\cdot t_c\leqslant R_d+\mathrm{CEP}\end{cases} \tag{6.16}$$

式中：V 为机动导弹武器最大机动速度(m/s)；t_c 为可用时间，包括预警时间、指挥控制时间和撤收转换反应时间(s)；R_d 为敌精确制导武器毁伤半径(m)；CEP 为敌精确制导武器的圆概率偏差(m)。

2. 机动导弹系统连续机动生存模型

机动导弹系统的生存概率主要取决于其在机动路线上的机动时间以及同敌侦察设备(卫星、侦察飞机等)的相遇概率，其被发现概率和被毁伤概率已在6.2.1节、6.2.2节论述过。

(1) 机动时间。假设机动路线中阵地总数为 n，点 i 到 j 的道路长度为 d_{ij}，机动路线上各转折点坐标为 (x_i, y_i) $(i=1,2,\cdots,n)$，则

$$d_{ij}=\sqrt{(x_j-x_i)^2+(y_j-y_i)^2}$$

假设机动导弹武器在道路上行进的时间为 t_{ij}，则

$$t_{ij}=\frac{d_{ij}}{v_{ij}}$$

式中：v_{ij} 为车辆机动速度。

假设作战车辆的平均无故障时间为 t_1，若车辆行进时间 $T\geqslant t_1$，则总的机动时间里需加入平均维修时间；若 $T<t_1$，则总机动时间不变。

假设道路各转折点的逗留时间为 $t(i)$，于是总机动时间为

$$T=\sum t_{ij}+\sum_{i=2}^{n}t(i)+M\cdot t_2 \tag{6.17}$$

式中：M 为故障发生次数；t_2 为平均维修时间。

(2) 相遇概率。假设机动导弹武器初始时位于面积为 S 的区域中的任意一点，以速度 v 做规避运动，其运动方向是随机的，则在时间 t 内侦察卫星或侦察机搜索到目标的概率为[81,82]

$$P(t)=1-\exp\left[-\int_0^t\frac{wv_s}{S(t)}\mathrm{d}t\right] \tag{6.18}$$

式中：v_s 为卫星或侦察机的速度；w 为卫星或侦察机的有效搜索宽度。

对于突入作战区域寻找机动导弹武器或机动指挥车的战斗机(轰炸机)，一般可以认为其是在仅知目标初次发现位置且目标速度比搜索者速度小的条件下进行搜索(应召搜索)，此时常采用在目标初次发现区域内的螺线航向搜索。

根据螺线搜索原理，任意时刻 t 的搜索者矢径为

$$R=\hat{v}_t t$$

式中：$\hat{v}_t$ 为目标速度的估计值。

由于搜索宽度为 w，故允许目标速度估计值在一定的上下限(v'_t,v''_t)内，仍能发现目标，即

$$\begin{cases} v'_t = \hat{v}_t - \dfrac{\frac{w}{2}}{t} = \hat{v}_t - \dfrac{w\hat{v}_t}{2\boldsymbol{R}} \\ v''_t = \hat{v}_t + \dfrac{\frac{w}{2}}{t} = \hat{v}_t + \dfrac{w\hat{v}_t}{2\boldsymbol{R}} \end{cases} \tag{6.19}$$

由于目标航向在[0°,360°]上是均匀的，因此目标航向在[ψ,$\psi+\mathrm{d}\psi$](ψ 为螺线转角)上的概率为 $\mathrm{d}\psi/(2\pi)$，若设目标速度分布密度为 $f(vt)$，则沿螺线搜索 ψ 角搜索到目标的概率为

$$P(\psi) = \frac{1}{2\pi}\int_0^{\psi}\mathrm{d}\psi\int_{v'_t}^{v''_t} f(u)\,\mathrm{d}u \tag{6.20}$$

因此，机动导弹系统连续机动生存能力模型可表示为

$$P_s = (1-P_x) + P_x(1-P_f) + P_x P_f(1-P_h) \tag{6.21}$$

式中：P_x 为机动导弹系统与敌侦察设备的相遇概率；P_f 为机动导弹系统被发现的概率；P_h 为机动导弹系统被毁伤的概率。

6.3 机动导弹系统作战运用中的生存能力总体论证模型

由于战场环境复杂多变，经过充分论证的机动导弹系统型号方案研制出来以后，型号系统在战场上不一定能达到预期的作战效果，系统的生存能力也可能不如预期的理想。因此，需要结合机动导弹系统的作战运用，进一步研究系统在整个作战过程中的战场生存能力。这一方面可以为作战指挥提供辅助决策支持，另一方面通过对整个作战过程中系统生存能力的分析研究，可以发现系统生存能力的薄弱环节，以便于战时灵活运用各种战术战法，有针对性的进行生存活动，千方百计提高机动导弹系统的战场生存能力。下面从机动导弹系统生存作战的四个阶段出发，对各个阶段机动导弹系统的生存能力模型进行研究。

6.3.1 存储阶段的机动导弹系统生存概率模型

在这一阶段，机动导弹武器储存于中心库内，此时中心库的生存概率就是机动导弹系统的生存概率。由于中心库一般地处纵深地带，敌方实施航空轰炸难度较大，因此主要考虑敌巡航导弹对中心库的打击。根据巡航导弹作战特点，敌方使用巡航导弹可以相当成功地攻击机动导弹系统的中心库、隐蔽待机阵地、发

射阵地(包括处于暴露状态的装备和人员)以及固定指挥所。因此,存储阶段机动导弹系统的生存概率模型可以表示为

$$P_1 = 1 - P_{F_1} + P_{F_1}(1 - P_{k_1})^{N(1-\alpha)} \tag{6.22}$$

式中:P_{F_1}为中心库总的被敌侦察发现概率;P_{k_1}为单发巡航导弹对中心库的毁伤概率(6.2.2节);N为同类型巡航导弹数;α为己方对巡航导弹的拦截率。

6.3.2　机动阶段的机动导弹系统生存概率模型

机动阶段由于暴露时间长(每次机动时间在2h以上),可以认为是始终处于敌方的侦察监视之下,虽进行了伪装和示假措施,但仍是遭受打击的重点阶段,此时机动导弹系统的生存能力主要取决于系统的伪装能力、抗毁伤能力、对空拦截能力等。于是,机动导弹系统在机动阶段的生存概率模型可表示为

$$P_2 = 1 - P_{F_2} + P_{F_2}(1 - P_{k_2}/(\lambda m + 1))^{MN(1-\beta)} \tag{6.23}$$

式中:P_{F_2}为机动导弹武器总的被敌侦察发现的概率;P_{k_2}为单发精确制导武器对机动导弹武器的毁伤概率;m为假目标的数量;$\lambda = P_f/P_t$,P_f为真机动导弹武器的被发现识别概率,P_t为假机动导弹武器的被发现识别概率;M为航空轰炸的波次;N为同类型精确制导武器数;β为己方对敌来袭飞机的拦截率。

6.3.3　待机阶段的机动导弹系统生存概率模型

机动导弹系统进入待机阵地或隐蔽待机点后,一旦被敌侦察发现,就可能遭到敌巡航导弹和航空兵的双重打击。但是,考虑到采用航空轰炸时,己方具备一定的预警能力并能够组织预警机动而打击效果不佳。因此,这个阶段仅考虑遭敌巡航导弹打击的情况。此时机动导弹系统的生存能力主要与待机阵地的隐蔽伪装能力、机动导弹系统的状态转换能力、对空拦截能力、抗毁伤能力以及恢复能力等因素相关。于是,机动导弹系统在待机阶段的生存概率模型可以表示为

$$P_3 = 1 - P_{F_3} + P_{F_3}(1 - P_{k_3})^{N(1-\alpha)} \tag{6.24}$$

式中:P_{F_3}为待机阶段机动导弹系统总的被敌侦察发现的概率;P_{k_3}为单发巡航导弹对机动导弹系统的毁伤概率;N为同类型巡航导弹数;α为己方对巡航导弹的拦截率。

6.3.4　发射阶段的机动导弹系统生存概率模型

在发射阶段,由于机动导弹武器装备长时间(该机动导弹系统的发射准备时间和撤收时间之和大约为21min)暴露在敌侦察之下,而且发射阵地配置较为靠前,一旦被敌发现识别后就可能遭到敌巡航导弹和航空兵的双重打击,此时机动导弹系统的生存能力主要取决于系统的机动能力和防护能力。于是,机动导

弹系统在发射阶段的生存概率模型可以表示为

$$P_4 = 1 - P_{F_4} + P_{F_4}(1 - P_{k_4}/(\lambda m + 1))^{N_1(1-\alpha)}(1 - P_{k_5}/(\lambda m + 1))^{MN_2(1-\beta)} \tag{6.25}$$

式中：P_{F_4}为发射阶段机动导弹系统总的被敌侦察发现概率；P_{k_4}为单发巡航导弹对机动导弹系统的毁伤概率；m 为假目标的数量；$\lambda = P_f/P_t$，P_f 为真目标的被发现识别概率，P_t 为假目标的被发现识别概率；N_1 为同类型巡航导弹数；P_{k_5}为单发精确制导武器对机动导弹系统的毁伤概率；N_2 为同类型炸弹数；M、α、β 意义同上。

在以上机动导弹系统生存作战各阶段生存概率模型的基础上，得到机动导弹系统总的生存概率模型，即

$$P_S = P_1 \cdot P_2 \cdot P_3 \cdot P_4 \tag{6.26}$$

式中：P_S 为系统在整个作战过程中的生存概率；P_1 为系统在存储阶段的生存概率；P_2 为系统在机动阶段的生存概率；P_3 为系统在待机阶段的生存概率；P_4 为系统在发射阶段的生存概率。

6.4 机动导弹系统作战运用中的生存能力论证分析示例

结合第5章给出的与该机动导弹系统生存能力相关的战术技术指标及性能参数，并做一些相关的假设，对在6.1.2节给出的生存作战运用方案下，该机动导弹系统的生存能力进行论证分析。

6.4.1 机动导弹系统生存作战方案想定

1. 存储阶段

假设对中心库出入口实施各种隐蔽伪装，并且中心库防护门的的抗压值足以承受任何常规攻击；保持预警雷达开机，对敌巡航导弹具备拦截能力，且拦截概率为0.3；敌方使用的巡航导弹的CEP为8m，毁伤半径为20m，攻击数量为10枚导弹，武器可靠性为0.9。

2. 机动阶段

机动过程中对机动导弹武器实施伪装，并按1:1配置假目标，且假设假目标被发现概率为真目标被发现概率的1.2倍；机动过程中保持预警雷达开机，对发现的来袭作战飞机进行拦截，拦截概率为0.36；对敌发射的精确制导武器进行干扰和诱偏；敌方使用的精确制导武器CEP为10m，毁伤半径为10m，攻击数量为5枚，对机动导弹系统进行两个波次攻击，武器可靠性为0.9。

3. 待机阶段

待机阶段实行严密的隐蔽伪装，并设置少量假目标，保持预警雷达开机，对敌巡航导弹以及各类作战飞机具备拦截能力，巡航导弹的拦截概率为0.3；敌方

使用的巡航导弹的 CEP 为 8m，毁伤半径为 20m，攻击数量为 10 枚导弹，武器可靠性为 0.9。

4. 发射阶段

发射阶段按 2∶1 配置假目标，且敌侦察系统对假目标的发现概率为真目标被发现概率的 1.2 倍；保持预警雷达开机，对发现的来袭武器实施干扰和拦截，巡航导弹的拦截概率为 0.3，作战飞机的拦截概率为 0.36；敌方使用的巡航导弹的 CEP 为 8m，毁伤半径为 20m，攻击数量为 2 枚；精确制导武器 CEP 为 10m，毁伤半径为 10m，攻击数量为 5 枚，对目标进行两个波次攻击；进攻武器的可靠性为 0.9。

6.4.2　机动导弹系统生存作战方案论证计算

1. 存储阶段的生存概率

根据假设条件以及中心库的隐蔽伪装及防护性能参数，经 6.2.1 节计算出中心库被敌侦察发现的概率为 0.46，但由于中心库的抗压强度很大，携带常规战斗部的巡航导弹难以对其造成毁伤，系统的高防护性能会导致用式(6.22)计算存储阶段生存概率时，模型失效。因此，运用蒙特卡罗法对存储阶段的生存概率进行仿真，仿真原理为：计算来袭巡航导弹爆炸后在中心库防护门处的超压值并将其与中心库防护门的抗压值进行比较，如果超压值大于抗压值，则说明中心库被毁，反之生存。经过 5000 次仿真，结果表明中心库在遭受常规巡航导弹打击时，其生存概率在 0.99 以上。因此，在存储阶段机动导弹系统的生存概率近似为 1，即 $P_1=1$。

2. 机动阶段的生存概率

根据假设以及机动导弹系统的机动参数，由式(6.23)得

$$P_2=1-P_{F_2}+P_{F_2}(1-P_{k_2}/(\lambda m+1))^{2\times5\times(1-0.36)}$$

式中：P_{F_2}为机动导弹武器总的被敌侦察发现的概率，由 6.2.1 节计算得到 $P_{F_2}=0.58$；P_{k_2}为单枚精确制导武器对机动导弹武器的毁伤概率，可由式(6.13)和式(6.14)进行计算；m 为假目标的数量，且为 1；$\lambda=0.8333$。

根据作战想定以及系统相关参数，计算 P_{k_2}，得到毁伤概率的计算公式为

$$P_{k_2}=\left[1-\exp\left(-0.6931\times0.9\times\frac{4^2}{(1.5\times10)^2}\right)\right]\frac{10^2}{4^2}=0.2712$$

于是，有

$$P_2=0.42+0.58\times(1-0.2712/1.8333)^{6.4}=0.6282$$

3. 待机阶段的生存概率

由于机动导弹系统采用多种伪装手段，作战过程中实施全程伪装，且待机阵

地或者隐蔽待机点又具备良好的隐蔽伪装条件，待机阶段系统的生存概率取决于被侦察发现的概率。因此，依据类似存储阶段的仿真原理，运用蒙特卡罗法进行5000次的仿真实验，仿真结果表明待机阵地被敌侦察发现的概率在0.12上下小范围内波动[83]，由此可得在待机阶段系统的生存概率为0.88，即$P_3=0.88$。

4. 发射阶段的生存概率

这一阶段机动导弹武器处于发射阵地，一旦被敌发现识别后就可能遭受敌巡航导弹和航空兵的双重打击，此时生存概率可由式(6.25)进行计算，得

$$P_4=1-P_{F_4}+P_{F_4}\cdot(1-P_{k_4}/(\lambda m+1))^{2\cdot(1-0.3)}\cdot(1-P_{k_5}/(\lambda m+1))^{2\times5\times(1-0.36)}$$

式中：$\lambda=0.8333$；$m=2$；由6.2.1节计算得到被敌侦察发现的概率$P_{F_4}=0.68$；P_{k_4}为单枚巡航导弹对机动导弹武器的击毁概率。

由式(6.11)、式(6.12)计算得到

$$P_{k_1}=\left[1-\exp\left(-0.6931\times0.9\times\frac{25^2}{8^2}\right)\right]\frac{20^2}{25^2}=0.6385$$

P_{k_5}表示单枚精确制导炸弹对机动导弹系统的击毁概率，同样由式(6.11)、式(6.14)计算得到

$$P_{k_2}=\left[1-\exp\left(-0.6931\times0.9\times\frac{25^2}{10^2}\right)\right]\frac{10^2}{25^2}=0.1568$$

于是，有

$$P_4=0.32+0.68\times(1-0.6385/2.6667)^{1.4}\times(1-0.1568/2.6667)^{6.4}=0.6345$$

由于机动导弹系统在整个生存作战过程中的生存能力是上述四个阶段系统生存的串联结构，因此，系统总的生存概率为

$$P=P_1\cdot P_2\cdot P_3\cdot P_4=1\times0.6282\times0.88\times0.6345=0.3508$$

6.4.3 结果分析

从上述的生存能力计算结果可以看出，机动导弹系统在中心库和待机阵地的生存概率很大，而在机动阶段和发射阶段的生存概率较小。这是由于中心库的防护能力较强弥补了其在隐蔽伪装能力方面的不足，即使被敌侦察发现，常规打击也难以对其造成毁伤；而待机阵地的隐蔽伪装能力较强，加上有地形地势等方面的优势，被敌侦察发现的概率较小。在机动阶段和发射阶段，由于暴露时间长，被敌侦察发现的概率较大，容易遭到敌方的精确打击，加之机动导弹武器自身的防护能力有限，一旦被敌毁伤，难以在短时间内恢复。

由上述论证结果可知，从整个作战过程来看，在6.1.2节拟制的作战运用方案下该机动导弹系统的生存概率较小，与研制方案论证的结果有一定出入，需要

对系统的作战运用方案进行改进。考虑到中心库和待机阵地的特点,存储阶段和待机阶段的生存能力已经很难有较大幅度的提高。而机动阶段和发射阶段则可以通过改进作战运用方案,对这两个阶段的生存概率有所提高。结合经济条件及技术水平,在对空拦截、预警时间不能进行质的提升,而从伪装和防护入手对经费需求又过大的前提下,计划通过增设假目标,分散敌侦察及打击力量,从而对目标的生存产生积极地作用。于是,将机动阶段的假目标数量从原来方案中的1个增加至2个,发射阶段则增加至3个,结合改变后的作战运用方案,再分别计算机动阶段和发射阶段的生存概率分别为

$$P_2' = 0.42 + 0.58 \times (1 - 0.2712/2.6667)^{6.4} = 0.712$$

$$P_4' = 0.32 + 0.68 \times (1 - 0.6385/3.5)^{1.4} \times (1 - 0.1568/3.5)^{6.4} = 0.7025$$

增加假目标后系统在整个作战过程中总的生存概率为

$$P' = P_1 \cdot P_2' \cdot P_3 \cdot P_4' = 1 \times 0.712 \times 0.88 \times 0.7025 = 0.4402$$

通过对修改后的作战运用方案的再次论证分析不难发现,在其他条件不改变的情况下,在机动阶段和发射阶段各增加一个假目标后,机动发射单元的生存概率从原来的0.3508提高到0.4402,说明假目标的设置确实可以有效的提高系统的战场生存能力。但是,假目标的数量不宜过多,过多的假目标一方面增加了费用支出,另一方面由图6.4可知,假目标达到一定数量后,再增加假目标的效果将越来越不明显,会造成作战资源的浪费。假目标可以采用二手民用厢式卡车改装而成,价格较低,示假效果较好,是未来生存作战的首要选择。

因此,要提高机动导弹系统在整个作战过程中的生存能力,主要应从机动阶段和发射阶段着手。对于机动阶段,应采取不同的机动路线、机动时机、机动规模、机动方式等策略,缩短一次机动的距离,减少机动时间。同时,应避开敌侦察卫星临空时间实施机动,减小被敌侦察发现的概率,此外还应该按2:1或3:1的比例配置假目标进行佯动。研究表明,通过上述生存作战可以显著地提高系统在机动阶段的生存概率。对于发射阶段,要提高机动导弹系统的战场生存能力,一方面需要对发射准备和撤收操作进行简化,尽可能缩短发射准备时间和撤收时间;另一方面还需要增加假目标配置,分散敌侦察和打击力量,从而提高真目标的生存概率。

6.5　本章小结

本章主要就机动导弹系统在作战运用中的生存能力进行了论证建模分析,描述了机动导弹系统的生存作战过程,提出了机动导弹系统的作战运用方案。结合方案对机动导弹系统在作战过程中的生存对抗活动进行了建模分析,利用

模型对机动导弹系统在提出的作战运用方案下的战场生存能力进行了论证分析,并对作战运用方案进行了改进,经过对方案的再次论证表明改进后的方案有助于提高系统的战场生存能力能力。最后,提出了提高机动导弹系统在作战运用中的生存能力的具体措施。

参考文献

[1] 黄宝安,姚玉山,胡瑜. 现代武器装备论证应用研究[J]. 国防科技,2005(7):81-84.

[2] 李明,刘澎,等. 武器装备发展系统论证方法与应用[M]. 北京:国防工业出版社,2000.

[3] 顾基发. 系统工程方法论的演变[M]. 北京:科学技术文献出版社,1994.

[4] Jacson M C. System Methodology for the Management Sciences[M]. Plenum Press,1991.

[5] 谭云涛,郭波. 以费用为独立变量的武器装备型号论证方法研究[J]. 兵工学报,2007(6):761-764.

[6] 王书敏,贾现录. 武器装备作战需求论证中的系统理论与方法[J]. 军事运筹与系统工程,2004,18(2):18-21.

[7] 高峰,陆欣,王强. SVM方法在武器装备综合论证中的应用[J]. 装备指挥技术学院学报,2007,18(4):97-101.

[8] 贾现录,王书敏,赵新会. 装备作战需求综合集成论证方法初探[J]. 装备指挥技术学院学报,2005,16(2):43-47.

[9] 张荣,罗小明,熊龙飞. 数据包络分析及其在武器装备论证中的应用[C]. 第四届中国青年运筹与管理大会论文集,2001:367-382.

[10] 郑卫东. 鱼雷武器系统论证方案的模糊多目标生成与优选方法[J]. 舰船科学技术,2007(4):133-136.

[11] 赵保军,杨建军. 装备论证中的数据处理方法[J]. 指挥技术学院学报,2001,12(5):11-14.

[12] 李永,郭齐胜,李亮. 基于AD/QFD/TRIZ的装备论证方法创新研究[C]. 2007年管理科学与工程全国博士生学术论坛,2007:427-434.

[13] 邓会光,滕克难. 飞航导弹武器综合论证方法研究[J]. 海军航空工程学院学报,2002,17(2):50-52.

[14] 王基祥,常澜. 美国弹道导弹地面生存能力评估模型研究(1)[J]. 导弹与航天运载技术,1999(5):9-21.

[15] Wallick Jerry. Aircraft design for S/V. Proceedings of a workshop in survivability and computer-aided design[R]. ADA 113556,1981-04-6.

[16] Douglas Donald M. Introduction to the operational nuclear survivability assessment process[R]. ADA 210072,1988-04.

[17] Wong Felix S. Modeling and analysis of uncertainties in survivability assessment[R]. ADA 167630,1986-03.

[18] Guzie,Gary L. Integrated Survivability Assessment t[R]. ADA 422333,2004.

[19] 丁保春. 系统仿真技术在导弹武器发展论证中的应用[J]. 系统仿真学报,2001,13(4):528-531.

[20] 伍发平. 机动战略导弹生存能力研究[D]. 第二炮兵工程学院,1999.

[21] 王连生,张新国著. 第二炮兵信息作战概论[M]. 北京:解放军出版社,2004.

[22] 周辉. 战场复杂电磁环境分析与应对策略[J]. 装备指挥技术学院学报,2007,18(6):59-63.

[23] 刘勇,王秋刚,杜相华. 成像侦察卫星及其发展综述[J]. 电子对抗,2005(6):39-43.

[24] 陈万强,邹振宁. 美军卫星侦察能力评析[J]. 飞航导弹,2004(4):6-11.

[25] 总装备部. 卫星应用现状和发展[M]. 北京:中国科学技术出版社,2000.

[26] 梅国宝,吴世龙. 电子侦察卫星的发展、应用及其面临的挑战[J]. 舰船电子对抗,2005,28(4):28-31.

[27] 阙渭焰,林世山. 电子侦察卫星能力探析[J]. 卫星应用,2004,12(1):45-51.

[28] 庞之浩. 美国军事侦察卫星大扫描[J]. 现代兵器,2001(9):32-35.

[29] 魏庆编译. 威胁亚洲地区和平的空中"魔影"——美间谍飞机[J]. 国防科技,2005(4):43-46.

[30] 周义. 美军无人机研发最新动态[J]. 中国航天,2002(2):39-42.

[31] 毕金兰,刘勇志. 精确制导武器在现代战争中的应用及发展趋势[J]. 战术导弹技术,2004(6):1-4.

[32] 陈东祥. 台湾高技术武器装备发展及作战能力研究[M]. 北京:国防大学出版社,2004.

[33] 汪民乐,高晓光. 导弹作战系统生存能力新概念[J]. 系统工程与电子技术,1999,21(1):8-10.

[34] Grady Booch,James Rumbaugh,Ivar Jacoboson. UML 用户指南[M]. 麻志毅,张文娟,绍维忠,等译. 北京:机械工业出版社,2005.

[35] 甄涛,王平均,张新民. 地地导弹武器作战效能评估方法[M]. 北京:国防工业出版社,2005.

[36] 邵强,李友俊,田庆旺. 综合评价指标体系构建方法[J]. 大庆石油学院学报,2004,20(3):74-76.

[37] 郭强. 常规地地导弹武器系统生存能力研究[D]. 第二炮兵工程学院,2008.

[38] 杨先德,汪民乐,朱亚红. 机动导弹系统生存能力的综合评价[J]. 战术导弹技术,2010(5):71-74.

[39] 黄桂生,苏五星. 基于层次分析法的地面雷达战场生存能力评估[J]. 现代电子技术,2008(7):47-49.

[40] 刘天坤,熊新平,赵育善. 防空导弹网络化作战体系生存能力指标分析[J]. 弹箭与制导学报,2006,26(2):720-723.

[41] 冯韶华,路建伟,黄浩,周普. 自行高炮武器系统机动生存能力建模评估[J]. 火力与指挥控制,2007,32(10):89-92.

[42] 王超,孙玉涛,吴超. 复杂电磁环境下地空导弹武器系统生存能力评估[J]. 舰船电子工程,2009,29(8):54-57.

[43] 陈守煜. 求解系统无结构决策问题的新途径[J]. 大连理工大学学报,1993,33(6):705-710.

[44] 黄宪成,陈守煜. 定量和定性相结合的威胁排序模型[J]. 兵工学报,2003,24(1):78-82.

[45] 陈守煜,黄宪成. 确定目标权重和定性目标相对优属度的一种新方法[J]. 辽宁工程技术大学学报,2002,21(2):245-248.

[46] Chen Shouyu. Multiobjective decision - making theory and application of neural network with fuzzy optimum selection[J]. The Journal of Fuzzy Mathematics,1998,6(4):45-48.

[47] 田振清,周越. 信息熵基本性质的研究[J]. 内蒙古师范大学学报(自然科学版),2002,31(4):347-350.

[48] 陈雷,王延章. 基于熵权系数与 TOPSIS 集成评价决策方法的研究[J]. 控制与决策,2003,18(4):456-459.

[49] 傅祖芸. 信息论-基础理论与应用[M]. 北京:电子工业出版社,2001.

[50] 邱菀华. 管理决策与应用熵学[M]. 北京:机械工业出版社,2002.

[51] 毕义明,汪民乐,等. 第二炮兵运筹学[M]. 北京:军事科学出版社,2005.

[52] 袁孝康. 星载合成孔径雷达导论[M]. 北京:国防工业出版社,2003.

[53] 刘永弘,胡东杰,吕进. 假目标作战应用研究及其效果分析[J]. 工兵装备研究,2003,22(2):39-41.

[54] 胡晓峰,罗批,司光亚等. 战争复杂系统建模与仿真[M]. 北京:国防大学出版社,2005.

[55] 李凡,姚光仑,赫海燕. 弹炮结合防空武器系统机动生存能力模型研究[J]. 火力与指挥控制,2005(1):76-78.

[56] 张最良,李长生,等. 军事运筹学[M]. 北京:军事科学出版社,1993.

[57] 钱进,叶寒竹. 基于作战过程的机动导弹武器系统生存能力评估建模[J]. 装备指挥技术学院学报,2007,18(4):116-121.

[58] 戴小云. 常规导弹旅在敌精确打击下的生存仿真评估[D]. 第二炮兵工程学院,2007.

第二篇

综合电子战软毁伤威胁下机动导弹系统生存能力分析

第7章　综合电子战软毁伤下机动导弹系统生存能力分析导论

7.1　引言

随着电子信息技术的迅速发展和大量应用于现代战争,各种电磁信号充斥于现代战场。以夺取电磁频谱控制权和使用权为目标的电子战,已经成为现代战争的重要作战样式。生存防护系统是导弹作战体系的重要组成部分,而电子防护又是生存防护的主要内容。因此,研究导弹武器系统综合电子战防护措施和策略以及防护效能的评估是导弹武器作战的迫切需要,也是一个新的课题,对提高导弹武器系统生存能力和作战效能具有重要意义。

本篇的主题是综合电子战威胁下导弹武器系统生存防护策略设计及防护效能评估,因此从当前及未来战争形态、导弹武器在战争中的作用两个方面来阐述研究的意义及应用价值。

新军事变革推动信息化战争时代的到来,电子战是信息作战的主要作战行动之一。

科学技术日新月异地发展、世界军事格局的变革注定未来的战争形态必然是信息化战争,信息作战是信息化战争的重要作战形式。虽然目前对于信息作战尚无统一的定义,但无论哪种定义都将电子战纳入了信息作战的主要作战行动。

1992年美国参谋长联席会议备忘录CJCSMOP6对电子战进行了新的定义,电子战(Electronic Warfare,EW)是指使用电磁能和定向能控制电磁频谱或攻击敌方的任何军事行动。电子战包括三个主要部分:电子攻击、电子支援和电子防护,如图7.1所示。其中,电子攻击(Electronic Attack,EA)定义为:使用电磁能和定向能或者反辐射武器,以削弱、压制或瓦解敌方作战能力为目的的对人员、设施和设备的攻击;电子支援(Electronic Warfare Support,ES)定义为:在指挥员授意或直接指挥下对有意或无意的电磁能辐射源的搜索、截获、识别和定位的行动;电子防护(Electronic Protection,EP)定义为:采取行动保护人员、设施和设备,防止敌(己)方利用电子战削弱、压制或瓦解己方战斗力。

电子战的组成要素如图7.1所示。

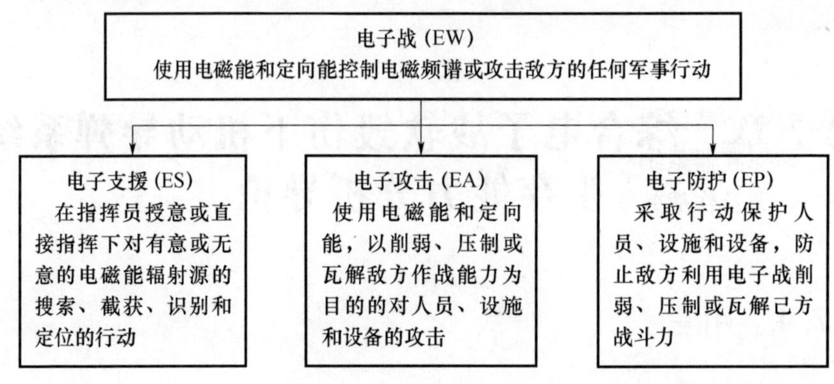

图 7.1　电子战的组成要素

电子战的发展史大致可以分为三个阶段[1-4]。第一个阶段,电子战的起源阶段,这一阶段比较典型的例子就是:1905 年,日俄对马海战期间,俄国"戈罗姆凯"号鱼雷艇和"伊古拉德"号巡逻艇干扰了日本的无线电通信;1916 年 5 月 31 日,英国海军用海岸无线电测向监视德国舰队的动向,并根据这个信息引导英军舰队,取得抗击德军的胜利。第二个阶段,电子战的形成阶段,第二次世界大战期间大量的电子设备如无线电台、雷达等运用于战场,随之而来的是电子对抗战例的增多和电子对抗水平的提高,电子侦察、电子干扰和电子欺骗等电子战措施得到广泛应用,从而将电子战推向新的阶段。第三个阶段,电子战的发展阶段,第二次世界大战以后的历次重大战争中,如越南战争、中东战争、20 世纪 90 年代初的海湾战争以及 2003 年的伊拉克战争等,无不见到电子战的身影。以上战争中,电子战已经发展成为集电子攻击、电子支援和电子防护于一体的软硬兼施、攻防兼备综合电子战。

从以上电子战的发展阶段,不难看出,随着军事电子技术的发展电子攻击与电子防护、电子侦察与反侦察、电子干扰与反干扰、电子毁伤与反毁伤就像矛和盾的关系,交替着不断发展。综合运用电子防护手段是确保己方有效使用电磁频谱,防止敌方对己方的侦察、阻止、扰乱、欺骗或摧毁有效手段。

导弹武器作战关系战争全局,具有战略性。从近年来发生的几起局部战争可以看到,导弹武器在战争中扮演着越来越重要的角色,导弹武器作战具有战略意义,导弹武器系统(导弹、地面设备和指挥控制系统)是敌方电子打击的重要目标,因此导弹武器系统成为严密防护的重要目标。而电子战中导弹武器系统的生存能力及作战效能与相关的电子防护技术与策略密切相关,在电子战过程中综合运用电子防护技术(如运用隐蔽伪装技术防止被敌探测发现、采用电子干扰技术防止被敌击中、采用电磁加固的技术使导弹武器在被击中的条件下仍能实施有效还击等)对提高导弹武器系统的生存能力和作战效能至关重要。电子进攻下导弹武器系统反电子侦察能力评估、抗电子干扰能力评估以及抗电子毁伤能力评估是导弹武器系统综合电子战防护辅助决策的基础,可为作战指挥员提供导弹武器系统综合电子战防护辅助决策支持,有助于提高导弹武器系统的生存能力及作战效能。

综上所述,对综合电子战威胁下导弹武器系统的电子防护效能进行研究,分析导弹武器系统电子战威胁环境、提出相应的电子防护措施、建立电子防护效能评估模型、对导弹武器系统电子防护策略进行分析等对提高导弹武器系统的生存能力及作战效能意义重大,具有很强的应用价值。

7.2　国内外研究现状

未来战争是以电子战和导弹战为重点的战争,综合电子战是电子战发展的必然趋势。在综合电子战环境下,威胁存在于陆、海、空、天全方位,威胁模式多样化,导弹是电子技术的结晶,导弹武器系统包含了大量的电子设备,这些设备在工作时会产生强烈的电磁辐射,很容易被先进的电子侦察设备探测到,进而遭受到毁灭性的打击。而且,随着超大规模集成电路和高密度、高集成度器件的最新技术应用于各种军用电子系统,提高了武器系统的效能,但同时也增强了系统在电磁能武器、定向能武器以及反辐射武器打击下的脆弱性。

因此,综合电子战威胁下导弹武器系统电子防护策略及其效能成为国内外众多学者和机构广为关注的热点研究领域,其研究成果对提高导弹武器系统在综合电子战威胁下的电子防护效能,从而提高导弹武器系统在复杂电磁环境下的生存能力和作战效能具有重要的意义。

7.2.1　国外研究现状

目前世界上的一些军事强国一方面采用各种新技术、新武器加强反导防御系统的建设,另一方面又投入大量的人力、物力来研究导弹武器系统的电子防护,以提高己方导弹武器系统在综合电子战威胁下的生存能力和作战效能。美国、俄罗斯有关机构和专家学者公开发表的有关电子战方面的文献比较多,这些文献主要集中讨论研究了有关电子战的基本原理、作战样式和作战原则、电子战技术和电子战武器等。例如,文献[5－11]对电子战基本原理、电子干扰理论、电子战建模与仿真进行了较详细地研究。美国有专门的电子战条令,制定了一系列与电子战有关的重要计划“战术利用国家监视能力”(TENCAP)计划、“联合SIGINT航空电子设备系列”(JSAF)计划、“机载综合电子战系统”(INEWS)

计划、“联合攻击战斗机”(JSF)计划和“EA－6B的改进能力”(ICAPIII)计划等。在1996年出台的《2010年联合构想》等文件中将电子防护列入全维防护的重要内容。

美国、苏联早在20世纪60年代就已经认识到电磁脉冲武器对导弹武器系统的危害,开始研究导弹武器系统对抗电磁脉冲的防护问题。例如,美国在设计研制“民兵”Ⅱ和“民兵”Ⅲ导弹时,就考虑了发射前、主动段、自由飞行段和再入段四个阶段导弹武器系统的电磁脉冲环境,对导弹的结构、制导和控制系统以及弹头提出相应的抗核加固措施,并以此为基础对加固效能进行评价。早在1979年,美国就强调在开发每一种武器时,必须考虑电磁脉冲防护能力。1986年,美军完成了电子元器件易损性与加固测试计划。进入20世纪90年代后,美军已经把各种电磁危害源的作用归纳为武器系统在现代战争中遇到的电磁环境效应问题,并于1993年完成了“强电磁干扰和高功率微波辐射下集成电路防护方法”的研究。目前,对电磁脉冲的防护能力已列入其军标和国标中。针对电磁脉冲武器毁伤效果难以量化和评估的问题,美军提出了电磁脉冲武器作战效果或者杀伤等级“D4”概念,即摧毁(Destroy)、破坏(Damage)、削弱(Degrade)和拒止(Deny)。俄罗斯也在1993年完成了电磁脉冲对微电子电路的效应实验和防护技术研究,他们的武器系统一般都有抗静电和抗电磁脉冲的技术指标。

此外,美国和俄罗斯都十分重视电子侦察与反电子侦察技术的研究,目前他们拥有世界上最先进的电子侦察设备,包括各种电子侦察卫星、电子侦察飞机、电子侦察船等。早在20世纪60年代初期,美国就开始了电子侦察卫星的研究和发射,迄今为止已经发射电子侦察卫星90颗左右,这些卫星有的已经停用,有的还运行在各自的轨道上,与照相侦察卫星相互补充,提供军事和政治信息。苏联/俄罗斯也是从20世纪60年代就开始研制和发射电子侦察卫星,如今已经历了5代。以色列在发展和应用无人侦察机方面走在当今世界的前列。从20世纪70年代开始,以色列已独立或与美国、瑞士等国合作发展3代无人侦察机。美国重视发展长航时、三军通用的无人侦察机,技术处于世界领先水平。已成功研制出“蚋蚊”(Gnat)和“捕食者”(Predator)中空长时无人侦察机。正在研制的“全球鹰”(Global Hawk)是一种高空长航时无人侦察机,可以从美国本土起飞到达全球任何地点进行侦察。除了以色列和美国以外,还有一些国家的军队(如英国、俄罗斯、德国、法国、南非等)也装备有无人侦察机。侦察与反侦察就如同矛与盾,一方发展了,另一方也同时得到发展。美国、俄罗斯等国一方面大力发展电子侦察技术,一方面也在反电子侦察技术方面投入了大量的资金,特别是他们的飞行器隐身技术(包括导弹、战斗机)处于世界前列,导弹突防时的反电子侦察技术如诱饵技术、电子干扰机等使得导弹武器作战效能大大提高。

各军事强国在关注导弹武器系统作战效能的同时，也对己方导弹武器系统的抗电子干扰措施做了全面加强，发展了一系列抗电子干扰技术。另外，美国还十分重视电子战仿真技术的研究，如美国正尝试将分布式交互仿真(DIS)技术用于电子战系统的研制和鉴定，美国目前正在研制的 J－MASS 建模与仿真联合系统可以支持各个层次、不同需求的电子战建模与仿真工作。

7.2.2 国内研究现状

我国关于电子战的概念和理论的研究是比较早的，在电子进攻与防护方面的研究起步较晚，随着新军事变革的到来，复杂电磁环境下的联合作战将是我们重点研究的课题，导弹武器系统在综合电子战威胁下的生存防护和作战效能成为广泛关注的热点研究问题。

目前，国内有关电子战以及导弹武器系统在复杂电磁环境下作战方面的参考文献很多，这些文献集中对电子战技术、电子战武器等做了综述性的研究，或者是关于导弹武器系统作战过程中某一阶段的电子防护进行了专题研究，如导弹阵地的反电子侦察防护、弹体的抗核加固、用电子干扰对抗雷达侦察以及在电子干扰下导弹突防概率的研究等。例如，文献[11]对电子战的原理、电子战技术和电子战武器进行了综述性的研究；文献[12,13]对反电子侦察中的雷达隐身技术及隐身效果进行了研究；文献[14－16]研究了导弹武器系统面临的电子威胁环境及防护策略；文献[17]研究了电磁脉冲对于一般电子设备的危害及防护技术等；文献[18,19]对导弹导引头的抗电子干扰技术及抗电子干扰效能作了较系统的研究；文献[20]探讨了电子干扰条件下导弹的突防概率的计算模型；上海航天技术研究院的电子战专家陶本仁在导弹武器系统电子战防护方面发表的学术论文比较多，如在文献[21]中提出了地面防空武器电子战综合信息系统，该系统在电子干扰环境下，进行被动侦察，从而对防区各导弹武器系统进行有效地抗干扰作战行动决策，为“电磁静默”作战模式提供支援，而在文献[22]中则提出了提高弹道导弹发射阵地的生存能力和防护能力应配备的电子防护系统，包括发射阵地的战场电磁环境监测系统和综合电子干扰系统；文献[23－25]从电磁脉冲武器的工作原理、毁伤机理等方面分别研究了通信系统、一般电子设备以及计算机系统抗电磁脉冲武器攻击的防护措施，但对防护措施的防护效能没有做深入研究；特别是文献[26－28]对电子对抗中的效能评估问题做了深入全面的研究，建立了有关电子对抗效能量化及评估模型。

从国内可以查到的相关文献资料可以看到，目前国内针对某一方面电子攻击下的电子防护研究比较多，而对综合电子战条件下，多种电子攻击下的电子防护研究还比较少；针对导弹武器系统某一部分、导弹武器系统作战过程中某一阶段的电子防护研究比较多,而对导弹武器系统在综合电子战威胁下、在整个作战过程中的电子防护研究还比较少。

随着新型电子战技术和电子战武器应用于战场,通用化、一体化综合电子战系统的发展,给导弹综合防护提出了更高的要求。例如,由于电子侦察和探测手段迅速发展,战场更加透明,研究新型反侦察技术迫在眉睫;战场因素复杂,有物质的也有信息的,毁伤后果有硬毁伤也有软毁伤,这使得防护效果量化和评估的难度越来越大。这样也使得导弹综合电子战防护技术必将受到越来越高的重视,并迅速发展。对导弹武器系统而言,单一防护技术有局限性,只有采用多元的综合的一体化电子防护技术,才能大大提高其生存能力和作战效能。综合国内外的研究现状可以看出,研究在综合电子战环境下导弹武器系统的综合电子防护效能是有必要的,对于提高导弹武器系统的生存能力和作战效能具有重要的意义。

7.3 第二篇的主要内容及结构

本篇主要研究综合电子战威胁下导弹武器系统电子防护效能,通过分析导弹武器系统电子战威胁环境,提出导弹武器系统综合电子战防护措施,建立导弹武器系统电子战防护效能评估模型,并通过计算机仿真分析了导弹武器系统综合电子战防护策略。具体的内容及结构如下:

第7章主要介绍了本篇研究意义、国内外研究现状以及本篇的主要内容及结构。

第8章主要对导弹武器系统所面临的综合电子战威胁环境包括电子侦察威胁环境、电子干扰威胁环境、电子毁伤威胁环境进行了分析,从工作原理、威胁机制等方面对导弹武器系统综合电子战主要威胁因素作了深入地研究,为后面章节的工作打下基础。

第9章按照导弹武器系统在综合电子战环境下的作战过程,即射前阶段、飞行阶段和突防阶段,针对导弹武器系统在每个阶段的主要电子战威胁,提出了导弹武器系统反电子侦察措施、反电子干扰措施和反电子毁伤措施,既有技术上的措施又有战术上的措施,并对这些防护措施的可行性和有效性进行分析,总结出如果导弹武器系统在每个阶段都注意各种电子战防护措施的综合运用,必然可以事半功倍,达到最优的防护效果。

第10章提出了导弹武器系统综合电子战防护效能的概念,建立了导弹武器系统综合电子战防护效能评估指标体系以及导弹阵地反电子侦察能力评估模型、导弹飞行过程中反地面雷达侦察能力评估模型、导弹突防阶段反电子干扰能力评估模型、导弹抗电磁脉冲武器攻击能力评估模型,并在此基础上建立了导弹武器系统综合电子战防护效能总体评估模型。

第 11 章根据导弹武器系统综合电子战防护效能评估模型,通过计算机仿真,对特定的威胁下的防护效能做了仿真计算,在此基础上分析了导弹武器系统综合电子战防护策略。

第8章 机动导弹系统综合电子战威胁环境分析

近年来的几起局部战争实践已经证明,未来战争必然是以导弹战和电子战为重点的战争。导弹武器系统一般由导弹、地面设备以及指挥控制系统组成,如图8.1所示。

导弹武器系统包含了大量的电子设备,如指挥控制系统,导弹阵地的各类测控设备、各类无线通信台站,导弹上的导引头、弹上计算机、舵机、弹上电源及弹上电器布线等,这些电子设备在工作时就会产生强烈的电磁辐射,极易被对方的电子侦察设备发现,在“发现即意味着被摧毁”的综合电子战战场环境中,导弹武器系统受到前所未有的威胁。电子战不一定决定战争胜负,但是,现代战争中不使用电子战手段的一方一定会失败[1,2]。这句话用在导弹作战中将是:如果不注重对导弹武器系统的电子防护,那么在强烈的电子攻击下,再先进的武器也将只是一堆废铁,发挥不出它应有的作战效能。

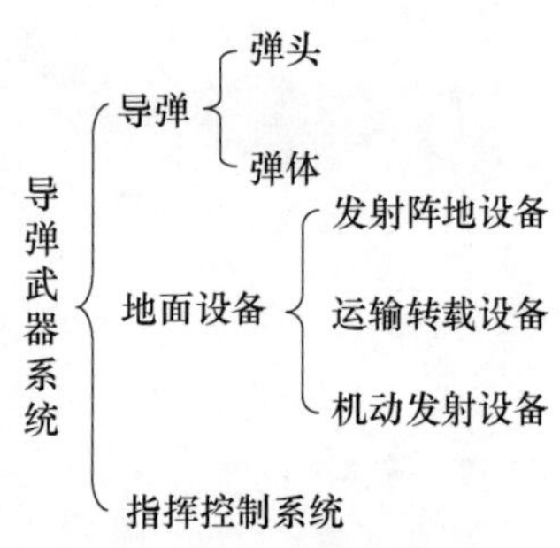

图8.1 导弹武器系统的组成

根据上面对导弹武器系统的组成及工作特点分析,不难看出,导弹武器系统面临着前所未有的电子战威胁,如何在复杂电磁环境下达成作战目的、提高作战效能,需要对导弹武器系统的电子战威胁环境进行系统地分析,以便针对各种具体的威胁采取有效的防护措施和进行防护效能评估。本章从对方有可能采取的电子攻击手段出发,对导弹武器系统的电子侦察威胁环境、电子干扰威胁环境和电子毁伤威胁环境作了深入地研究。这部分的内容是后续章节内容的基础。

8.1 导弹武器系统电子侦察威胁环境分析

正如前面的分析,导弹武器系统包含了大量的电子设备,这些电子设备在工作时就会产生强力的电磁辐射,极易被对方的电子侦察设备发现。在“发现即意味着被摧毁”的综合电子战战场环境中,导弹阵地受到前所未有的电子侦察威胁，这些电子侦察威胁主要来自于各种电子侦察卫星的航天侦察、电子侦察飞机（包括无人驾驶侦察飞机）的航空侦察和电子侦察船的地面侦察等，另外还有各种投放式的电子侦察设备。特别是在先进的空间电子侦察手段下，很容易被侦察探测到，进而遭到毁灭性的打击。因此，为了提高导弹武器系统的生存能力和作战效能，对导弹武器系统的电子侦察威胁环境进行深入具体的分析，是十分有必要的。

8.1.1　电子侦察卫星

电子侦察卫星较其他侦察手段有自己的特点和优势。首先，轨道高，视域宽，侦察范围广，可在短时间内侦察辽阔的地域。例如，一颗在赤道上空的地球同步轨道电子侦察卫星，能够同时对地球表面1.63亿m^2范围进行监测，相当于一架飞行高度为8000m的侦察机所能侦察范围的5600倍。其次，电子侦察卫星一般本身不发射信号，仅依赖于对方的电磁辐射，因此不易为对方侦察系统发现而被反卫星武器攻击。再次，侦察速度快，电子侦察卫星一天可绕地球飞行十多圈，覆盖全球只需要几天，可满足对情报信息的实时性需求。最后，电子侦察卫星可长期、反复地监视全球，也可定期或连续地监视某一地区，不受国界、地理和气候条件的限制。因此，电子侦察卫星成为导弹武器系统特别是导弹阵地的最大的电子侦察威胁。下面就电子侦察卫星的工作机理、分类、发展现状等几个方面分析电子侦察卫星对导弹武器系统的电子侦察威胁。

1. 电子侦察卫星的工作机理

电子侦察卫星亦称电子情报卫星、电磁探测卫星，主要用于截获敌方雷达、通信和导弹遥测遥控等系统的无线电信号，侦收敌方电子设备的电磁辐射信号，以探测敌方军用电子系统的性质、位置和活动情况以及新武器的试验和装备情况。它与卫星地面接收站共同组成卫星电子侦察系统。这种卫星上装有侦察接收机和磁带记录器，当卫星飞经敌方上空时，它将各种频率的无线电信号和雷达信号记录在磁带上或储存于电子计算机里，在卫星飞经本国上空时发送到地面接收站。

2. 电子侦察卫星的分类

与照相侦察卫星一样，电子侦察卫星也可分为普查型和详查型两种。按照定位方法，电子侦察卫星可分为单星定位制电子侦察卫星和多星组网定位制电子侦察卫星，为了保证较高的定位精度，单星定位时，要求对卫星进行精确控制，为了避免或减少“侦察空白”，电子侦察卫星往往采用多星组网的方法。多星定位时，则需采用轨道控制系统，严格保持卫星之间的相对位置。按侦察对象可分为侦察雷达和遥控、遥测信号的电子情报侦察卫星和窃听通信的通信情报侦察卫星。电子侦察卫星采用轨道主要有地球同步轨道和大椭圆轨道两种。

3. 电子侦察卫星的发展现状

早在20世纪60年代初期,美国就开始了电子侦察卫星的研究和发射,迄今为止已经发射电子侦察卫星90颗左右。20世纪70年代至90年代,发射了3代地球同步轨道电子侦察卫星,如代号为“流纹岩”、“小屋/漩涡”、“大酒瓶”的地球同步轨道电子侦察卫星。1988年9月,由“大力神”火箭首次发射新型“雪貂”D近地轨道星座,它由6颗卫星组网,这些卫星除装有电子侦察接收机外,还有一台红外探测器作为一种辅助遥感器。据有关资料显示,海湾战争期间,在轨的2颗“大酒瓶”、1颗“漩涡”电子侦察卫星和“雪貂”D电子侦察卫星,每天飞经海湾地区多次,监听伊拉克无线电信号,为多国部队提供通信、电子情报。20世纪90年代,美国又发射了代号为“水星”“猎户座”“军号”的电子侦察卫星。这些卫星有的已经停用,有的还运行在各自的轨道上,与照相侦察卫星相互补充,提供军事、政治信息。苏联/俄罗斯也是从20世纪60年代就开始研制和发射电子侦察卫星,如今已经历了5代,目前美国是世界上拥有电子侦察卫星数量最多、卫星性能最先进的国家。

8.1.2 无人侦察机

无人机(Unmanned Aerial Vehicle,UAV)一般定义为无人驾驶、自主推进、利用空气动力承载飞行、执行多种任务,并可重复使用的飞行器。无人驾驶飞机自从诞生以来,至今已有80多年历史。无人机用于军事领域,经历了无人靶机、预编程序控制无人侦察机、指令遥控无人侦察机和复合控制多用途无人机的发展过程。鉴于其独有的低成本、低损耗、零伤亡、便于隐蔽、可重复使用和高机动等诸多优势,使得无人机在最近几场局部战争中被大量地使用,特别是在海湾战争中无人机在与有人驾驶飞机和其他武器的协同作战中发挥了重要作用。海湾战争以后,电子战无人机更加受到各国军界的高度重视,成为世界各军事大国武器装备发展的重点之一。

1. 无人侦察机的发展现状

战场侦察是无人机应用最早也是应用最多的领域。多次战争的实践,促使无人侦察机成为现代军事情报侦察系统中发展最快且最活跃的科研与装备领域之一。

以色列在发展和应用无人侦察机方面走在当今世界的前列。从20世纪70年代开始,以色列已独立或与美国、瑞士等国合作发展3代无人侦察机,即第1代“侦察兵”(Scout),第2代“先锋”(Pioneer)、“徘徊者”(Ranger),第3代“搜索者”(Searcher)、“猎犬”(Hunter)等。其中,“搜索者”无人侦察机每次侦察飞行时间可达12h，最长留空时间为14h，机载光电侦察设备包括电视摄像机、前视红外仪、激光目标指示器、激光测距仪。美国重视发展长航时、三军通用的无人侦察机，技术处于世界领先水平。已成功研制出“蚋蚊”（Gnat）和“捕食者”（Predator）中空长航时无人侦察机。正在研制的“全球鹰”（Global Hawk）是一种高空长航时无人侦察机，可以从美国本土起飞到达全球任何地点进行侦察，机上载有合成孔径雷达、电视摄像机和红外探测器三中侦察设备，以及防御性电子对抗装备和数字通信设备。除了以色列和美国以外，还有一些国家的军队也装备有无人侦察机，如英国的“不死鸟”、俄罗斯的图－243、德法合作研制的“布雷维尔”、南非的“秃鹰”等无人侦察机。

2. 无人侦察机的工作特点

无人侦察机主要由机体、动力系统、机载飞行控制系统、起飞和回收装置以及有效载荷（如观点侦察设备、电子侦察设备和数据传输设备等）组成，它与侦察卫星和有人驾驶侦察机相比，具有许多独特的优点。

（1）与侦察卫星相比，具有成本低、侦察地域控制灵活、地面目标分辨率高等特点。

（2）由于无人侦察机尺寸小，且采用隐身措施，大大降低了被发现概率。因此，无人侦察机能够逼近作战前沿或者深人对方后方进行盘旋式的连续侦察，获取实时的、详细的、不间断的战场情报，而且使对方不能利用山坡的背面或其他地形特征来隐蔽其作战部队，获取对方战役纵深的兵力部署和各种作战活动，掌握战场态势，从而可实现战场对己方的完全“透明”。

（3）无人侦察机可以飞到有人驾驶飞机因视角与作用距离的原因而不能覆盖的目标区上空进行侦察，成为战场指挥员实时了解战场态势的主要信息源。

（4）由于无人侦察机机上无作战人员，可以昼夜持续侦察，不必考虑飞行员的疲劳和伤亡的问题。因此，可以以良好的效费比完成战场侦察、监视、目标定位、侦察校射等多项任务。

（5）无人侦察机的适应性强，起飞、回收一般不依赖专用的机场，无需复杂的后勤支援措施，几乎可以在任何地形条件下使用，尤其是对那些具有零长发射、车载短轨发射和自动着陆能力的无人侦察机更是如此，这为部队灵活机动的军事行动创造了非常有利的条件。

综上所述，随着无人侦察机技术的迅速发展，在未来的战争中无人侦察机必将成为侦察卫星和有人侦察机的重要补充和增强手段，也必将对导弹武器系统如导弹阵地、机动发射设备等造成前所未有的侦察威胁，导弹武器系统必须加强对抗无人侦察机的研究，以提高自身的生存概率和作战效能。

8.1.3 导弹预警雷达

弹道导弹预警雷达[33,34]是远距离搜索雷达,用于发现洲际、中程和潜地弹道导弹,测定其瞬时位置、速度以及发射点和弹着点等参数,预测弹道导弹的弹道轨迹,为己方军事指挥控制系统提供弹道导弹的来袭情报。按照工作体制的不同,弹道导弹预警雷达可分为机电扫描和电扫描两种。机电扫描预警雷达采用固定的天线阵面,利用馈源位置的变化形成波速扫描。根据导弹目标通过两个波速的时间、位置和速度,计算出近似的弹道轨迹。电扫描预警雷达能在较宽的方位区域形成搜索扇面,发现目标后,在搜索的同时能跟踪100~200个目标,对多弹头目标有较高的识别能力和测量精度。

美国是目前世界上最有实力和最积极发展弹道导弹预警雷达的国家。其弹道导弹预警系统(BMEWS)由3个预警雷达站组成,用于探测和预报洲际导弹从北方和东方对美本土和加拿大南部的攻击,该系统还覆盖了北冰洋,它可以在敌方导弹发射后15min内发出警报。该系统1960年首次部署,使用的主雷达设在3处:格陵兰岛的图勒、美国阿拉斯加中部的可利尔和英国的菲林代尔斯。美国导弹预警系统的雷达如表8.1所列。

表8.1 BMEWS的雷达

序号	雷达位置	雷达类型	数量
1	图勒(格陵兰岛)	AN/FPS-50	4
		AN/FPS-49	1
2	可利尔(阿拉斯加)	AN/FPS-50	3
		AN/FPS-92	1
3	菲林代尔斯	AN/FPS-49	3

弹道导弹预警雷达功能强大,作用距离远(可达5000km),是弹道导弹成功突防的第一道障碍,对导弹的生存能力和突防概率有重大影响。要提高导弹武器系统的突防概率和作战效能,必须对对方导弹预警雷达的布站和性能参数进行分析,以便采取有效的电子防护措施对抗预警雷达的侦察。

8.1.4 逆合成孔径雷达

逆合成孔径雷达(Inverse Synthetic Aperture Radar,ISAR)是成像雷达的一种,它与合成孔径雷达的区别简单来说就是成像目标的不同。SAR一般针对合作的固定目标,如导弹阵地、机场和城市目标等,而ISAR则是针对非合作目标,如飞机、导弹等。

逆合成孔径雷达在军事领域具有广泛的应用前景[35,36]。由于逆合成孔径雷达有非常高的分别率,因此它可以对小尺寸飞行目标进行成像识别。在战术上,逆合成孔径雷达可以对战术目标(飞机、导弹等)进行成像识别,配合武器系统对敌目标实施攻击或者拦截;在战略上,在终端和再入段的战略导弹防御系统中,对假目标、诱饵和真弹头进行目标识别,能提高截获概率,降低导弹的突防概率。在现阶段,ISAR 成像已经应用于军事领域,如目标分类、辨识和战场上的敌我识别以及精确武器制导。美国的 AN/APS - 1378(V)5 和俄罗斯的 Sea Dragon 潜艇监视系统配备的 ISAR 可以探测地面、水面目标的二维成像,来检测、分类和跟踪目标。将来,ISAR 的高分辨率成像将应用于武器发射系统,在发射前先利用 ISAR 探测目标像,然后根据目标属性发射导弹,利于导弹的寻的与识别,在综合电子战环境下发挥重要的作用。ISAR 对导弹在飞行过程中的生存概率和突防概率有巨大影响,因此,导弹武器系统必须采取有效的措施反 ISAR 侦察和识别。

8.2 导弹武器系统电子干扰威胁环境分析

导弹武器系统中的电子设备也是各种电子干扰的重点对象,如针对导弹武器制导系统和无线电引信的欺骗性干扰和压制性干扰。

导弹之所以能够准确地击中目标,是由于制导系统能够按照一定的制导规律对导弹实施控制。导弹的制导系统具有两个方面的功能:一是“制导”功能,即在导弹飞向目标的整个过程中,不断测量导弹的实际飞行弹道与规定弹道之间的偏差,或测量导弹与目标的相对位置及偏差,按一定的导引规律计算出导弹击中目标所必需的控制指令,以便自动的控制导弹修正偏差,准确飞向目标;二是“控制”功能,即按照导引规律所要求的控制指令,驱动伺服系统工作,操纵控制机构,改变导弹的飞行姿态和路线,保证导弹稳定地按照规定的弹道飞行直至命中目标。因此,要想破坏导弹的进攻,首先要破坏导弹的制导系统,故敌对双方都非常重视电子对抗技术。导弹的制导系统[37](图 8.2)工作的全过程是由各个环节构成的,如果其中某个环节遭到干扰破坏,轻则导弹摧毁概率降低,重则完全失效[38]。

引信是引爆导弹战斗部的装置。引信的种类很多,导弹上用的多数是无线电引信,或称为雷达引信。无线电引信实际上也是一部雷达[39],具有雷达的特征,主要由雷达引信发射机、发射天线、接收天线、接收机、信号处理和引爆装置等组成。但是,引信与一般雷达相比具有自己的特点,如作用距离短、作用时间短以及体积小、重量轻等。由于引信是引爆战斗部的,因此引信的可靠性非常重要。在电子战环境下,敌方的电子干扰设备不仅要干扰导弹制导系统,还有可能干扰弹上无线电引信设备,造成战斗部不炸或者早炸,降低导弹武器系统的作战效能。

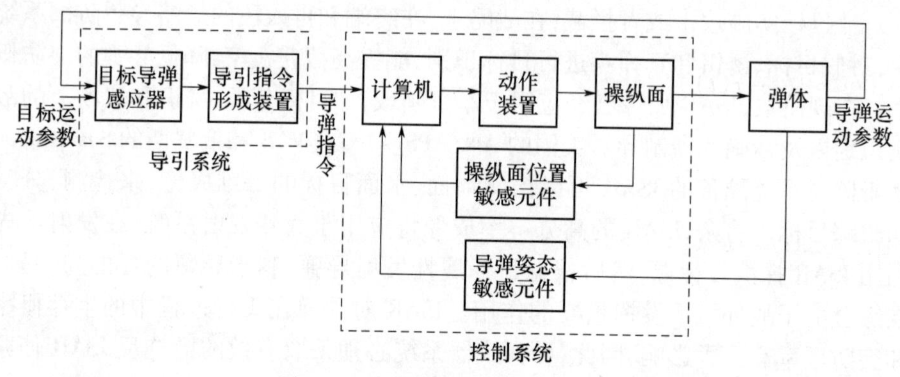

图 8.2 导弹制导系统的基本组成

对导弹武器系统的电子干扰主要可分为有源干扰、无源干扰[40]。具体的电子干扰分类如图 8.3 所示。

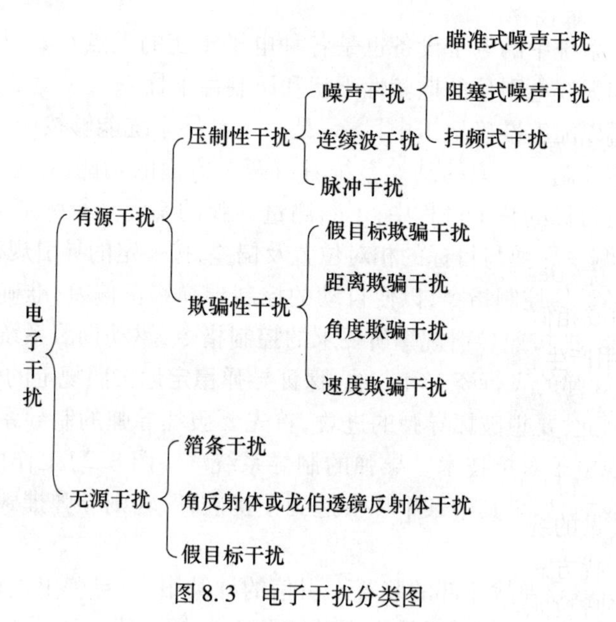

图 8.3 电子干扰分类图

8.2.1 有源干扰

有源干扰又称为积极干扰,是利用专门的有源干扰装置发射或转发某种形式的电磁波，扰乱或欺骗对方电子设备（如雷达、导弹制导设备、遥测遥控设备和导航设备等）的电子干扰，根据干扰信号的作用机理不同，可将有源干扰分为欺骗性干扰和压制性干扰。下面以干扰雷达为例讨论干扰信号在雷达接受端的数学模型，即

$$s_j(t) = A(t-\tau(t)) \cdot \cos((w_j(t-\tau(t)) - w_d) \cdot (t-\tau(t)) + \vartheta_{jn}) \cdot K \quad (8.1)$$

其中

$$K = \left(\frac{G_j + G_{rj}\theta_j\lambda^2 r_j}{(4\pi)^2 R_j^{\ 2}} L\right)^{1/2} \quad (8.2)$$

式中：A 为干扰信号的脉冲幅度；G_j 为干扰机天线增益；θ_j 为干扰机瞄准轴与实际雷达方向夹角；G_{rj}为在干扰方向上雷达接收天线增益；λ 为干扰信号的波长；R_j 为干扰机与雷达之间的距离；L 为路径损耗；r_j 为极化损耗；$\tau(t)$为延时；w_j 为干扰信号频率；w_d 为干扰信号相对雷达的径向速度；ϑ_{jn}为干扰机初相。

干扰信号的瞬时功率为

$$P_j(t) = \frac{1}{2} s_j^{\ 2}(t) \quad (8.3)$$

干扰信号的平均功率为

$$P_{jr} = \frac{P_j \cdot G_j \cdot G_{rj} \cdot \lambda^2 \cdot \gamma}{(4\pi)^2 \cdot R_j^2 \cdot L_r} \cdot \left(\frac{B_s}{B_j}\right) \cdot F'(\alpha) \quad (8.4)$$

式中：P_j 为干扰机发射功率；λ 为雷达波长；γ 为干扰信号与雷达信号极化不一致损失系数；L_r 为雷达接受损耗因子；B_s 为雷达接收机等效带宽；B_j 为干扰频谱带宽；$F'(\alpha)$为干扰信号在空间传播时的传播损失。

欺骗性干扰（Deceptive Jamming）[38,39]是指通过发射、转发、反射与目标信号特征参数相同或相似的欺骗信号，使对方电子设备或操作人员对接受的目标信息的判读、使用产生错误的电子干扰。以对雷达的干扰为例，欺骗信息的内容与所干扰的信道有关，如果干扰雷达的角跟踪信道，则欺骗干扰波形中应为角欺骗的信息，同样的原则也适用于对其他信道干扰时对欺骗信息的选择。由于雷达提取目标的位置信息的内容不同，干扰波形也将是不同的。最佳干扰波形是与真目标特征矢量的统计特性相似的波形，通常依据电子情报侦察机提供的信息选择最佳的干扰方式。

压制性干扰（Cover Jamming）[40]是指使用发射机发射大功率的经调制的干扰信号，使对方的电子系统的接收装置过载、饱和，难以检测有用信号，以至不能正常工作的电子干扰。遮盖性干扰的主要干扰信号是噪声，而正态分布的噪声通常认为是理想的干扰波形。根据频率引导方式不同又可分为瞄准式、阻塞式、扫频式，根据干扰信号样式不同可分为非调制波干扰和调制波干扰。非调制波

主要考虑连续波干扰,调制波根据调制信号和调制方式的不同形成很多种干扰信号样式。

8.2.2 无源干扰

无源干扰又称为消极干扰,是指由群物体或空间分布物体对电磁波形成的散射和重新反射所造成的干扰,无源干扰包括箔条干扰、角反射体或龙伯透镜反射体等。无源干扰对雷达辐射的电磁波形成强烈的反射,从而使雷达探测目标困难,若无源干扰的有效反射面积为 σ_c,则雷达接受到的干扰功率为

$$P_{cj}=\frac{P_t\cdot G_t^2\cdot\lambda^2\cdot\sigma_c}{(4\pi)^3\cdot R^4\cdot L_r} \tag{8.5}$$

式中:P_t 为雷达发射功率;G_t 为雷达天线增益;λ 为雷达波长;σ_c 为无源干扰的有效反射面积;R 为雷达到无源干扰的距离;L_r 为雷达接收损耗因子。

无源干扰中箔条的应用最为广泛,箔条既可以成包或成弹形式投放作为假目标,也可以抛撒形成干扰走廊来遮蔽雷达目标。箔条弹对雷达起到欺骗作用,而干扰走廊对目标起遮蔽作用,就对目标起广义上的隐身作用而言,二者的作用机理是完全不同的。干扰走廊(Jamming Corridor)是指由于箔条的大量抛撒,在空中形成具有一定长度、宽度和厚度的云状干扰物,又称为箔条走廊(Chaff Corridor)。干扰走廊对电磁波的作用是衰减(主要是散射衰减)。雷达发射的电磁波,对目标而言就是入射波,遭箔条云的层层散射,到达目标已经所剩无几;目标的散射波又被反向层层衰减,因此到达雷达的目标散射波就很弱或者接受不到了。已经证明,箔条干扰走廊的功能与雷达体制无关,即不管何种体制的雷达,箔条干扰走廊都能有效地进行遮蔽目标干扰[41]。箔条作为假目标和诱饵使用时,首先要求箔条与目标配置在同一雷达分辨单元内,形成的箔条云具有足够大的雷达散射截面积,通常应该是被掩护目标雷达散射截面积的 2 ~ 3 倍,当目标与箔条分开后,雷达跟踪箔条而不跟踪目标,起到自卫作用。

目前箔条有很大发展,首先使用金属化的玻璃纤维、尼龙纤维取代了传统的铝箔和金属丝;形状由单一的条形发展为菱形、圆形、箭形等多种形式;箔条形式除了反射型外还有吸收型及闪烁型等,干扰效能有很大的提高。

角反射器是另外一类重要的无源干扰,其特点是它的尺寸不大却能产生很强的反射波,通常由三个电性能相互有关的、能反射电磁波的相互垂直面构成,根据反射面的形状不同可分为三角形、圆形、方形三种角反射器。由于角反射器可以在较大的角度范围内,将入射的电波经三次反射,按原来的入射方向反射回去,因而具有很大的雷达散射截面积。角反射器的最大的反射方向称为角反射器的中心轴,它与三个垂直轴的夹角相等,均为54°45′,在中心轴方向的有效反

射截面积最大。三种角反射器的最大有效反射面积分别为

$$\sigma_{\triangle\max}=\frac{4\pi}{3}\cdot\frac{a^2}{\lambda^2}=4.19\frac{a^2}{\lambda^2} \tag{8.6}$$

$$\sigma_{\bigcirc\max}=\frac{16\pi}{3}\cdot\frac{a^2}{\lambda^2}=16.75\frac{a^2}{\lambda^2} \tag{8.7}$$

$$\sigma_{\square\max}=12\pi\cdot\frac{a^2}{\lambda^2}=37.3\frac{a^2}{\lambda^2} \tag{8.8}$$

8.3　导弹武器系统电子毁伤威胁环境分析

近年来,随着微电子技术的迅速发展,各种军用电子系统已大量采用超大规模集成电路和高密度、高集成度器件的最新技术,全面实现微电子化[42]。随着专用集成电路的发展和应用,进一步推动了军用电子系统朝着专用集成系统的方向发展,使雷达、通信、导航、电子仪器以及军事指挥与控制和武器制导系统广泛实现了综合化、高速化、智能化及高性能化,从而极大地提高了这些高度微电子化的电子系统或武器系统的功能与效能,但同时也增强了系统在激光武器、高功率微波武器、电磁脉冲武器等定向能武器以及反辐射导弹打击下的脆弱性。下面首先分析核电磁脉冲武器和常规电磁脉冲武器的产生机理及其对导弹武器系统的破坏效应,接着简单介绍了反辐射导弹对导弹武器系统的电子战威胁。

8.3.1　电磁脉冲武器

电磁脉冲武器是一种能产生强电磁脉冲辐射的武器,其毁伤机理是强电磁脉冲通过天线、外接导线及缝、孔、窗等耦合到电子、电工系统内部,对电子设备产生严重的干扰,甚至永久性的破坏作用。电磁脉冲武器作为一种新概念武器有其自己独特的特点,其毁伤模式、作战范围都有所不同,主要有以下特点:全天候作战能力、对瞄准精度要求不高、软硬兼施、单价和维护费用较低,另外电磁脉冲武器还可以通过"热效应"和"非热效应"对人体产生杀伤作用。电磁脉冲武器对导弹武器系统既有软毁伤即电子干扰的威胁作用,又有硬毁伤效应即造成导弹武器系统一些电子元器件的永久性损坏,从而使导弹武器系统失效。电磁脉冲武器对导弹武器系统的毁伤程度与电磁脉冲武器的功率强度、作用距离及导弹武器系统的防护措施等有关。据有关报道,1999 年、2003 年美国在对南联盟和伊拉克的战争中都曾使用过电磁脉冲武器,造成当地通信设施瘫痪、电视台信号中断。

1. 核电磁脉冲武器

根据电磁脉冲的产生机制不同电磁脉冲武器可分为核电磁脉冲武器和非核

电磁脉冲武器。

1962年6月9日,美国在太平洋约翰斯顿岛上空400km爆炸了一颗140万t当量核弹头,使1300km之外的夏威夷瓦胡岛上大面积停电、电话中断、收音机不响、各种电子仪器故障……后经专家研究才发现罪魁祸首是核电磁脉冲,电磁脉冲对电子、电气设备的损坏引起了军事学家的密切关注。众所周知,核武器的破坏机制主要是冲击波、光辐射、核辐射和核电磁脉冲。当核爆炸时,瞬时发出的伽玛射线和X光与周围的气体原子发生碰撞,把原子中的电子打下来,沿径向朝外飞出,形成"康普顿电流"。核爆炸由于受大气密度、武器系统、地磁和大气中蒸汽的影响,而不是球对称的,所以"康普顿电流"将发生振荡,形成强大的电磁辐射。另外,核爆炸产生的"火球"是一个高温高压的等离子体,"火球"将把地球的磁力线排斥在外。"火球"高速膨胀时,磁力线受到压缩;"火球"消失时,磁力线又恢复正常。这种磁力线的压缩和恢复也将产生电磁辐射。特别是高空核爆炸,由于大气的衰减作用,高空核爆炸产生的热、冲击波、辐射等效应,对地面设施的危害范围都不如电磁脉冲效应大,100万t当量的核武器在高空爆炸时,总能量中约万分之三以电磁脉冲的形式辐射出去。随着核技术的发展,发达国家已研制出核电磁脉冲武器,增强了电磁脉冲效应,而削弱了冲击波、核辐射效应,电磁脉冲的破坏力明显增大。核弹头经过改造"剪裁",可使爆后总能量的40%转换成电磁脉冲。简而言之,核电磁脉冲武器就是一种以增强电磁脉冲效应为主要特征的新型核武器。

2. 常规电磁脉冲武器

非核电磁脉冲武器目前有两种[1]:电磁脉冲弹(EMP Bomb)和电磁脉冲发生器。前者为投掷式的一次性使用的电磁脉冲武器,后者则是一种可以重复使用的电磁脉冲武器。它们的毁伤原理基本一样,只是工作原理不尽相同。

(1) 电磁脉冲弹的工作原理。电磁脉冲弹根据是否有微波装置又可分为一般电磁脉冲弹(低频电磁脉冲弹)和高功率微波电磁脉冲弹(HPM - EMP Bomb),下面以高功率微波电磁脉冲弹为例分析电磁脉冲弹的工作原理。设计电磁脉冲弹的关键技术主要是爆炸激励磁通量压缩发生器(FCG)、爆炸或推进剂驱动磁流体动力学发电机以及高功率微波装置,其中最主要的是虚阴极振荡器(Vircator)。其工作原理是:首先,由电容器或小的磁通量压缩器(目前被看好的是磁流体动力学发电机)产生初始电源,在回路及负载中产生磁通量;其次,爆炸激励磁通量压缩发生器(FCG)根据磁通守恒原理,借助炸药爆炸,驱使导电回路快速变形,降低回路电感和压缩初始磁通,从而将化学能转化为电磁能,产生高脉冲电压及强脉冲电流,高脉冲电压和强脉冲电流激发虚阴极振荡器发出高能微波;最后,高功率微波由定向发射天线发射出去,由"前门"或"后门"藕合至敌方电子信息系统实施干扰、破坏,如图 8.4 所示。

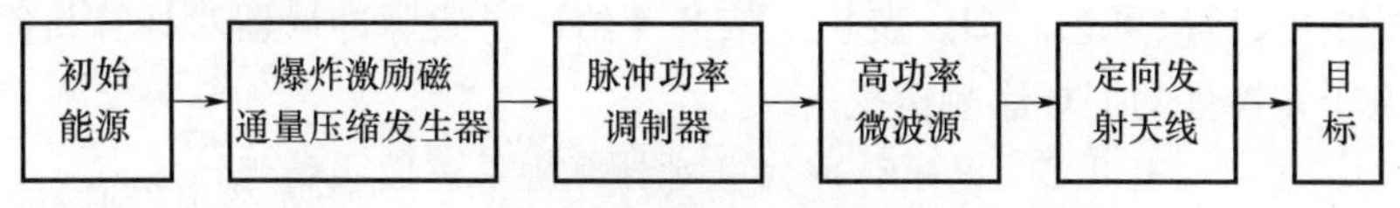

图 8.4　高功率微波电磁脉冲弹工作原理示意图

(2) 电磁脉冲发生器的工作原理。电磁脉冲发生器是一种可重复使用的电磁脉冲武器,是多脉冲重复发射装置。它由能源系统、重复频率加速器、高功率微波源和定向发射系统构成,可用特殊天线将电磁波汇聚成方向性极强、能量极高的波束,在空中以光速直线传播,用于杀伤人员和电子设备。目前,美军把这种武器称为"超级干扰机",可装在水面舰艇和地面车辆上。美国和苏联等都研制并试验了反复使用的高功率微波武器样机,有的还进行了外场试验。

3. 电磁脉冲武器与一般电子战武器的联系与区别

电磁脉冲武器与一般电子战武器的共同点是:电磁脉冲武器作为电子战武器的一种,也是利用电磁频谱对抗敌方电子设备。二者的区别是:首先,一般电子战武器在对敌方电子设备实施干扰时,必须有敌方设备的先验知识,从而只干扰敌方系统的相应频率和调制方式的信号,并且敌方的电子设备还必须处于工作状态,才能体现出干扰的作用,而且只当电子战设备工作时才能影响敌方系统,一旦电子战设备关闭,敌方系统立刻便能恢复正常状态。而电磁脉冲武器产生的电磁脉冲效应不仅能干扰敌方电子设备,还可能对敌方电子设备造成永久性的毁伤,这些作用不需要敌方系统的先验知识,而且即使对方电子设备关闭,也能造成影响。其次,从概念上讲,高功率微波武器与激光、粒子束等定向能武器一样,都是以光速或接近光速传输的,但是微波射束的光斑远大于激光射束的光斑,从而打击的范围大,对跟踪、瞄准的精度要求较低,这既有利于对近距离快速目标实施攻击,同时也可以降低造价,另外它的技术难度也相应要小很多。

4. 电磁脉冲武器对电子设备的毁伤阈值

若以电磁脉冲对装备造成的故障率为标准,一般电子器件的输出功率密度与电磁脉冲的输出功率密度的比较数据大致如表 8.2 所列。

表 8.2　电子装备与电磁脉冲输出功率密度比较

输出功率(电子装备)	输出功率密度/(W/m^2)
无线电接收机	0.001
无线电发射机	100.0
定向脉冲雷达	1000.0
电磁脉冲	1000000.0

可见,电磁脉冲的能量密度远远大于装备正常工作电平,一旦遭受电磁脉冲武器的攻击,后果可想而知。表8.3、表8.4给出了磁脉冲武器对计算机系统及一些电子元器件的损坏影响情况。

表8.3 电磁脉冲武器对计算机系统毁损情况

功率能量	对计算机毁损状况	作用距离/m	杀伤距离/m
$0.01 \sim 1\mu W/cm^2$	计算机节点的工作受到干扰	$1.27\times10^7 \sim 1.27\times10^6$	$4.66\times10^5 \sim 4.66\times10^4$
$0.01 \sim 1W/cm^2$	计算机芯片被毁伤	$1.27\times10^4 \sim 1.27\times10^3$	$1.27\times10^2 \sim 1.27\times10$
$10 \sim 100W/cm^2$	元件被烧毁	401 ~ 127	14.7 ~ 4.66
$1000 \sim 10000W/cm^2$	计算机节点被摧毁	40 ~ 12.7	1.47 ~ 0.47

表8.4 高功率微波对电子元器件损坏阈值

元器件类型	损坏能量阈值/(J/cm^2)	损坏功率阈值/(W/cm^2)
整流管和齐纳二极管	$0.5\times10^{-3} \sim 1\times10^{-3}$	400 ~ 4000
大功率晶体管	$1\times10^{-3} \sim 5\times10^{-3}$	200 ~ 2000
小功率晶体管	$2\times10^{-4} \sim 1\times10^{-3}$	10 ~ 800
开关二极管	$7\times10^{-5} \sim 1\times10^{-4}$	30 ~ 300
集成电路	$1\times10^{-5} \sim 1\times10^{-4}$	1 ~ 300
检波二极管	$7\times10^{-5} \sim 1\times10^{-4}$	100 ~ 1000
点接触二极管	$7\times10^{-6} \sim 1\times10^{-5}$	7 ~ 300
可控硅整流管	$6\times10^{-5} \sim 3\times10^{-3}$	200 ~ 8000
锗晶体管	$2\times10^{-5} \sim 5\times10^{-3}$	30 ~ 5000
开关晶体管	$2\times10^{-5} \sim 3\times10^{-4}$	30 ~ 300
双极型晶体管	$1\times10^{-5} \sim 5\times10^{-2}$	7 ~ 800
CMOSRAM	$7\times10^{-5} \sim 2\times10^{-4}$	10 ~ 100
运算放大器	$2\times10^{-3} \sim 6\times10^{-2}$	30 ~ 300
微波二极管	$7\times10^{-7} \sim 1.2\times10^{-5}$	4 ~ 100

导弹武器系统包含了大量的电子设备,是电磁脉冲武器攻击的重点目标,因此,对电磁脉冲武器的工作原理和毁伤机理做深入地分析,是研究导弹武器系统抗电磁脉冲武器生存防护技术的必要前提,具有重要的意义。

8.3.2 反辐射导弹

反辐射导弹(Anti - Radiation Missile,ARM),又称为反雷达导弹,是通过对方武器系统辐射的电磁波发现、跟踪并摧毁辐射源的导弹。反辐射导弹是一种特殊的信息武器,因为它不仅是由信息系统制导的,而且它的攻击目标也是对方的信息武器系统。目前,反辐射导弹已成为电子对抗的一种重要手段,对导弹武器系统构成严重威胁,越来越受到世界各国的高度重视,每年投入大量资金不断进行改进和研制新的反辐射导弹,并把它列入优先发展的电子对抗武器。其原因是因为反辐射导弹能够直接摧毁对方的导弹武器系统,使对方遭受无可挽回的损失,造成对方心理上的压力,弥补电子干扰只能进行软杀伤的不足,实现硬杀伤。世界上最早的反辐射导弹是美国1964年装备的“白舌鸟”导弹,美国于20世纪60年代末装备了“标准反辐射导弹”,80年代初又装备了新的“高速反辐射导弹”,此外英国、法国、苏联也研制和装备有反辐射导弹。反辐射导弹在中东战争、越南战争和海湾战争的局部战争中使用,取得了一定的效果。但是,由于反辐射导弹只有当武器系统辐射源辐射信号时才能工作,所以当辐射源不开机,或者辐射源工作的频率不在反辐射导弹导引头的工作波段内时,反辐射导弹无法工作。这也使得导弹武器系统完全可以通过采取防护措施,对抗反辐射导弹的攻击。

8.4　本章小结

本章从导弹武器系统的组成和工作特点出发,分析了导弹武器系统在综合电子战环境下面临的电子侦察威胁、电子干扰威胁、电子毁伤威胁环境,对相关的威胁手段从工作原理、技术特点和毁伤机理等方面做了深入地讨论和研究。通过对导弹武器系统综合电子战威胁环境的分析,可以看到,在电磁信号密集、威胁存在于全方位、威胁模式多样化的综合电子战环境下,没有有效的电子防护的导弹武器系统是发挥不出它应有的作战效能的。根据本章对导弹武器系统综合电子战威胁环境的分析,后续章节里面将进一步对相应的电子战防护措施、电子防护效能以及电子防护策略进行研究。

第9章　机动导弹系统综合电子战生存防护技术分析

综合电子战环境下导弹武器系统的作战过程大体上可以分为射前段、飞行段和突防段三个阶段。导弹发射前的若干时间里，需要导弹武器系统的配属设备或设施完成各项准备工作，主要包括：测试设备对导弹上全武器系统各设备的功能，特别是制导系统的功能进行全面测试检查，发射控制装置检查导弹发射前的准备情况，完成射击诸元参数的测量，导弹弹上控制系统完成射击诸元参数的装订以及确定发射时机，导弹载体及导弹发射装置完成导弹发射方位的调整等。这一阶段概括为导弹发射前阶段，简称为射前段，工作主要是在导弹阵地（包括技术阵地、待机阵地、发射阵地）完成的。导弹发射后，首先在制导系统的作用下，将导弹引入射击平面并按预定程序稳定飞行，这便是主动段，主动段结束，发动机熄火，导弹进入自由飞行段。主动段和自由段合称为导弹的飞行段，飞行段导弹主要受到飞行控制系统如姿态控制系统以及弹上综合控制系统等的作用。飞行段结束，导弹（弹头）重新进入大气层，此时导弹距离目标越来越近，为了突破对方的末端防御系统，导弹（弹头）末制导系统启动，用于机动飞行，准确攻击目标。这一阶段称为导弹的突防段。

在综合电子战环境下，没有防护的武器系统是没有生存能力可言的，采取有效防护技术提高导弹武器系统的综合电子战防护效能，是提高导弹武器系统生存能力和作战效能的必要手段。本章将针对导弹在不同阶段受到的综合电子战威胁，从电子战防护的角度出发，提出相应的防护技术，并对具体的电子防护技术的可行性和有效性进行分析，形成电子战防护技术策略。

9.1　导弹阵地电子战防护技术

导弹阵地（包括待机阵地、技术阵地、发射阵地）一般地处内地，且相对比较固定，容易采取有效的防御措施对抗一般的电子干扰和电子毁伤武器的攻击。但是，由于导弹阵地各种技术装备较多，暴露特征明显，而且当导弹阵地的相关地面设备（如测控设备、综合指挥设备、各类无线通信台站等）工作时就会产生较强烈的电磁辐射，在先进的电子侦察手段下，很容易被侦察探测到，进而遭到毁灭性的打击。因此,在综合电子战环境下,电子侦察威胁是导弹阵地面临的最主要的电子战威胁,特别是电子侦察卫星侦察范围广、速度快、效率高,且不受国界和天气条件的限制,使得其成为对导弹阵地最大的侦察威胁。需要加强导弹阵地反电子侦察卫星防护技术的研究,提高反侦察防护效能。

9.1.1　电子侦察卫星的弱点

如第8章分析,电子侦察卫星较其他侦察手段有由自己的特点和优势,但是电子侦察卫星也存在明显的弱点。①电子侦察卫星的侦察或监视依赖于对方的电磁辐射,如果目标电磁信号不能进入接收系统或者不在接收系统覆盖范围内,侦察将失效。正如海湾战争期间美国空军作战参谋长认为:“广泛的无线电静默和大量使用光纤通信网妨碍了电子侦察能力的发挥。”②电子侦察卫星轨道一般都较照相侦察卫星的轨道高,与被侦察或监视目标空间距离较远,截获的电磁信号弱,同时监视效果还受到波束方向限制和大气层特性影响,使得信号提取困难。③电子侦察卫星载荷质量有限,从某种意义上说,与其他卫星相比,电子侦察卫星面临的信号环境可能是最复杂的,使得对侦测信号的星上处理能力有限(容量和反应速度等),因此对于电磁辐射源数量较大、信号密集的情况,难以从中分选和识别出有用的信号。针对电子侦察卫星的上述弱点,研究导弹阵地反电子侦察措施具有重要意义。

9.1.2　导弹阵地反电子侦察卫星可行性分析

欺骗性干扰的原理及分类见第8章,此处不再赘述。根据假目标和真目标参数差别的大小和调制方式分类,欺骗性干扰分为质心干扰、假目标干扰和拖引干扰。本节主要对导弹阵地运用电子假目标对抗电子侦察卫星进行了研究。在平时导弹阵地可以通过加强对电磁辐射的管理和控制,特别是采取“电磁静默”的方法防止电子侦察卫星的侦察,但是在战时,由于作战需要各种设备必须开机工作,如果采取噪声干扰对抗电子侦察卫星,电子干扰机的功率必须足够大,技术上不易实现。而采用电子假目标的方法反电子侦察卫星侦察,只需令假目标尽可能地接近真实辐射源的性质、特征的明显标志,干扰机的发射功率与真实目标的功率相当即可,因为这里的目标并不是要使电子侦察卫星一定发现假目标,而是使它不发现目标更好,即便发现也真假难辨。根据目前的技术水平,布放电子假目标,用模拟信号使电子侦察卫星真假难辨是可以实现的。

1. 电子侦察卫星工作能力分析

电子侦察卫星的工作能力主要体现在三个方面:信号检测能力 E_1;信号参

数测量能力 E_2；信号处理及辐射源定位能力 E_3。根据电子侦察卫星的工作原理，电子侦察卫星的工作能力可用以下公式度量，即

$$E = E_1E_2E_3 = E_1(K^{(1)},P_j,P_d) \cdot E_2(K^{(2)},Z,F) \cdot E_3(\delta,J) \tag{9.1}$$

式中：$K^{(1)}$ 为侦察相对覆盖系数；P_j 为截获概率；P_d 为信号检测概率；$K^{(2)}$ 为系统稳定性系数；Z 为参数测量精度；F 为分辨率；δ 为信号识别置信度；J 为定位精度。

因此，削弱电子侦察卫星任一方面的能力，都可能导致电子侦察卫星工作能力的下降。限于篇幅，下面主要从降低电子侦察卫星的截获概率和定位精度分析电子假目标对抗电子侦察卫星的可行性。

2. 电子假目标对截获概率的影响

电子侦察设备完全截获辐射源信号必须满足以下三个条件。

（1）功率条件：

$$G_i(\theta,f) + p_j(\theta,f) - 2R - 11 > S_k \qquad i \in I, j \in J, k \in K \tag{9.2}$$

式中：$G_i(\theta,f)$ 为辐射源 I 个发射波束序列中第 i 号波束的增益（dB）；$p_j(\theta,f)$ 为辐射源 J 个发射功率组合中第 j 种功率的强度（dBW）；S_k 为侦察设备 K 个侦察模式中第 k 种侦察模式的系统灵敏度（dBW/m²）；R 为侦察设备距辐射源的距离（dB(m)）；θ 为辐射源相对于侦察设备的角位置；f 为辐射源信号频率。

（2）测量条件：瞬时测频范围 B_{SIGINT} 大于辐射源对应的工作频率捷变范围 B；瞬时动态范围 D_{SIGINT} 大于可能截获到的辐射源信号幅度变化范围 D；连续观测时间 T_{SIGINT} 大于辐射源信号参数变化循环周期 T；观测极化域 P_{SIGINT} 包含辐射源辐射波极化域 P。

（3）分析条件：对完全截获的信号可以解析出信号特征参数值、变化规律和周期等。

同时满足上述三个条件的截获为完全截获，否则为非完全截获。

电子侦察卫星对目标的截获是在前端截获的基础上，通过信号处理软件来完成的。因此，降低电子侦察卫星的前端截获概率，便可以降低电子侦察卫星的截获概率。由于电子侦察卫星波束瞬时覆盖范围大，同时采用高灵敏度的宽带接收机，因此，在无反电子侦察措施情况下，其信号截获概率几乎为 1。但若搜索窗内有多个信号重叠就有可能造成信号丢失或检测、测量错误或者由于强信号的存在，在一段时间内压制弱信号，造成信号丢失，都可能使信号截获概率达不到 1。假设在真实目标周围布放 N 个假目标，设真实目标信号脉宽内重合第个 i 假目标信号的概率为 $P_{0,i}(i=1,2,\cdots,N)$。$P_{0,i}$ 由真实目标与第 i 个假目标满足侦察方程的平均脉冲宽度和平均脉冲间隔时间决定，则真实目标信号脉宽

内不重合任意假目标信号的概率为：

$$P_{0\text{miss}} = \prod_{i=1}^{N}(1 - P_{0,i}) \tag{9.3}$$

式(9.3)表明，搜索窗内信号数量越多，不重合概率就越小（重合概率就越大），从而造成侦察设备对真实目标信号的丢失概率越大。

此时，前端截获概率为

$$P_{AI}^{k}(T) = P_{0\text{miss}}(1 - \sum_{i=0}^{k-1}P(T,i)) \tag{9.4}$$

式中：$P_{AI}^{k}(T)$表示在截获时间T内，发生k次以上搜索重合，且无重合丢失的截获概率；$1 - \sum_{i=0}^{k-1}P(T,i)$为不考虑丢失概率时的前端截获概率。

由式(9.4)显而易见，若假目标布放合理，随着假目标数量的增加侦察卫星对真实目标的前端截获概率将下降，从而导致电子侦察卫星对信号的截获概率下降。

3. 电子假目标对定位精度的影响

电子侦察卫星一般是无源定位，本身并不辐射电磁信号，仅依赖对方的电磁辐射，因此一般不能测距。决定电子侦察卫星定位精度的误差主要有下列三种类型：卫星空间位置误差、敏感轴（天线电轴）方向误差及其他误差。其中，卫星空间位置误差包括沿航迹（纵向）误差、垂直于航迹的横向误差、沿星下点方向的径向误差；敏感轴方向误差包括仰角误差和方位角误差。由于这些误差因素的作用，电子侦察卫星对地面固定辐射源的定位是一系列椭圆模糊区的交。在导弹阵地周围布放假目标，由于各假目标之间及假目标与真实目标之间的距离相对其与电子侦察卫星的距离要小得多，必然导致仰角误差和方位角误差增大，各辐射源定位模糊区的交非空，从而使整个定位模糊区面积增大，使得电子侦察卫星的定位精度下降，甚至无法定位。

综上所述，导弹阵地利用电子假目标对抗电子侦察卫星可以导致电子侦察卫星截获概率和定位精度的下降，因此导弹阵地运用电子假目标对抗电子侦察卫星是可行的。

9.1.3　导弹阵地反电子侦察技术

通过以上分析，从电子防护角度出发，导弹阵地对抗电子侦察卫星的措施主要有以下几种。

(1) 建立完善的地下有线通信网，有效控制通信信号的辐射。

(2) 在平时，加强对电磁辐射的管理和控制，并结合迷彩伪装、伪装网、变形遮障和伪装覆盖层等措施对抗各种电子侦察手段，并在敌方电子侦察卫星临空时，采取“电磁静默”的方法，使其捕捉不到己方电磁辐射。

(3) 采取电子欺骗的方法对抗电子侦察卫星，在目标周围布放若干电子假目标，对敌电子侦察卫星发射与有用信号完全相同或相似并且产生假信息的干扰信号，对电子侦察卫星实施电子欺骗，使敌电子侦察卫星设备真假难辨，不能检测真正的目标或不能正确测量真正目标的参数信息，造成错误识别与判断，使其形成虚假定位。

(4) 对电子侦察卫星施放噪声干扰，饱和电子侦察卫星的信号处理能力，通过影响接收机输入端的信噪比，降低接收机的检测概率，从而影响其对目标的测量和处理。

(5) 采取频率捷变、脉冲编码、旁瓣消隐等雷达反侦察技术和跳频、扩频等通信反侦察技术，可以大大降低电子侦察卫星的效率。特别是电子侦察卫星的侦察主要是侦察旁瓣，降低辐射源旁瓣可防止被电子侦察卫星发现。

(6) 实施机动发射，在机动中实现反电子侦察。当对方电子侦察卫星经过上空时，机动进洞库，使对方捕捉不到电磁辐射，或者即便在机动过程中被电子侦察卫星侦察到，但由于被侦察时间缩短，使得被电子侦察卫星发现的概率降低，而且在电子侦察卫星将侦察到的信息传送给地面的武器控制系统到武器系统准备好实施打击这一段时间内，已经机动离开了原来的位置，使电子侦察卫星难以捕捉到导弹武器系统实时位置信息。

通常，将上述措施综合运用可以达到单种措施无法达到的效果，如果运用得当可以大大提高导弹阵地的反电子侦察能力，从而提高导弹武器的作战效能和生存能力。

9.2 导弹飞行过程中的电子战防护技术

从弹道导弹的制导方式来看，惯性制导是其最基本的制导方式，惯性制导是一种自主式制导，不依赖于外部信息，也不向外辐射能量。它具有以下优点：工作不受外界电磁干扰的影响，不受电波传播条件所带来的工作环境的限制，具有隐蔽性；自身能提供完全导航数据，因而目前还没有对惯性制导进行有效干扰的方法。因此，在这一阶段导弹受到的电子战威胁主要是对方导弹预警雷达的探测、识别和跟踪。因此，这一阶段的电子战防护措施的目的是缩小对方反导防御系统探测设备的探测距离，削弱其对导弹或弹头、诱饵的识别能力，使其无法准确测定导弹的瞬时位置、速度以及发射点和弹着点等参数，降低其跟踪精度甚至无法跟踪。从电子防护的角度出发，主要的防护技术就是隐真示假。一方面，广泛采用导弹隐身技术,即采用隐身材料和符合隐身要求的气动外形,使用吸波、透波涂层降低雷达的可探测性,实现隐身;另一方面,抛撒诱饵弹头"以假乱真",使对方真假难辨。图 9.1 给出了导弹飞行中反侦察识别的隐真示假措施分类情况。

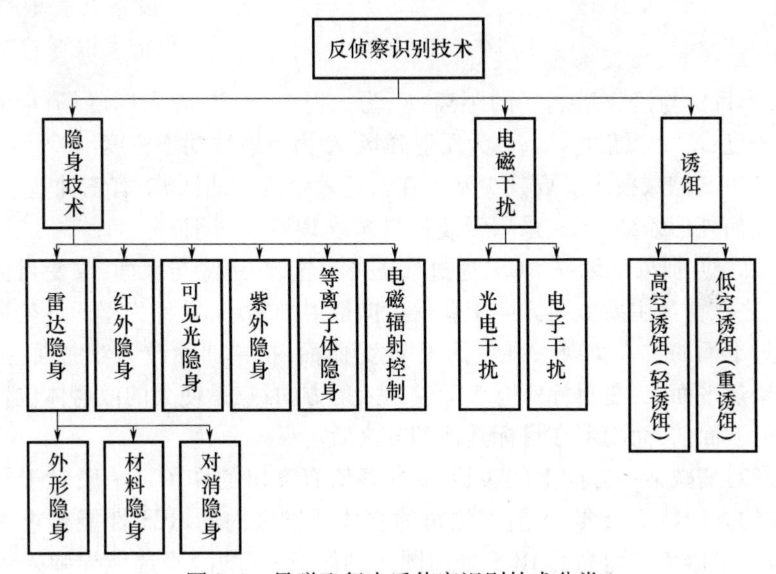

图 9.1　导弹飞行中反侦察识别技术分类

9.2.1　降低常规雷达对导弹的可探测性

降低常规雷达[50,51]对导弹(弹头)的可探测性主要是通过整形、采用吸波材料和对消的方式缩减导弹(弹头)的雷达散射界面积达到雷达隐身的目的,以及结合使用高空诱饵,使雷达难辨真伪,从而降低雷达对导弹(弹头)的探测概率。

9.2.1.1　采用导弹隐身技术达到"隐真"目的

导弹采用隐身技术之后,雷达散射截面积 RCS 会显著减小,例如,采用隐身技术后,巡航导弹的 RCS $\approx 0.1 \sim 0.5\text{m}^2$[52]。从而,在对方同一个雷达探测距离上,可以使被发现的概率大大降低;在同一个被发现概率下,可以使对方雷达的探测距离大大减小。

1. 缩减雷达散射截面积

目标的 RCS 是表征雷达目标对于照射电磁波散射能力的一个物理量。常定义为极限的形式,即

$$
\begin{cases}
\sigma = \lim\limits_{R \to \infty} 4\pi R^2 \left(\dfrac{E_r}{E_i}\right)^2 \\
\sigma = \lim\limits_{R \to \infty} 4\pi R^2 \left(\dfrac{H_r}{H_i}\right)^2 \\
\sigma = \lim\limits_{R \to \infty} 4\pi R^2 \left(\dfrac{I_r}{I_i}\right)
\end{cases}
\tag{9.5}
$$

式中:R 为目标与接收机之间的距离;E_i 为入射电场;H_i 为入射磁场;I_i 为入射波功率密度;E_r 为反射电场;H_r 为反射磁场;I_r 为反射波功率密度。

(1) RCS 缩减技术。要减少暴露在雷达入射波下的回波,有三种基本方法,即改变几何外形缩减 RCS、采用吸波材料缩减 RCS 和对消。

① 改变几何外形缩减 RCS:通过修正外形轮廓、边缘与表面,改变目标表面角度,使之在雷达主要威胁方向上获得后向散射的缩减,简称为整形。整形通常可以通过下面的方式实现:一是把平面改为曲面,把单曲面改为双曲面,把双曲面改为聚焦平面;二是目标所有表面偏离入射方向;三是使大的散射体位置不暴露在入射波面前,而隐藏在目标其他部分之后。

整形对缩减某一方向上的尖锐 RCS 峰值有突出的作用。一般对于导弹来说,向前的方向特别重要,在前方位角的立体圆锥区内的 RCS 性能要求具有代表性,应尽量避免尖而高的 RCS 方向图。例如,法国的隐身巡航导弹采用矩形截面导弹弹体、型翼、尖棱锥头部,可以向后折叠的大展弦比弹翼的外形设计方案,使得其 RCS 缩减到极小。另外,在飞行器的强散射元部件的 RCS 下降至一定程度后,尽量减少铆钉、缝隙、尖端和棱角等不连续处,各种舱门设计成锯齿状并用特殊材料填充缝隙,将飞行器的边缘尽可能对齐等都有助于减少飞行器的 RCS 尖峰数量。

② 采用吸波材料缩减 RCS:在弹体表面涂敷、粘贴一些特殊材料,使得电磁波能量在材料上被转换成其他类型的能量,从而减少返回雷达的散射能量。其中起作用的有吸收、散射以及电磁波干涉等。其工作原理是:入射波的场由于吸收作用而被弱化,电磁能量由于介电和磁损耗而转化为热能,但材料温度的升高小得无法测到;散射作用的结果是在材料中传播的一定方向上的电磁能量被转化到各个方向上去;电磁波的干涉现象表现为吸波材料在其表面的最大二次辐射方向上的反射能力。

根据工作原理的不同,吸波材料可以分为干涉型吸波材料和吸收性吸波材料。根据电磁方面的特性,吸波材料又可以分为介电材料和磁介材料。吸波材料的作用只被保护对象表面的线性尺寸或者其曲线半径大大超过涂覆材料上的波长时才有效,即

$$\frac{2\pi}{\lambda}\sqrt{S}>10 \tag{9.6}$$

式中:S 为涂覆对象的横截面积;λ 为波长。

③ 对消。众所周知目标的回波可以看成是组成目标的许多散射体贡献的散射波相矢量合成。对消法缩减回波就是在物体上合理地增加散射体,使增加散射体产生的回波与存在于目标上的散射体产生的回波反向抵消。对消法包括有源对消和无源对消。下面以单点散射体为例来讨论对消在缩减 RCS 上的贡献。

设有单点散射体 a(原散射体),其回波能量用 A 表示,本征回波是属于它本身所固有,其所散射的能量与散射电场强度的平方成正比,散射电场的回波强度为$\sqrt{A}$。为了方便起见,将其放在迪卡尔坐标系原点上,如图 9.2 所示。

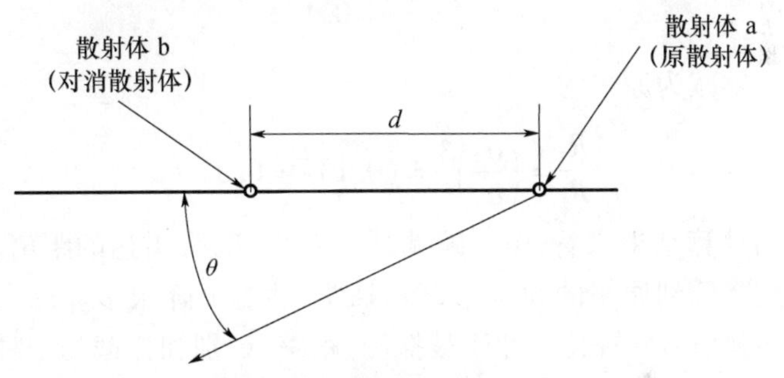

图 9.2　附加一个散射体对消另一回波的例子

在图中增加了一个点散射体 b,以消除点散射体 a 的回波,调整散射体 b 的回波振幅与散射体 a 的相等,相位与散射体 a 的相反,则总的回波是原散射体与对消散射体的相矢量合成,即

$$\sigma=|\sqrt{A}+\sqrt{B}\exp(\mathrm{i}2kd\cos\theta)|^2=A+B+2\sqrt{AB}\cos(2kd\cos\theta) \tag{9.7}$$

式中:d 为两个散射体的空间距离;θ 为入射波的入射角。

通过调整幅值 B 和两个散射体之间的距离 d,可使总回波降低到任何程度。例如,如果调整 d,使得 $2kd\cos\theta$ 为 π 的奇数倍,则总回波可以简化为

$$\sigma=(\sqrt{A}-\sqrt{B})^2$$

此时当且仅当 $A=B$ 时,总回波为 0。

(2) RCS 缩减的作用。每部雷达都有其特定的空间搜索率($\mathrm{m^3/s}$),如果 RCS 降低,则空间搜索能力将大幅度降低,设 RCS 降低到原来的 10%,则根据雷达方程,距离搜索下降为原来的

$$\frac{R_2}{R_1}=\left(\frac{\sigma_2}{\sigma_1}\right)^{\frac{1}{4}}=(0.1)^{\frac{1}{4}}=0.56 \tag{9.8}$$

面积搜索雷达的性能指标为单位时间内搜索的面积，由于面积与距离的平方成正比，故面积搜索能力将为原来的

$$\left(\frac{R_2}{R_1}\right)^2=\left(\frac{\sigma_2}{\sigma_1}\right)^{\frac{1}{2}}=(0.56)^2=0.32 \tag{9.9}$$

体积搜索雷达的性能指标为单位时间内搜索的体积，体积与距离的立方成正比，故体积搜索能力将为原来的

$$\left(\frac{R_2}{R_1}\right)^3=\left(\frac{\sigma_2}{\sigma_1}\right)^{\frac{3}{4}}=(0.56)^3=0.18 \tag{9.10}$$

对于给定的烧穿距离，干扰信号功率降为原来的

$$\frac{P_2}{P_1}=\frac{\sigma_2}{\sigma_1}=0.1 \tag{9.11}$$

烧穿距离缩减为原来的

$$\frac{R_2}{R_1}=\left(\frac{\sigma_2}{\sigma_1}\right)^{\frac{1}{2}}=(0.1)^{\frac{1}{2}}=0.32 \tag{9.12}$$

从上面的计算结果来看，RCS 缩减到原来的 10%，雷达的距离、面积、体积搜索能力分别降低到原来的 56%、32%、18%，性能下降很多。总之，导弹隐身技术是降低导弹信号特征使之免于被探测、跟踪、识别和拦截的一种有效技术，是改善导弹武器作战效能的一种有效手段。采用隐身技术，可缩短敌方探测系统的有效探测距离，减小导弹在飞行过程中被敌发现的概率，有效延缓敌防空系统的反应时间，从而使导弹达到隐蔽攻击、出敌不意的目的。

2. 等离子体隐身

等离子体隐身是指利用等离子体回避探测系统的一种技术。等离子体由带正电的离子和带负电的电子，也有可能还有一些中性的原子和分子所组成，宏观上一般是电中性的，宇宙中约有 99.9% 以上的物质处于等离子体态。在一定条件下，等离子体能够反射电磁波；在另一种条件下，又能吸收电磁波。当存在磁场时，等离子体中沿磁场方向传播的电磁波的极化方向会产生所谓法拉第旋转，从而使雷达接受的回波的极化方向与发射时的不一致，造成极化失真。

(1) 等离子体的主要特征量。

① 等离子体粒子密度（宏观状态量）。等离子体粒子密度表示单位体积中所含粒子数的多少。一般情况下，简单的单一元素的等离子体是三种粒子的混合物：电子、粒子和中性原子。它们的密度分别为 n_e、n_i、n_a。粒子的平均距离 $d=N^{-\frac{1}{3}}$，其中，N 为单位体积内的粒子数。

② 等离子体温度。在热力学平衡条件下,有

$$T_e = T_i = T_a$$

在非热力学平衡条件下,有

$$T_e > T_i > T_a$$

③ 等离子体频率。电子振荡角频率为

$$\omega_{pe} = \sqrt{\frac{n_e^2}{\varepsilon_0 m_e}}$$

式中:ε_0 为真空的介电常数;m_e 为电子质量。

离子振荡角频率为

$$\omega_{pi} = \sqrt{\frac{n_e^2}{\varepsilon_0 m_i}}$$

式中:m_i 为离子质量。

频率的大小表示了等离子体对电中性破坏反应的快慢。

④ 等离子体的基本长度。它表示等离子体中粒子间的碰撞作用有关现象的线度范围。德拜屏蔽长度为

$$\lambda_D = \sqrt{\frac{\varepsilon_0 K_T}{n_e^2}}$$

式中:K_T 为带电粒子动能。

其他如等离子体的导电性和介电性、等离子体间的碰撞等也是等离子体主要特征量。

(2) 等离子体隐身的基本原理。等离子体隐身的基本原理就是利用等离子发生器、发生片或放射性同位素在弹头表面形成一层等离子云,通过设计等离子体的特征参数(能量、电力度、振荡频率和碰撞频率等),使照射到等离子云上的雷达波一部分被吸收,一部分改变传播方向,从而减少返回雷达接收机上的能量,使敌方难以探测到真弹头,达到隐身的目的。目前,用到的有两种等离子体发生器:一是磁等离子体动力学发生器;二是微波等离子体发生器。我国专家已研制出电子密度为 $1.75 \times 1013/cm^3$ 的等离子体,其截止频率达 3765GHz(8mm 波段),等离子体产生的最高能谱高达 30×10^{-4} W/($Srcm^2$/cm),是喷气机的 10~50倍(指常态和加力态)。热电离等离子体气悬体具有雷达/红外复合干扰的功能,是一种高性能、适用性强和经济的新型干扰手段和物质。它的干扰频带宽,对比它振荡频率低的任何波长的电磁波都能干扰。因而,在弹道导弹飞行过程中可用等离子体的吸收衰减特性进行隐身;在再入突防段,可用等离子体的反射特性制成假导弹,尾部喷出等离子体增大假目标雷达截面,与真导弹同时发

射，使防御远程探测系统很难发现有弹头的真导弹轨迹。

等离子体隐身技术具有吸波频带宽、吸收率高、隐身效果好等特点，采用等离子体隐身的弹头或飞行器被敌方发现的概率可降低99%。

9.2.1.2 释放诱饵达到“示假”目的

诱饵即假目标，根据诱饵的材质、气动外形和释放的时机不同，诱饵又可以分为用于大气层外“示假”作用的轻型诱饵和用于再入段“示假”的重型诱饵。释放诱饵是一种应用最早至今仍被广泛采用的障“眼”法（反识别措施）。在真空中没有空气阻力，不同重量的物体可以沿相同的弹道飞行，由于诱饵比较轻，故可大量使用。在真空段实行与弹头RCS相近的轻诱饵技术，是制造多目标进攻、分散攻击火力的有效措施，尤其是为了对付高空拦截这一关。分布在弹头前后的几十个轻诱饵与其后面飞行的外投式噪声干扰机，相互配合，前呼后拥，可得到复合干扰效果，即杂波干扰机对轻诱饵进行照射，在它上面形成二次辐射，再加上直射干扰波后，合成复合干扰效果。这样，可使雷达通常使用的抑制消极干扰方法失效。这种抗复合干扰效果的能力正是作战雷达的薄弱环节。

在飞行阶段弹道导弹常使用的诱饵有气球诱饵和无源二次辐射器。外形和再入弹头相同的气球是一种简单、廉价的诱饵，它可以用薄塑料制成，表面包裹金属箔、金属条或者金属丝网。一个弹头可以带许多这种气球并在导弹上升到大气层外充气释放。气球诱饵的主要困难是如何释放到所要求的弹道上和释放时机的选择，以达到最好的以假乱真的效果。无源二次辐射器，包括在第二章介绍的金属平板、角反射器、龙伯透镜以及双曲面反射器，其“示假”原理和效果在此不再赘述。

释放诱饵可让防御探测器不能识别出真弹头，防御系统为了避免让弹头毫无阻拦地进入，就不得不射击所有可能的目标，这样就可耗费掉大量的防御拦截器。配置大量诱饵可以“鱼目混珠”、“以假乱真”，使敌反导雷达产生错觉，造成对方防御系统有效性将会大大降低，达到掩护真弹头的目的。

9.2.2 反逆合成孔径雷达识别的防护技术

为了提高导弹武器系统的生存概率和作战效能，必须采取有效的措施削弱、ISAR的探测和识别。反ISAR识别的一种有效的技术便是对ISAR实施欺骗性干扰。但是，传统的欺骗干扰技术（如有源、无源诱饵）对成像雷达是无效的，因为这些干扰仅使普通雷达产生虚假的目标位置参数（如目标的方位角、仰角、目标的距离和速度等），而不能改变目标成像。但是如果用一种与成像相逆的过程，模仿并发射物体所产生的复杂回波信号，就可以在ISAR上生成假目标图像,实现对 ISAR 的欺骗性干扰。

可以通过一定的处理方法产生一个真实的假目标雷达图像。产生雷达假目标的模拟方法包括声电荷传送器件(Acoustic Charge Transport,ACT)抽头延迟线(Tapped Delay Lines)方法以及光纤抽头线延迟(Fiber - Optic Tapped)方法。但是,这些方法受到带宽和成本等限制,对抗大宽带成像雷达变得不现实。文献[57]根据 ISAR 的成像原理,研究了用数字方法合成假目标图像的原理和方法,具体方法和过程如下。

(1) 待合成图像的选取。选取一个假图像作为合成的基础,为了更利于实际实现,可以选用距离—多普勒图像作为合成假目标的基础。

(2) 线性调频信号存储。对接收到的线性调频信号相位采样并存储,存储好的相位值会在后面被叠加上假目标信息。

(3) 生成多普勒信息。

(4) 生成散射强度。

(5) 生成距离信息。

(6) 对假目标第一个脉冲束的合成。

重复以上步骤,按照周期 n 依次发射合成的脉冲束,就可以合成假目标像。

随着现代信号处理技术和先进的大规模集成电路(VLSI)制造技术的发展,可以用数字方法合成一个真实的雷达假目标图像,甚至于产生较大的飞行器图像,如可在小船上模拟大军舰,也可以用有源诱饵技术产生不同角度上的假目标。

上述隐真示假技术如果再结合红外隐身技术(如把真弹头装在一个冷却罩内,使红外探测器不容易发现)、紫外隐身技术以及加强导弹电磁辐射控制等必然可以降低对方对导弹(弹头)的可探测性,从而提高导弹在飞行过程中的反探测识别效能,这是导弹武器系统综合电子战防护中的重要组成部分。

9.3 导弹突防中的电子战防护技术

突防系统是导弹的重要分系统,它本身又是一个复杂的系统,涉及到许多专业领域。导弹突防中的生存防护技术的选择除了要考虑技术本身的特点和有效性外,还要考虑导弹突防战术上的需要,应特别关注下面几点。

(1) 根据导弹的射程范围不同,采用不同的突防防护技术。地地导弹按射程范围不同可分为短程地地导弹、近程地地导弹、中程地地导弹、远程地地导弹和洲际地地导弹。不同射程范围的导弹其飞行速度、飞行高度和飞行时间是不同的。中近程导弹飞行时间短,飞行高度偏低,给防御方预警时间相对要短一些,防御方多采用低层防御系统,在导弹飞行末端实施干扰和摧毁。中远程导弹多属战略弹道导弹,防御方多采取高层防御和多层防御,在大气层外就开始实施干扰和摧毁。因此,应该根据导弹的射程范围不同,选择相应的突防防护措施。

(2) 根据对方的防御能力,明确突防对象,采用有效的防护手段。首先分析突防对象,然后根据对方的防御手段、防御能力,确定要采取哪些防护措施。例如,对突防对象侦察探测手段分析,确定要采用哪些反侦察防护措施,对突防对象拦截手段包括软杀伤武器和硬杀伤武器的作战能力、分布情况等进行分析,据此提出要采用哪些反电子干扰防护措施以及反电子硬毁伤防护措施。

(3) 采取的防护措施不能以影响导弹的总体性能为代价。采用哪些防护措施在保证突防率的同时,还要确保导弹武器系统的合理性、协调性以及各项战术技术指标的落实。

(4) 注重导弹性能效费比的分析,即要对采取一系列防护技术后,花费的代价与得到的生存防护效能进行比较分析,以确定是否使得防御方在拦截的时候付出了大于突防方的代价。

9.3.1 反电子干扰防护技术

弹道导弹如不加中段制导和末段制导,在被动段基本上按椭圆弹道飞行,很容易被对方反导防御系统拦截。如果采用中段制导和末段制导,即可对弹道的中段和末段实施控制,变椭圆弹道为机动弹道,这无疑有利于躲避敌方反导弹系统的攻击,达到突防的目的。现代电子干扰技术对导弹制导系统提出越来越严峻的考验,这是因为,现代高技术条件下,战场环境越来越恶劣,其干扰不仅形式多样而且随机性很大,模式不断变化,强度日益提高。为了实现机动突防,提高突防概率,导弹末制导系统必须采取有效的反电子干扰防护技术,提高抗干扰能力。

1. GPS 末制导系统抗干扰技术

研究表明,在影响导弹制导精度的误差源中惯性仪表的测量误差是主要误差源。鉴于制导系统的要求以及惯性制导系统(INS)的固有缺陷,目前提高制导系统的精度普遍采用组合制导技术,如 GPS 与 INS 的组合,来修正惯导仪表误差对制导精度的影响,减小 INS 的测量误差。图 9.3 是基于高动态 GPS 接收机的导弹制导系统组成框图。

GPS 是一种星基无线电导航与定位系统,能为世界上陆、海、空、天的用户全天候、全时间、连续的提供精确的三维位置、三维速度与时间信息。GPS 可以提供米级的定位精度,经过 GPS 修正的巡航导弹的制导精度可达 1m。试验表明,GPS 极易受到干扰,使用小功率干扰机对其进行压制式或/欺骗式干扰就可以达到效果。使用功率为1W的干扰机,在1.6kHz的波段内实施调频干扰就使GPS接收机在22km范围内不能正常工作。发射功率每增加6dB,干扰距离就增加1倍。因此,使用干扰机在50km外就能有效干扰GPS接收机的正常工作。军用GPS接收机虽然具有一定的抗干扰、反欺骗能力,但目前该能力十分有限。对GPS干扰采取的样式有以下几种:欺骗干扰,窄带干扰,宽带干扰和脉冲干扰。美国已经认识到电子干扰对GPS制导武器的严重影响,投入大量资金研究GPS抗干扰新技术,以解决在敌方干扰时GPS制导导弹如何正常运行问题。

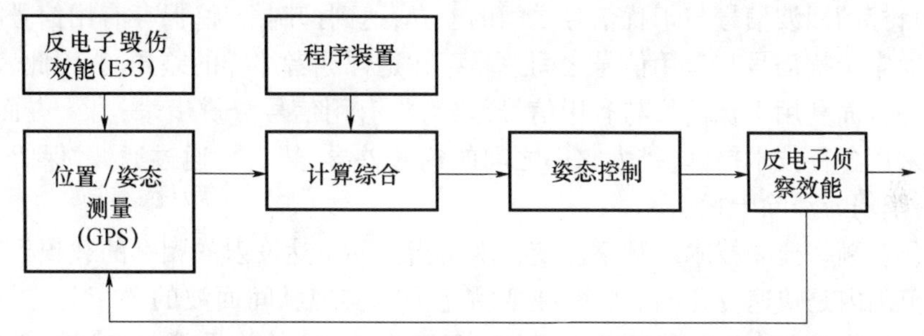

图9.3 基于高动态GPS接收机的导弹制导系统组成框图

对GPS进行干扰,主要是干扰GPS接收机的正常工作,所以GPS接收机的抗干扰技术,是GPS系统抗干扰措施的最重要的组成部分。目前,GPS接收机抗干扰措施如下:

(1)将民用和军用信号的频谱分离开,增强接收机的捕获信号的能力。

(2)利用微电子技术和软件技术实现接收机抗干扰滤波技术和自适应天线调零技术,增强接收机的抗干扰能力。

(3)研制抗干扰GPS接收机天线。

研制新型抗干扰GPS接收机。美国洛克希德·马丁公司与罗克韦尔—科林斯公司合作,已研制出试验型抗干扰GPS接收机,即GPS空间时间抗干扰接收机(G-STAR)。该接收机采用数字信号处理技术,以滤掉、抑制各种干扰信号;采用自适应技术,在抑制干扰信号同时,能使天线自动指向GPS卫星波束。

此外,增大GPS卫星发射信号功率,建立独立的军用GPS等都可以大大提高GPS的抗干扰能力。

2. 地形匹配末制导系统抗干扰技术

(1)地形匹配系统的工作原理。地形匹配制导又称为地形等高线匹配制导,是利用地形信息实现的自主式制导方式,多用于末制导。在制导过程中,当导弹飞临目标地区时,弹载雷达高度表和气压高度表测出地面相对高度和海拔高度数据,与弹载计算机预存的该地区的数字地图比较,若一致,则匹配,表明导弹按预定弹道飞行;否则,不匹配。此时,弹载计算机便自动地计算出实际航迹与预定航迹的偏差,并形成修正弹道偏差的指导控制指令,弹上控制系统执行该指令,调整导弹姿态将导弹引导向某地区或目标。根据地形匹配系统的工作原理,导弹在预定匹配区上的离地高度值是地形匹配系统修正惯导系统导航偏差的主要依据。因此,雷达高度表是实现地形匹配的一个关键设备,从技术角度看,对这类雷达高度表比较容易遭受电子干扰。

(2) 雷达抗干扰技术。雷达为了实现抗电子干扰,最本质的就是要利用并扩大目标的回波信号与干扰信号之间的差异,达到抑制干扰、保存有用信号的目的。通常干扰信号与有用信号之间总是存在这样或者那样的差异的,因此,雷达可以一方面利用干扰信号与有用信号差异,将有用信号分辨出来;另一方面,还可以采用各种技术措施,扩大它们之间的这些差异,然后再通过滤波,保留有用信号,削弱或消除干扰。

(3) 频率捷变技术。频率捷变技术是指主动雷达发射的相邻的载频频率在一定范围内是快速变化的。频率捷变雷达为了实现脉间回波的去相关,要求相邻脉冲的频率差大于临界频差,一般的频率捷变雷达的临界频差大到整个频带的5%或10%。频率捷变雷达不但具有很强的抗有源干扰能力,而且具有很强的抑制海浪杂波的能力。

一般的瞄准式噪声压制式干扰是先用侦察系统测出雷达的工作频率,然后将干扰机的频率调到这个频率上,对雷达实施干扰。当主动雷达采用频率捷变技术后,它增加了侦察的困难,即使侦察出频率,也使得干扰机很难或根本不可能在极端的时间(微秒量级)内把干扰的频率调协到雷达的工作频率上。所以可以认为频率捷变雷达完全可以对付具有瞬时侦察和跟踪能力的瞄准噪声压制干扰。

(4) 重频捷变技术。重频捷变技术是指主动雷达发射的脉冲频率重复在一定的范围内变化,也就是改变脉冲的重复周期,即改变重复频率,脉冲步骤为

$$s(t)=A\times \mathrm{Rect}(t)\times(1-a\times\cos(2\pi ft))\times\cos(2\pi f_0 t) \tag{9.13}$$

式中:A 为信号的脉冲幅度;$\mathrm{Rect}(t)$ 为为周期为 T,宽度为 τ 的矩形窗函数(图9.4);a 为调制的正弦波的条制度;f 为调制的正弦波的频率;f_0 为载波的频率。

(5) 恒虚警处理技术。在跟踪雷达和自动检测雷达中,一般都用门限装置来判断噪声背景中有无信号存在,这种门限装置的性能使用检测概率 P_d 和虚警概率 P_{fa} 两个参数来表示的。门限装置的特性可以用接收机输出电压的门限来衡量。实际雷达工作时,随机噪声电压、海平面回波等干扰信号一般与目标信号相比都较小,但偶然也可能达到或超过信号电平,甚至使接收机饱和,它们是按

一定概率密度函数分布的。

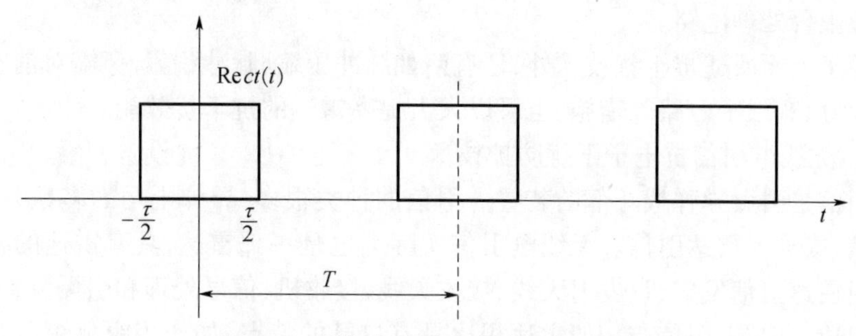

图9.4　周期为T及宽度为τ的矩形窗

当无信号存在时,超过接收机门限的概率为

$$P_{fa} = \int_{V_T}^{\infty} p_n(v)\,\mathrm{d}v \tag{9.14}$$

式中:$p_n(v)$为噪声的概率密度函数。

当有信号存在时,超过接收机门限的概率为

$$P_d = \int_{V_T}^{\infty} p_{s+n}(v)\,\mathrm{d}v \tag{9.15}$$

式中:$p_{s+n}(v)$为噪声的概率密度函数。

雷达检测门限原理图如图9.5所示。

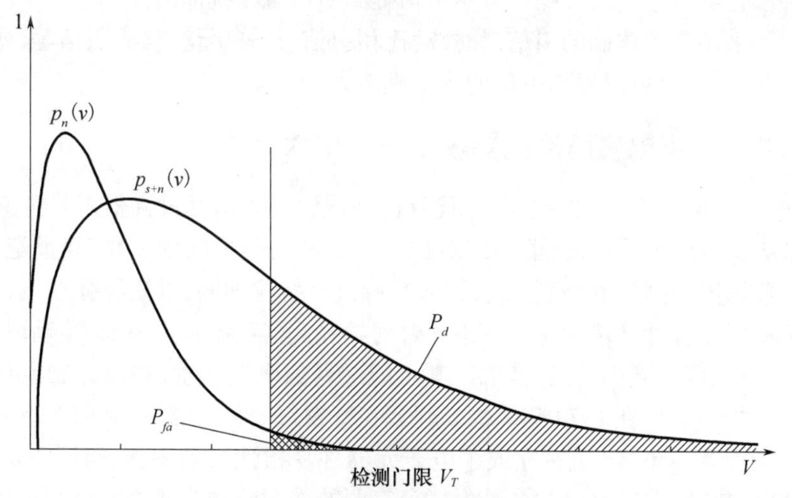

图9.5　雷达检测门限原理图

恒虚警概率处理技术的目的是在干扰的背景下,保持信号检测时的虚警概率恒定。实践表明,恒虚警概率处理技术可以降低印地物杂波、雨雪杂波和设施的有源干扰引起的目标指示雷达虚警率增加,实现这种技术用得较多的是单元平均恒虚警处理电路。

除了上面所述抗干扰技术外,还有诸如脉冲压缩、脉冲积累、旁瓣对消、频率分集、利用宽限窄电路等措施,也可以大大提高雷达的抗干扰效能。

3. 无线电引信抗电子干扰防护技术

引信是引爆导弹战斗部的装置。引信的种类很多,导弹上用的多数是无线电引信,或称为雷达引信。无线电引信实际上也是一部雷达,具有雷达的特征,主要由雷达引信发射机、发射天线、接收天线、接收机、信号处理和引爆装置等几部分组成。但是,引信与一般雷达相比具有自己的特点,如作用距离短、作用时间短以及体积小、重量轻等。由于引信是引爆战斗部的,因此引信的可靠性非常重要。在电子战环境下,敌方的电子干扰设备不仅要干扰导弹制导系统,还有可能干扰弹上无线电引信设备,造成战斗部不炸或者早炸,降低导弹武器系统的作战效能。

针对引信可能遭受到有源噪声干扰和欺骗干扰,目前引信抗干扰的主要技术如下:

(1) 采用窄主瓣、低旁瓣天线。采用极化选择和定向启动抗干扰。

(2) 在频域上采用多种频率工作,采用频率捷变体制或者采用新的频段。

(3) 在波形设计方面采用采用复杂波形调制发射信号、伪随机编码,也可采用脉冲多普勒雷达引信和噪声雷达引信提高引信抗干扰能力。

(4) 采用其他体制的引信,如被动比相引信、红外引信、激光引信等,或者多模式工作方式,也可以提高引信的抗干扰能力。

9.3.2 反电磁脉冲武器攻击防护技术

美国、苏联早在20世纪60年代就已经认识到电磁脉冲武器对导弹武器系统的危害,开始研究导弹武器系统对抗电磁脉冲的防护问题。在20世纪60年代,美国就开始对“民兵”Ⅱ、“民兵”Ⅲ导弹进行抗核加固,以使导弹在飞行时可能遇到的电磁脉冲环境中生存下来。针对导弹武器系统在发射前、主动段、自由飞行段、再入段不同的阶段,考虑了其可能遭遇的电磁环境,并以此制定相应的抗核加固措施。早在1979年美国就强调在开发每一种武器时,必须考虑电磁脉冲防护能力。1986年,美军完成了电子元器件易损性与加固测试计划;进入20世纪90年代后,美军已经把各种电磁危害源的作用归纳为武器系统在现代战争中遇到的电磁环境效应问题,并于1993年完成了“强电磁干扰和高功率微波辐射下集成电路防护方法”的研究,目前对电磁脉冲的防护能力已列入其军标和国标中。俄罗斯也在1993年完成了电磁脉冲对微电子电路的效应实验和防护技术研究,俄罗斯的武器系统一般都有抗静电和抗电磁脉冲的技术指标。

电磁脉冲武器虽然称为电子设备的克星,但是它的使用和作用的发挥也有其局限性,一是电磁脉冲武器的破坏对象是那些未加防护或者防护不良的电子仪器设备;二是在大气中由于物理系收效应的存在,电磁脉冲武器的杀伤范围有限;三是电磁脉冲武器的杀伤威力受到武器投掷精度的影响。总之,采取一系列有效的防护措施是可以减弱甚至避免电磁脉冲武器的打击的。针对电磁脉冲武器的毁伤原理、耦合方式、使用方法以及不同电子设备的工作环境、工作原理、对电磁脉冲的敏感程度制定不同的防护措施,既有技术上的防护措施又有战术上的防护措施。

首先,在系统设计的时候采用先天加固技术。在系统设计的时候就将电磁防护纳入考虑范围,通过分析电磁环境,确定可能遭受电磁脉冲武器攻击的功率强度、频率范围等,经过优化设计技术,选用高品质的材料和先进的工艺措施提高和强化系统本身的抗电磁脉冲环境能力。例如,在不影响系统特性的前提下选用抗电磁脉冲强的材料、经应力筛选后的元器件、结构件和各级模块等。另外,还可以对所有进入系统的导电通路加装电磁抑制器件,大量采取数字传输和光电传输,光电传输的原理是将电信号转换成红外或可见光,通过光导纤维传输,电磁脉冲对它基本没有影响。实践证明,将已有系统进行防护改造往往是不彻底的,并且也不经济,而在系统开始设计时就将电磁防护纳入考虑范围,并针对可能的耦合机理尽量采用多重防护措施是电磁脉冲防护最有效的方法。

除了在系统设计时采取先天加固技术外,对抗电磁脉冲武器的防护措施还有隔离技术,如电磁屏蔽设计、接地、滤波等防护措施,这些防护措施可以大大降低电磁脉冲武器的杀伤破坏力。

1. 电磁屏蔽

电磁屏蔽是用屏蔽体阻止高频电磁场在空间传播的一种措施。电磁波在通过金属或对电磁波有衰减作用的阻挡层时,会受到一定程度的衰减,说明该阻挡层材料有屏蔽作用。金属板总的屏蔽效果 S 为吸收损耗的衰减 A、表面反射损耗的衰减 R 及金属板内部多次反射损耗的衰减 B 之和,即

$$S = A + R + B \tag{9.16}$$

屏蔽是电磁防护的一种重要手段,理论和实验证明:将电子设备放置在一个由屏蔽材料做成的“法拉第罩”内,可以阻止电磁脉冲对电子设备毁伤。电磁屏蔽技术发展到今天出现了单层屏蔽、薄膜屏蔽和多层屏蔽等多种屏蔽体形式。例如,对一些大的地面设备、导弹体就可以采用喷涂、电镀和粘贴等薄膜屏蔽技术阻止、降低电磁脉冲的毁伤,对一些重要的设备、部件采用多层屏蔽材料做成屏蔽体可以起到很好的抗电磁脉冲加固效果。对于像指挥控制中心、遥测遥控

中心和制导中心等这些电磁辐射大的场合,使用导电性能良好的金属网或金属板建造成六个面的电磁屏幕室,将所有产生电磁辐射的设备包围起来并且良好接地,抑制和阻挡电磁波在空中传播。屏蔽室对电磁辐射的屏蔽效果比较好,能达到60~90dB以上,如美国研制的高性能的屏蔽室,其屏蔽效果对电场可达140dB,对微波场可达120dB,对磁场可达100dB。

2. 接地

接地是导弹武器系统电磁防护的重要措施之一。将电子设备通过适当的方法和途径与大地连接或是为电源和信号电流提供了回路和基准电位,就通称为接地。接地可以提高电子设备电路系统工作的稳定性,有效的抑制外界电磁场的影响,避免机壳电荷积累过多导致放电而造成的干扰和损坏。

3. 滤波

滤波是借助滤波器将有用信号频谱以外不希望通过的能量加以抑制,完成滤波作用;也可以由铁氧体一类有损耗材料组成,由它把不希望的频率成分吸收掉,达到滤波的作用。

4. 回避

回避包含两个方面的含义:一是测量电磁脉冲环境的最低极限,并在超过次极限时迅速关闭制导和控制系统的敏感电路,而在威胁过去之后再使电路接通,这是可以实现的,因为电磁脉冲武器的作用间非常短,几乎是瞬时的;二是采取末制导,机动变轨,回避电磁脉冲武器的打击,由于电磁脉冲武器(常规电磁买武器)作用范围有限,一般在数百米之内,因此电磁脉冲武器的作用效能受到携带武器(如巡航导弹、无人机等)的投掷精度的影响,这也给突防导弹采用机动变轨技术回避电磁脉冲武器的打击创造了可能性。

5. 使用毫米波雷达

美国和少数国家正在全力发展毫米波,原因是在电磁脉冲环境下,毫米波是唯一还能正常运作的波段,一般情况下,波长短、束宽也窄,雷达的口径也小。毫米波雷达的天线束宽可做到0.1~1.00mm,比微波雷达窄2~20倍。波束窄的毫米波雷达能有效地抑制电磁脉冲干扰和多路径干扰。

总之,如能在系统设计时将电磁防护纳入设计考虑之中,在使用过程中综合运用接地,滤波、屏蔽以及回避等措施,往往可以事半功倍,有效的提高导弹武器系统的抗电磁脉冲武器的电磁防护效能。

电磁脉冲武器作为电子战武器的一种,以电子设备的克星著称,其研制已日趋成熟并开始应用于现代战争,导弹武器系统离不开大量的电子、电气设备,势必成为电磁脉冲武器的重点攻击目标。各国对电磁脉冲各种影响的研究及防护技术极为重视,因此研究电磁脉冲武器对导弹武器系统的毁伤机理、导弹武器系统的抗毁防护措施以及防护效能的评价意义重大。特别是电磁脉冲武器的毁伤效果不同于常规武器,不仅有硬毁伤还有软毁伤,这是评价防护效果的一大难点,需要继续深入研究。

9.4 本章小结

本章首先将导弹武器系统在综合电子战环境下的作战过程划分为射前阶段、飞行阶段和突防阶段,然后根据作战过程中每个阶段的任务及特点,结合第2章的电子战威胁环境分析,从电子战防护的角度出发,针对可能遭受的电子攻击类型(包括电子侦察威胁、电子干扰威胁和电子毁伤威胁),提出了相应的电子战防护技术,并对具体防护措施的可行性和有效性进行了分析。实践证明,采取有效的电子防护措施提高导弹武器系统的综合电子战防护效能,可以在很大程度上提高导弹武器系统的生存能力和作战效能。

第 10 章 机动导弹系统综合电子战生存防护效能评估

本章从电子战防护的角度,研究机动导弹武器系统在综合电子战环境下,采取一系列电子战防护技术的生存防护效能评估问题。首先,对机动导弹武器系统综合电子战防护效能的概念、机动导弹武器系统综合电子战防护效能指标体系建立原则以及机动导弹武器系统综合电子战防护效能评估方法进行了论述,建立了机动导弹武器系统综合电子战防护效能评估指标体系;其次,通过对机动导弹武器系统综合电子战防护效能评估指标体系的研究,建立了导弹阵地反电子侦察能力评估模型、导弹飞行过程中反地面雷达侦察能力评估模型、导弹突防阶段反电子干扰能力评估模型以及导弹抗电磁脉冲武器攻击能力评估模型;最后,在前面建立的子模型的基础上建立了机动导弹武器系统综合电子战防护效能总体评估模型。

10.1 机动导弹系统综合电子战防护效能评估指标体系设计

10.1.1 机动导弹系统综合电子战防护效能的概念

目前,武器系统的效能一般都采用美国工业界武器系统效能咨询委员会(WSEIAC)为美国空军建立的效能概念和框架。WSEIAC 定义的系统效能为:系统能够满足(或完成)一组特定任务要求的度量。导弹武器系统的效能是指在特定的条件下,导弹武器系统满足(或完成)一组规定任务可能程度。

武器系统的效能可以分为三类:单项效能、系统效能和作战效能。

(1) 单项效能是指就单一目标或单一行动(步骤)而言,武器系统所能达到的有效程度。如导弹武器系统的侦察、通信、指挥、射击以及电子战防护效能等。

(2) 系统效能(综合效能)是指武器系统在特定条件下,满足一组特定任务要求的可能程度及其表现形式,是对武器系统效能的综合评价,如导弹武器系统在设计及使用可用性及可信赖性条件下的突击效能等。

(3) 作战效能也称为兵力效能,是指在特定条件下,运用武器系统的作战兵力执行作战任务所能达到的预期目标的程度,是任何武器系统的最终效能和根本质量特征。

导弹武器系统综合电子战防护效能是指导弹武器系统在综合电子战环境下,在整个作战过程中,针对可能遭受的电子攻击,采取相应的反电子侦察、反电子干扰、反电子毁伤防护措施的防护效能,是导弹武器系统采取一系列电子防护措施后所能完成预期作战目标的程度。本章研究的导弹武器系统综合电子战防护效能评估,主要是研究导弹武器系统在综合电子战环境下,整个作战过程中反电子侦察、反电子干扰、反电子毁伤防护措施的防护效能的评估问题。

10.1.2　机动导弹系统综合电子战防护效能指标体系建立原则

建立效能评估指标体系,是对效能评估中涉及的一系列评估要素,按一定的机构层次关系进行排列组合,使其成为一个有机整体。指标体系的构建包括评价指标的设计和指标体系结构构造两个方面的工作。评价指标的设计即明确该评价指标体系由那些指标组成,且各指标的概念、计算范围、计算方法和计算单位都要做详细的说明;指标体系结构构造即明确该评价指标体系中所有指标之间的相互关系如何,层次结构怎样,因为复杂的综合评价问题,其评价目标往往是多层次的,理顺这种层次关系,对于改善评价效果有重要的作用。稍微复杂的综合评价指标体系一般都表现三层结构(不包括由评价对象所构成的底层):总目标层、子目标层、指标层。

建立科学合理的效能评估指标体系,是效能评估中最关键的一环,因此在建立效能评估指标体系时应该遵循一定的原则。效能评估指标体系的建立原则如下。

(1) 科学性原则。运用科学的方法,对武器装备的构成特点、各部分(系统)之间的联系和运动过程,结合实际情况确定所设置指标的名称及含义、计算途径及方法,使这些指标建立在科学的分析基础上。

(2) 目的性原则。指标的提出应具有明确的目的性,每一个指标都是为评估的一定的系统效能服务的,有其不可替代的作用,这是它存在的价值,其重要作用在于完成预定的目标和使命。在综合电子战环境下,需要根据不同的作战使命,确定相应的效能评估指标,对评估对象进行评估。

(3) 整体性原则。确定指标时,不是孤立地就指标本身考虑问题,而是把它放在武器装备系统的整体中,从整体的角度考虑单项指标与其他指标的关系。

(4) 可行性原则。指标体系要易于理解,有统计基础,通俗易懂,充分考虑各项指标的数据来源,能定量描述的尽量定量描述。

(5) 时空变化性原则。任何系统的要素及它们之间的相互关系在作战全过

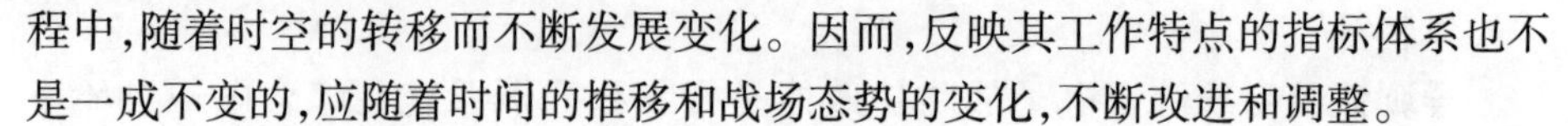

程中，随着时空的转移而不断发展变化。因而，反映其工作特点的指标体系也不是一成不变的，应随着时间的推移和战场态势的变化，不断改进和调整。

(6) 可比性原则。指标体系应能在不同时间、不同地点进行比较和对照，以反映和判断武器系统在不同时空条件下的运行状态。

(7) 控制反馈性原则。将设计的指标带入到效能评估模型中计算，计算的数据和结果又可以反馈到效能评估模型中，通过分析找出系统中的薄弱环节或敏感点以便作出改进。

(8) 简洁性原则。尽量采用有代表性的重要指标作为评价尺度，既能反映问题又简明扼要。

10.1.3 机动导弹系统综合电子战防护效能评估指标体系建立

基于对导弹武器系统在综合电子战环境下可能面临的电子战威胁及相应的防护技术的论述，借鉴经典的武器系统效能评估建模方法，将导弹武器系统综合电子战防护效能的评估指标体系设计如图 10.1 所示。

根据导弹武器系统在综合电子战环境下的作战过程，以及导弹武器的作战特性如此设计效能指标体系是合理的。首先，导弹武器系统在综合电子战环境下的作战过程可以分为三个阶段：发射前准备阶段、发射后的飞行阶段、突破对方末层防御系统的突防阶段，在不同的阶段可能面临的主要电子战威胁会有不同，因此采取的防护措施侧重点也有不同，那么对防护效能的评估应该是针对不同阶段的电子战威胁所采取防护措施的防护效能的评估，而导弹武器系统综合电子战防护效能则是不同阶段防护效能的综合。例如，苏联在 20 世纪 70 年代初提出的效能评估模型就是将作战过程划分为不同阶段，用过程指标来描述的。美国在对“民兵”Ⅱ和“民兵”Ⅲ导弹设计抗核加固措施时，就发射前、主动段、自由飞行段和再入段四个阶段对导弹武器系统的电磁脉冲环境进行分析，对导弹的结构、制导和控制系统以及弹头提出相应的加固措施，并以此为基础对加固效能进行评价。其次，以导弹武器系统在综合电子战环境下的作战过程为主线，导弹武器系统完成作战任务的好坏直接与其防护效能有关，要提高导弹武器系统在综合电子战环境下的生存能力和作战效能，哪一阶段的防护效能都不能太低。发射前电子战防护效能、飞行过程中的电子战防护效能、突防时的电子战防护效能，任何一个效能变化都对总的防护效能影响明显，是导弹武器系统综合电子战防护效能评价不可缺少的指标因素。

本章将针对不同阶段的可能遭受的主要电子战威胁，对所导弹武器系统电子防护措施的防护效能进行研究和分析。

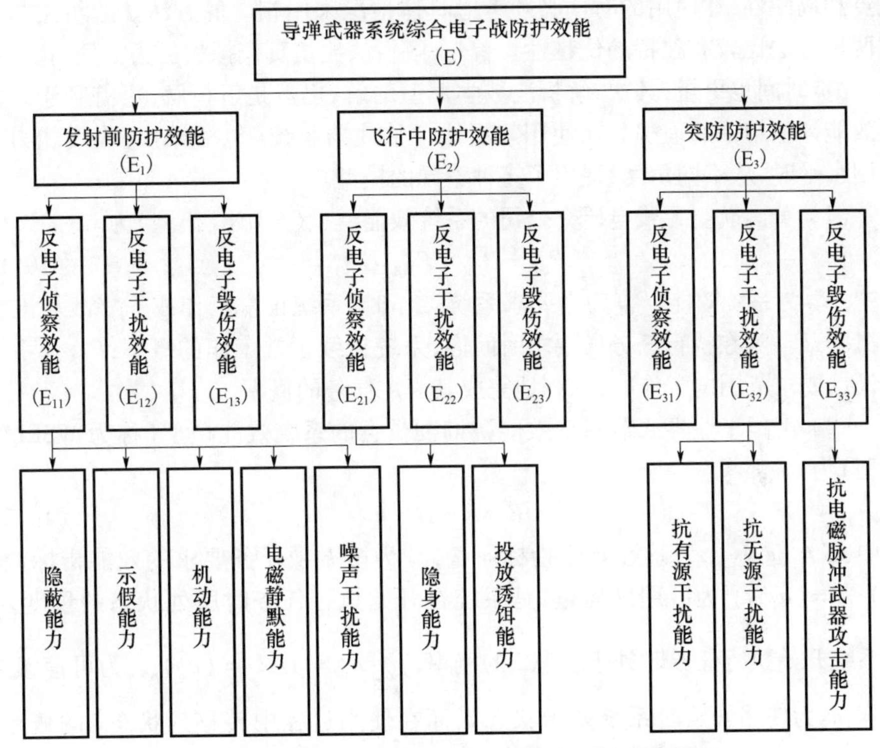

图 10.1　导弹武器系统综合电子战防护效能指标体系

10.2　机动导弹系统综合电子战防护效能评估方法

根据武器系统的类型、所承担的作战任务、战场环境、评估要求等不同，可以将现有的武器系统效能评估方法分为三类：逻辑分析法、解析法和仿真模拟法。

(1) 逻辑分析法是指采用武器系统的某些典型的性能指标，经过适当的分析、综合、比较、分类等方法来描述系统的效能，主要包括性能对比法、专家打分法、性能指数法、德尔菲(Delphi)法等。

(2) 解析法是以排队论、对策论、军事运筹学等数学方法为基础，来求解系统的效能，主要有 ADC 法、层次分析法(AHP)、模糊综合评判法以及灰色评估法等。

(3) 仿真模拟法是指通过实战演习或计算机模拟的方式来检验、评价武器系统的效能，主要包括仿真法和作战模拟法等。

除了上述分类以外，还有统计实验法、问卷调查评价法等，每种方法都有其优点和局限性,在使用的时候必须考虑具体情况采用相应的方法。解析法与其他两种方法比较有独特的优越性。首先,解析法比仿真模拟法更为方便、花费更小、耗费时间也更短;其次,解析法数学模型的解,仍然是解析解,更有利于人们对效能评估结果的理解。在使用解析法评估武器系统(包括导弹)作战能力和研制水平时,从不同角度,提出了多种不同的模型。

(1) 美国航空无线电研究公司的系统效能模型(ARINC 模型)为

$$P_{SE}=P_{OR}\cdot P_{MR}\cdot P_{OA} \tag{10.1}$$

式中:P_{SE}为系统效能;P_{OR}为当要求系统工作时,系统正常工作或作好战斗准备的概率;P_{MR}为在执行任务所要求时间内,系统持续正常工作的概率;P_{OA}为系统在设计要求范围内工作时,顺利地完成其规定任务的概率。

(2) 美国工业界武器系统效能咨询委员会的系统效能模型(称为 WSEIAC 模型)为

$$\boldsymbol{E}=\boldsymbol{A}\cdot\boldsymbol{D}\cdot\boldsymbol{C} \tag{10.2}$$

式中:$\boldsymbol{E}=(e_k)_{1\times m}$为系统效能指标向量,$e_k$为第$k$项任务要求的效能指标(概率);$\boldsymbol{A}=(a_i)_{1\times n}$为可用度向量,是系统在开始执行任务时所处状态的量度,a_i为系统开始执行任务时处于状态i的概率,$\sum\limits_{i=1}^{n}a_i=1$;$\boldsymbol{D}=(d_{ij})_{n\times n}$为可信赖度矩阵,$d_{ij}$为使用开始时系统处于状态$i$,而在使用过程中转移到状态$j$的概率,$\sum\limits_{j=1}^{n}d_{ij}=1$;$\boldsymbol{C}=(c_{jk})_{n\times m}$为能力矩阵,$c_{jk}$为系统处于可能状态$j$时达到第$k$项任务要求的概率。

(3) 美国陆军用导弹的系统效能模型(称为 AAM 模型)为

$$P_{FF}=A_O\cdot P_{DET}\cdot P_{KSS} \tag{10.3}$$

式中:P_{FF}为系统效能;A_O为作战的可用性;P_{DET}为系统发现、鉴别、传送目标信息的概率,$P_{DET}=P_{CUM}\cdot P_o\cdot P_{TR}$,其中,$P_{CUM}$为发现概率,$P_o$为鉴别概率,$P_{TR}$为传送目标信息的概率;$P_{KSS}$为单发毁歼概率,$P_{KSS}=P_L\cdot P_F\cdot M_L$,其中,$P_L$为导弹发射可靠性,$P_F$导弹在飞行期间可靠性,$M_L$导弹毁伤威力。

(4) 美国海军的系统效能模型(称为 AN 模型)为

$$E=P\cdot A\cdot V \tag{10.4}$$

式中:E为系统效能;P为系统性能指标,即假设系统的有效度和性能利用率为100%的条件下,表示系统能力的数值指标;A为系统的有效度指标,即系统做好战斗准备,能圆满完成其规定任务之程度的数值指标;V为系统的利用率指标,即在执行任务时,系统性能被利用程度的数值指标。

(5) 苏联在20世纪70年代初提出的效能评估模型是用过程指标来描述

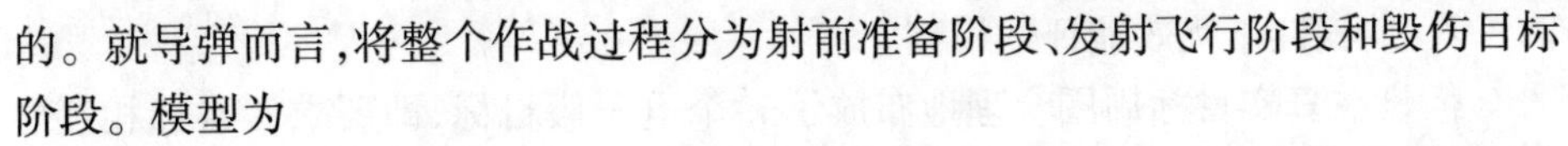

的。就导弹而言，将整个作战过程分为射前准备阶段、发射飞行阶段和毁伤目标阶段。模型为

$$E = W_L \cdot W_K \cdot W_R \tag{10.5}$$

式中：E 为导弹武器系统效能；W_L 为射前准备阶段效能；W_K 为飞行阶段效能；W_R 为毁伤目标阶段效能。

（6）其他模型。例如，我国空军《作战飞机效能评估》中的模型，在 ADC 模型的基础上，考虑了保障度的因素：

$$E = C \cdot A \cdot D \cdot S \tag{10.6}$$

式中：E 为效能；C 为作战能力；A 为可用度；D 为可靠度；S 为保障度。

根据导弹武器系统在综合电子战环境中的作战过程及特点，本篇将导弹武器系统在综合电子战环境中的作战过程划分为发射前阶段、飞行过程中、突防三个阶段，主要采用逻辑分析法和解析法建立导弹武器系统在各个阶段的电子战防护效能评估模型，并在此基础上建立导弹武器系统综合电子战防护效能评估模型。

10.3　导弹阵地电子战防护效能评估

导弹发射前阶段的电子战防护效能包括反电子侦察效能、反电子干扰效能和反电子毁伤效能。通常导弹阵地设在战场的后方，要想对导弹阵地实施电子干扰和电磁脉冲武器打击不是一件容易的事，然而，导弹阵地一旦被对方的电子侦察设备侦察到，就有可能遭受到远程毁灭性的打击，因此可以说导弹阵地最大的电子战威胁是电子侦察。下面针对导弹阵地可能采取的反电子侦察防护措施，建立导弹阵地反电子侦察效能评估模型。

10.3.1　导弹阵地运用欺骗性干扰对抗电子侦察卫星效能评估

1. 电子侦察卫星侦察能力描述

如第 9 章的分析，电子侦察卫星的工作能力主要体现在三个方面：一是信号检测能力 E_{jc}；二是信号参数测量能力 E_{cl}；三是信号处理及辐射源定位能力 E_{dw}。根据电子侦察卫星的工作原理，电子侦察卫星的工作能力可用以下公式度量，即

$$E_{wx} = E_{jc} \cdot E_{cl} \cdot E_{dw} \tag{10.7}$$

因此，削弱电子侦察卫星任一方面的能力，都可能导致电子侦察卫星工作能力的下降，第 9 章对运用电子假目标对抗电子侦察卫星的可行性进行了分析，在此不再赘述。

2. 欺骗性干扰效能评估模型

假设在真实目标周围合理地布放了 n 个电子假目标，即要求假目标相互之间以及假目标与真实目标之间距离、角度合理，假目标的欺骗效能互不对消，且不影响真实目标的正常工作。通常采用欺骗干扰成功率 $P_{欺}$ 来评价导弹阵地运用电子假目标对抗电子侦察卫星的能力，即

$$P_{欺} = \frac{l}{m} \tag{10.8}$$

式中：m 为被侦察次数；l 为电子假目标欺骗干扰成功次数。l 和 m 可以通过在某种典型战情下进行仿真实验统计得到。

所谓“欺骗干扰成功”可以从以下两个角度理解。

(1) 由于电子假目标的作用，导致电子侦察卫星某一方面或某几方面的能力受到影响，不能正常工作，从而真实目标不能被侦察系统在有限的时间内发现和识别，真实目标达到电子作战的目的。用至少有一个电子假目标对电子侦察卫星某一方面的能力有影响的概率 P_y 来度量，即

$$P_y = 1 - \prod_{i=1}^{n}\prod_{j=1}^{3}(1 - P_{ij}) \tag{10.9}$$

式中：P_{ij}为在欺骗性干扰作用下，第 i $(i=1,2,\cdots,n)$ 个电子假目标对能力 $j(j=1,2,3)$ 有影响的概率。

(2) 电子侦察卫星把假目标当作真实目标，进而引导电子攻击系统对假目标实施电子攻击，造成战斗力损失，对于防御方而言则保护了真实目标，达到欺骗干扰的目的。可以用电子侦察卫星的受欺骗概率 P_f 来度量。如果电子侦察卫星对每个假目标的检测和识别是相互独立的，记 P_{fi}为电子侦察卫星把第 i 个电子假目标当成真实目标的概率，则

$$P_f = 1 - \prod_{i=1}^{n}(1 - P_{fi}) \tag{10.10}$$

其中

$$P_{fi} = p_{j1}p_{j2}p_{j3}p_{j4}(1 - p_{r1})(1 - p_{r2})(1 - p_{r3}) \tag{10.11}$$

式中：p_{j1}为电子侦察卫星截获假目标电磁辐射的概率；p_{j2}为检测概率；p_{j3}为分选识别目标辐射各参数的概率；p_{j4}为电子假目标辐射相似程度的概率；p_{r1}为电子侦察卫星利用空间选择法选择出假目标的概率；p_{r2}为利用时域处理识别假目标的概率；p_{r3}为电子侦察卫星有效抗干扰的概率。

运用电子假目标对抗电子侦察卫星侦察的能力 E_{sj}可以表示为

$$E_{sj} = \lambda_y P_y + \lambda_f P_f \tag{10.12}$$

式中：λ_y 和 λ_f 为权重系数，且 $\lambda_y + \lambda_f = 1$，可以通过专家打分或者 AHP 方法

求得。

综上所述,利用电子假目标对抗电子侦察卫星的欺骗成功率除了与卫星本身技术性能有关以外,还随着假目标数量的增多而增大的,即在条件允许的条件下,增加假目标数量能够增大导弹阵地反电子侦察卫星侦察的能力。

10.3.2　导弹阵地反电子侦察效能评估模型

在科学技术日新月异的今天,仅依靠单一的防护技术是不够的,为了使导弹阵地不向电子侦察卫星“单向透明”,应该考虑综合运用各种对抗技术,如电磁静默、采用地下网络有线通信、噪声干扰以及机动发射等方式,都可以削弱电子侦察卫星的工作能力,提高导弹阵地反电子侦察卫星的能力,使电子侦察卫星变成空间的“聋子”,从而达到提高导弹阵地作战效能和生存能力的目的。

导弹阵地反电子侦察的能力是示假能力、隐蔽能力、机动能力、电磁静默能力、噪声干扰能力的加权“和”,即

$$E_{反电子侦察} = \lambda_{sj}E_{sj} + \lambda_{yb}E_{yb} + \lambda_{jd}E_{jd} + \lambda_{jm}E_{jm} + \lambda_{zs}E_{zs} + \lambda_{qt}E_{qt} \quad (10.13)$$

式中:E_{sj}为示假能力;E_{yb}为隐蔽能力;E_{jd}为机动能力;E_{jm}为电磁静默能力;E_{zs}为噪声干扰能力;E_{qt}为其他反电子侦察能力,如采取新的反电子侦察技术的能力;λ_{sj}、λ_{yb}、λ_{jd}、λ_{jm}、λ_{zs}、λ_{qt}表示相应的示假能力、隐蔽能力、机动能力、“电磁静默”能力、噪声干扰能力、其他反电子侦察能力在导弹阵地反电子侦察能力中的权重系数,且$\lambda_{sj} + \lambda_{yb} + \lambda_{jd} + \lambda_{jm} + \lambda_{zs} + \lambda_{qt} = 1$,可以通过专家打分或者 AHP 方法求得。

下面给出每一种能力的量化方法及模型。

(1) 示假能力E_{sj}的度量(见 10.2.1 节)。

$$E_{sj} = \lambda_y P_y + \lambda_f P_f \quad (10.14)$$

(2) 隐蔽能力E_{yb}的度量。导弹阵地的隐蔽能力广义上讲应该是光电隐蔽能力和电磁隐蔽能力的加权和,即

$$E_{yb} = \lambda_{gd} a_1 + \lambda_{dc} a_2 \quad (10.15)$$

式中:a_1为光电隐蔽能力;a_2为电磁隐蔽能力;λ_{gd}、λ_{dc}是权重系数,且$\lambda_{gd} + \lambda_{dc} = 1$,与对方的侦察方式组成以及我方的反侦察技术有关。具体要素如图 10.2所示。

无论是主动光电侦察还是被动光电侦察,其共同的特点都是利用被探测目标与背景的光学特性的差别,因此,利用技术手段减小或消除二者之间的差别,是对抗光电侦察的主要突破口。导弹阵地光电隐蔽能力与伪装体与被保护目标之间的相似程度以及对方的光电侦察技术手段有关,这里重点讨论导弹阵地的电磁隐蔽能力。

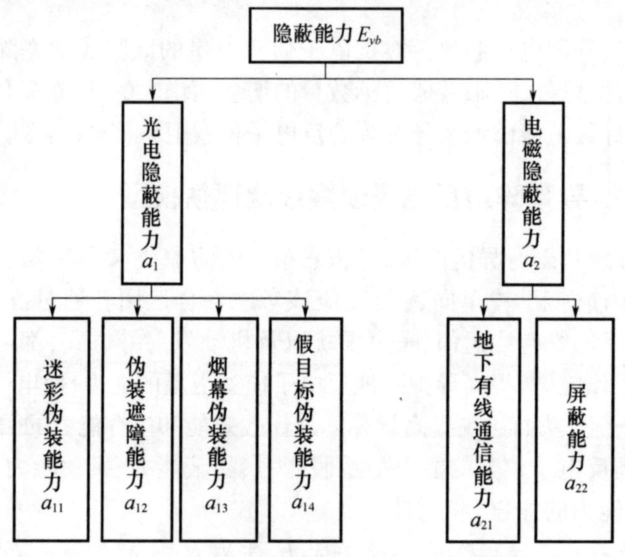

图 10.2　导弹阵地隐蔽能力相关因素

对电磁隐蔽能力 a_2 的量化公式如下。

地下有线通信能力 a_{21}，反映了导弹阵地指挥控制系统装备的配置，用地下有线通信在整个通信方式中所占的比例来度量，即

$$a_{21} = \frac{a_{\text{地下有线通信}}(t,s)}{a_{\text{总的通信方式}}(t,s)} \tag{10.16}$$

式中：$a_{\text{地下有线通信}}(t,s)$ 为地下有线通信因子，是时间 t 和设备数量 s 的函数；$a_{\text{总的通信方式}}(t,s)$ 为总的通信方式因子，是时间 t 和设备数量 s 的函数。

屏蔽能力 a_{22} 与经济能力和技术能力有关，用某一时间段内工作的电子设备中受到屏蔽防护的电子设备的数量与总的电子设备的数量之比表示，即

$$a_{22} = \frac{n}{N} \quad (10.17$$

式中：n 为屏蔽防护的电子设备的数量；N 为总的电子设备的数量。

(3) 机动能力 E_{jd} 的度量。导弹武器系统的地面机动能力包含 4 个方面的因素：灵活性、机动速度、转换能力和机动道路要求，如图 10.3 所示。

按照机动能力与各因素的相依关系，采用指数综合法建立导弹武器系统机动能力一级指数模型为

$$E_{jd} = k \cdot b_1^{\lambda_{b1}} \cdot b_2^{\lambda_{b2}} \cdot b_3^{\lambda_{b3}} \cdot b_4^{\lambda_{b4}} \tag{10.18}$$

式中：$b_i(i=1,2,3,4)$ 分别表示灵活性、机动速度、作战状态转换能力、机动道路要求指数；$\lambda_{bi}(i=1,2,3,4)$ 为各指数的权重；k 为系数。

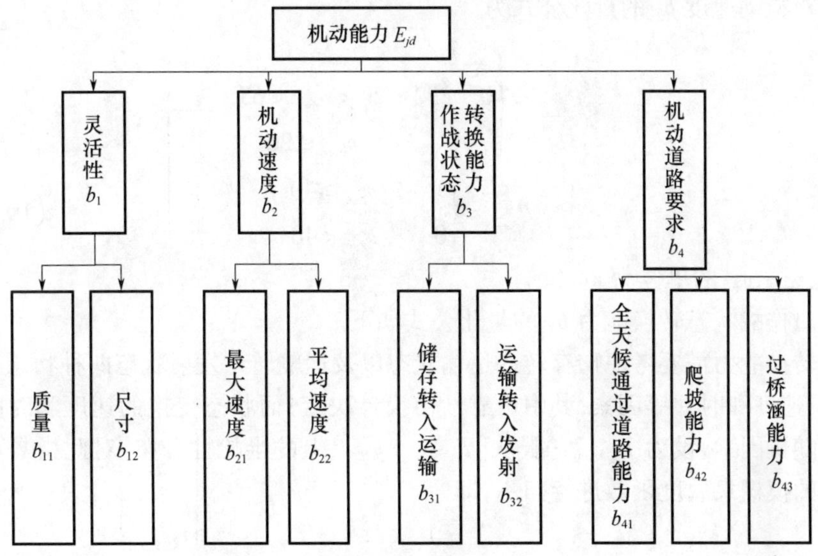

图 10.3　导弹武器系统机动能力相关因素

二级指数模型为

$$\begin{cases} b_1 = k_{b1} \cdot b_{11}^{\lambda_{b11}} \cdot b_{12}^{\lambda_{b12}} \\ b_2 = k_{b2} \cdot b_{21}^{\lambda_{b21}} \cdot b_{22}^{\lambda_{b22}} \\ b_3 = k_{b3} \cdot b_{31}^{\lambda_{b31}} \cdot b_{32}^{\lambda_{b32}} \\ b_4 = k_{b4} \cdot b_{41}^{\lambda_{b41}} \cdot b_{42}^{\lambda_{b42}} \cdot b_{43}^{\lambda_{b43}} \end{cases} \tag{10.19}$$

式中：权重系数 λ_{bij} 的获得采用 AHP 方法求得，系数 k_{b_i} 通过专家评估法获得。子指数的确定采用无量纲处理，量化过程分为定量指数和定性指数两个部分。

相关的量化公式如下。

对质量指标 b_{11} 的量化公式为

$$P_G = \begin{cases} 0 & G \geqslant 100 \\ 2 - 0.02G & 20 < G < 100 \\ 1 & G \leqslant 20 \end{cases} \tag{10.20}$$

式中：G 为质量(t)。

对尺寸指标 b_{12} 的量化公式为

$$P_D = \begin{cases} 0 & D \geqslant 500 \\ 1.63933 - 0.0033D & 195 < D < 500 \\ 1 & D \leqslant 195 \end{cases} \tag{10.21}$$

式中：D 的单位为 m^2。

对机动速度 b_2 的量化公式为

$$P_{v_{\max}}=\begin{cases}1 & v_{\max}\geqslant 65\\ 0.0222 & 20<v_{\max}<65\\ 0 & v_{\max}\leqslant 20\end{cases} \tag{10.22}$$

$$P_{v_{\text{ave}}}=\begin{cases}1 & v_{\text{ave}}\geqslant 40\\ 0 & v_{\text{ave}}<40\end{cases} \tag{10.23}$$

式中:$v_{\max}$、v_{ave}的单位为 km/h。

对作战状态转换能力 b_3 的量化公式如下。

转换能力需要考虑储存转入运输状态以及运输转入发射状态两种状态的可靠性、速度和时间等因素,其中可靠性由设计决定;而状态变换的速度和时间是一个随机因素,设为 $T_{转换}$,它服从$[T_{转换1},T_{转换2}]$上的半岭性分布,对此指数可按如下的模糊隶属度函数进行归一,即

$$f(t)=\begin{cases}1 & t\geqslant t_2\\ \dfrac{1}{2}+\dfrac{1}{2}\sin\dfrac{\pi}{t_2-t_1}\left(t-\dfrac{t_2+t_1}{2}\right) & t_1<t<t_2\\ 0 & t\leqslant t_1\end{cases} \tag{10.24}$$

对机动道路 b_4 按定量化指数量化。

(4)"电磁静默"能力 E_{jm}的度量。"电磁静默"能力反映了导弹武器系统在工作过程中对电磁辐射的管理和控制能力,在很大程度上取决于对方对我实施电子侦察的时间的长短、我方战场电磁环境监测系统对被对方电子侦察设备侦察情况的发现时间的早晚、指挥控制系统的有效性、交替工作的能力以及操作人员的素质等,还受到许多其他随机因素的影响,不易量化,宜采用专家评价的方法获得。

(5)噪声干扰能力 E_{zs}的度量。导弹阵地采用大功率的噪声干扰机对对方的电子侦察设备实施干扰,使其不能正常工作,也是导弹阵地对抗电子侦察的一种有效的方法。导弹阵地综合电子干扰系统主要由导弹阵地指挥控制系统根据战场电磁环境监测系统获取的电磁环境信息情况,确定对存在的电子侦察威胁实施相应的有效干扰,结构框图如图 10.4 所示[77]。

评价噪声干扰能力一些常用指标有干扰效率、压制系数、干扰因子等,具体在 10.5.1 节还要进行详细的讨论。

(6)其他反电子侦察防护措施效能 E_{qt}度量。其他反电子侦察防护措施的防护效能,如采用某项反电子侦察新技术的防护效能,以使用这项新技术后反电子侦察效能的增长率来度量,可以采用仿真试验的方法获得相关数据。例如,在

相同的电磁环境下做两组 L 次的实验，假设第一组中没有采用新技术，L 次实验中被探测发现 L_1 次；第二组实验中采用了新技术，L 次实验中被探测发现 L_2 次，则

$$E_{qt} = \frac{L_1 - L_2}{L} \tag{10.25}$$

综上所述，导弹阵地的反电子侦察防护效能是各种反电子侦察措施效能的加权和，在作战使用过程中保证各种措施的正常、有效地发挥作用有利于提高导弹阵地的反电子侦察能力。总之，综合运用各种反电子侦察措施可以有效提高导弹阵地的反电子侦察能力。

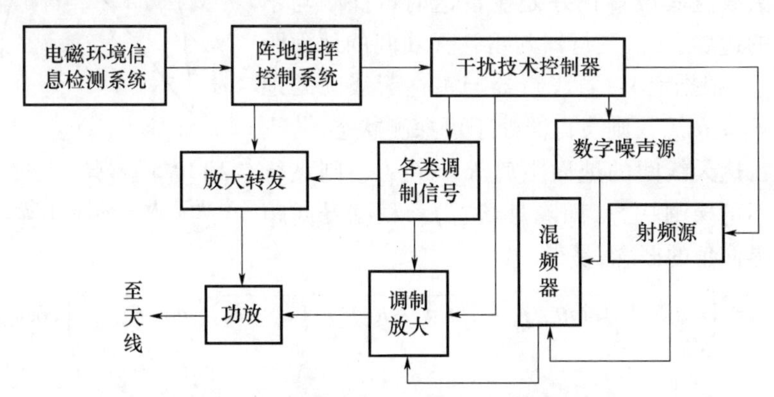

图 10.4　导弹阵地综合电子干扰系统简要框图

10.4　导弹飞行过程中的电子战防护效能评估

10.4.1　导弹飞行过程中隐身性能指标分析

导弹隐身性能指标从某些侧面反映了导弹的隐身性能。对导弹隐身性能指标的分析可以为已有或正在设计的导弹在隐身方面提出改进方向，对发射阵地的选择和导弹弹道的设计提供理论上的指导，也是导弹所采取的反侦察防护措施隐身效能评价的重要依据。下面根据导弹在电子战环境下的作战过程，主要介绍雷达仰视作用下导弹隐身性能指标模型。

1. 最小目标仰角

$$\theta_{\min} = \arccos \frac{a_e + h_a}{a_e + h_t} \tag{10.26}$$

式中：a_e 为地球等效半径；h_a 为雷达天线高度；h_t 为导弹飞行高度。

导弹飞行过程中距离及目标仰角的变化如图 10.5 所示。

最小目标仰角对导弹的隐身设计有很重要的意义,式(10.26)是当$(a_e+h_a)^2-(a_e+h_t)^2\cos^2\theta=0$时,由距离方程

$$R=(a_e+h_t)\sin\theta\mp\sqrt{(a_e+h_a)^2-(a_e+h_t)^2\cos^2\theta} \tag{10.27}$$

计算得到的。显然,只要$h_t>h_a$,导弹就永远遇不到$\theta=0°$的照射角。

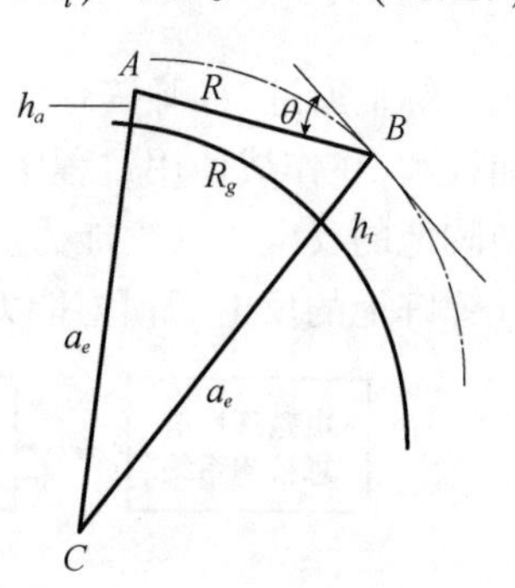

图 10.5 导弹飞行过程中距离及目标仰角的变化

2. 暴露距离

暴露距离是指飞行器以任何方位角φ_i对准一部雷达天线且其位置正好处在雷达的可探测与不可探测的边界上时,飞行器与雷达天线间的地面距离$R_{ex(\varphi_i)}$。根据定义,若飞行器与雷达天线间的地面距离$R_g\leqslant R_{ex(\varphi_i)}$,则飞行器处于可探测状态;若飞行器与雷达天线间的地面距离$R_g>R_{ex(\varphi_i)}$,则飞行器处于不可探测状态(即隐身状态)。根据暴露距离及临界仰角的概念,易得

$$R_{ex(\varphi_i)}=\left[(a_e+h_t)\sin\theta_{cr(\varphi_i)}\mp\sqrt{(a_e+h_a)^2-(a_e+h_t)^2\cos^2\theta_{cr(\varphi_i)}}\right]\cos\theta_{cr(\varphi_i)} \tag{10.28}$$

式中:$\theta_{cr(\varphi_i)}$为方位角φ_i上的临界仰角;当$\theta_{cr(\varphi_i)}\geqslant\theta_{\min}$时,根号前取负号;当$\theta_{cr(\varphi_i)}<\theta_{\min}$时,根号前取正号。

3. 纵向逼近距离

纵向逼近距离是指飞行器在方位角$\varphi=0°$上的暴露距离$R_{ex(\varphi=0°)}$。

4. 雷达对飞行器的可探测范围图

按一定的方位角间隔$\Delta\varphi$,在范围 0°~360°内计算出足够数量的$R_{ex(\varphi_i)}$,将这些$R_{ex(\varphi_i)}$标在极坐标平面内并连成一个封闭图形,那么,这个封闭图形就是雷达对飞行器在其飞行高度的等高面上的可探测范围图。可探测范围图可以形象地显示出飞行器在一部雷达作用下的隐身区域,对全面了解飞行器在一定高度上的全方位隐身性能是必要的。例如,根据可探测范围图,可以设计导弹弹道使得导弹隐身能力较强的方位对准威胁最大的雷达,在雷达阵之间机动飞行而不被探测到。

5. 最小横距

$$D_{\min}=\max\left\{R_{ex(\varphi_i)}\left|\sin\varphi_i\right|\right\} \tag{10.29}$$

最小横距是飞行器的一项重要的隐身性能,反映了飞行器从雷达旁边或者

两部雷达之间飞过而不被发现的隐身能力。例如,当导弹从雷达旁边飞过时,导弹与雷达的横距为 D_{rad1},若 $D_{\mathrm{rad1}} > D_{\min}$,导弹便处在隐身状态;当导弹从两部雷达之间飞过时,两部雷达之间的距离为 D_{rad2},若 $D_{\mathrm{rad2}} - 2D_{\min} > 0$,导弹就有可能在两者之间隐蔽地穿越。

6. 尾向暴露距离

尾向暴露距离反映了飞行器尾向左右一定方位角范围内的隐身性能,用 $R_{ex(\varphi = 180° \pm \Delta\varphi)}$ 表示。

7. 航线上各点的发现概率

一个目标处于隐身或者暴露状态,是针对一定的发现概率而言的。例如,当发现概率小于50%时,认为目标处于隐身状态;否则,目标处于暴露状态。而目标的发现概率究竟是多少,并不知道,因此有必要计算航线上各点的目标发现概率,它是衡量目标隐身程度的一个重要指标。

10.4.2　导弹飞行过程中诱饵性能指标分析

按照前面对导弹武器系统在电子战环境中的作战过程的划分,这一阶段导弹(弹头)主要是在大气层外的真空中飞行。在真空中由于没有空气阻力,不同重量的物体可以沿相同的弹道飞行,由于诱饵比较轻,故可大量使用。在真空段实行与弹头 RCS 相近的轻诱饵技术,是迷惑对方侦察系统,制造多目标进攻,分散攻击火力的有效措施。在导弹的飞行阶段使用诱饵的效果,或者称诱饵的"示假"效能与诱饵的数量、诱饵的雷达散射截面积、诱饵的布设、诱饵的运动速度、诱饵的发射速度、诱饵的发射方向以及诱饵的发射时机和间隔时间有关,如图10.6所示。

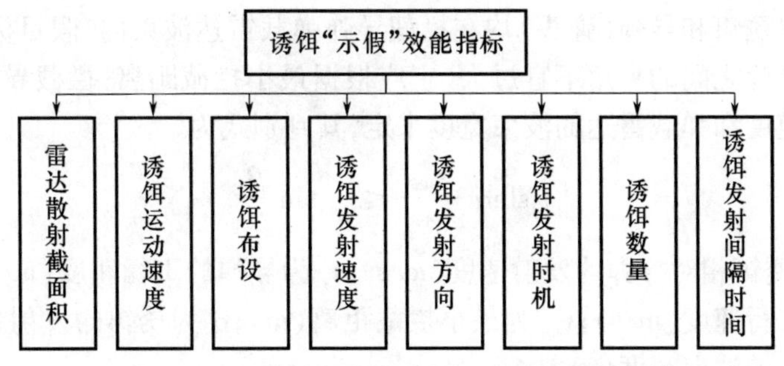

图10.6　导弹飞行过程中诱饵"示假"效能指标体系

1. 诱饵的雷达散射截面积 RCS

诱饵的雷达散射截面积 RCS 与导弹(弹头)的散射截面积越相似则其以假乱真的效果越好,这在诱饵设计的时候根据可能遭遇的来自不同方向的侦察威胁,采用有效的材料制造出与导弹(弹头)的 RCS 最大可能的相似的诱饵是可以实现的。

2. 诱饵的运动速度

根据诱饵的使用目的,诱饵的运动速度与导弹(弹头)的运动速度越相近越好。由于这一阶段导弹主要是在大气层外的真空中飞行,在真空中没有空气阻力,不同重量的物体可以沿相同的弹道飞行,这使得导弹(弹头)不易被侦察识别出来。

3. 诱饵的布设

一旦诱饵发射出去,这时在对方的探测跟踪雷达波束内出现若干个运动速度与导弹差不多、RCS 相似的假目标,雷达由跟踪导弹将转向跟踪若干个目标(含导弹)的质心,质心的位置由目标的个数、之间距离和各自的 RCS 决定。理论上讲,只要不是左、右或上、下对称发射数量相等、速度相同、RCS 相等的假目标,质心将永远不会位于突防导弹所在的坐标位置上。

以 3 个诱饵为例,设 3 个诱饵的 RCS 相等,诱饵 1、诱饵 2 的质心 A 位于两个诱饵连线的中心位置,诱饵 3 与质心 A 形成新的质心 B 位于 A 点和诱饵 3 的连线上,且质心 A 到质心 B 的距离为质心 A 与诱饵 3 之间距离的 1/3。那么,质心 B 与导弹形成的多目标能量反射中心位于质心 B 和导弹的连线上,它与质心 B 之间的距离为

$$s_b = s_{tb}\frac{\sigma_t}{\sigma_t + 3\sigma_j} \tag{10.30}$$

式中:s_{tb}为质心 B 与导弹之间的距离(m);σ_t 为导弹的 RCS(m^2);σ_j 为单个诱饵的 RCS(m^2)。

4. 诱饵的发射角度和速度

为确保诱饵和导弹(弹头)均在拦截导弹弹载雷达波束内,假目标的发射方向与突防导弹之间的夹角不宜过大,它应根据最小拦截距离,拦截导弹、突防导弹的飞行速度和弹载雷达的波束宽度来定,其判别式为

$$v_j \sin\alpha \frac{s_{\min}}{v_t + v_l} \leqslant s_{\min}\tan\frac{\beta}{2} \tag{10.31}$$

式中:v_j 为诱饵相对导弹的发射速度(m/s);v_t 为导弹的飞行速度(m/s);v_l 为拦截导弹的飞行速度(m/s);$s_{\min}$为最小拦截距离(m);α 为诱饵的发射角度(°);β 为弹载雷达的波束宽度(°)。

5. 诱饵的发射时间及发射间隔时间

诱饵的发射时间不能太早或者太迟,太早不仅造成浪费还失去了诱饵使用的意义,太迟使得导弹已在对方拦截武器的拦截范围内,再发射诱饵已经没有作用。因此,应该在发现被对方侦察设备侦察、跟踪的最短时间内发射诱饵,这取决于导

弹自身的探测设备对电子战威胁环境发现、识别的适时性和诱饵装置的可靠性。

通常一枚导弹(弹头)携带不止一组诱饵,每组诱饵的发射间隔时间是诱饵使用效能的重要参数指标。根据质心干扰理论,诱饵群的 RCS 应该大于导弹的 RCS,诱饵群与导弹形成的能量反射中心应该偏向于诱饵群,如果发射间隔时间把握不当,则可能使得诱饵群与导弹形成的能量反射中心偏向于导弹,示假失败。在计算每组诱饵间隔发射时间时,应以第 1 组诱饵发射时间为零时,导弹即将移出雷达波束时为第 2 组诱饵的发射时间。该时间与第 1 组诱饵发射时的两弹距离、两弹速度、诱饵材料的发射速度、角度和拦截导弹的弹载雷达的波束宽度有关,计算该时间的近似表达式为

$$[l-(v_t+v_l)t]\sin\frac{\beta}{2}\leqslant v_j t\sin\alpha \tag{10.32}$$

式中:l 为第 1 组诱饵发射是两弹之间的距离(m);t 为第 2 组诱饵的发射时间(s);v_t、v_l、α、β、v_j 定义同式(10.31)。

6. 诱饵的数量

如前面分析,通常一枚导弹携带不止一组诱饵,诱饵的组数 n 与导弹的速度、隐身措施的性能以及可能面临的电子战威胁环境有关。每一组诱饵所包含的诱饵数量 m 又与导弹(弹头)的$(\mathrm{RCS})_t$ 有关,即诱饵群的$(\mathrm{RCS})_{mye}$应该大于$(\mathrm{RCS})_t$,所以总的诱饵数量为 nm。

10.4.3　导弹飞行过程中电子战防护效能评估模型

1. 导弹隐身措施效能的评价

导弹在飞行过程中的隐身效能用采取隐身措施后导弹不被发现概率的增量 ΔP_{ys} 来表示,即

$$\Delta P_{ys}=(1-P_{ysh})-(1-P_{ysq}) \tag{10.33}$$

式中:P_{ysq}为导弹采取隐身措施前的被发现概率,P_{ysq}取飞行弹道各点处发现概率的最大值,即 $P_{ysq}=\max\{P_{ysq}(\varphi_i,\theta_i)\}$,$\varphi_i$、$\theta_i$ 分别表示弹道任一点处的方位角和目标仰角;P_{ysh}为导弹采取隐身措施后的被发现概率,P_{ysh}取飞行弹道各点处发现概率的最大值,即 $P_{ysh}=\max\{P_{ysh}(\varphi_i,\theta_i)\}$,$\varphi_i$、$\theta_i$ 的含义同上。

不难发现,式(10.33)等价于

$$\Delta P_{ys}=P_{ysq}-P_{ysh} \tag{10.34}$$

即导弹在飞行过程中的隐身效能可以用采取隐身措施前的发现概率与采取隐身措施后的发现概率的差来度量。

2. 诱饵“示假”效能的评价

通过发射诱饵以假乱真,使对方侦察系统不能正常识别和跟踪导弹,便达到

了诱饵“示假”的目的，因此可以用对方侦察系统把诱饵当成导弹识别跟踪的概率 p_{ye} 来度量诱饵“示假”的效果或称为效能，p_{ye} 越大，表示诱饵“示假”的效果越好。

3. 导弹飞行过程中反侦察效能评估模型

导弹（弹头）在飞行过程中如果隐身成功便不会被对方的侦察设备探测跟踪到，否则便启动诱饵设备摆脱跟踪探测，因此导弹在飞行过程中的反侦察效能可以用导弹（弹头）在飞行过程中不被对方侦察设备探测到的概率来表示，即

$$p_{\text{飞行}fzc} = p_{ys} + (1 - p_{ys})p_{ye} \tag{10.35}$$

式中：p_{ys} 为隐身成功的概率；p_{ye} 的定义同前。其中隐身成功的概率 p_{ys} 可以近似用导弹在整个飞行阶段中处于隐身阶段的时间比上整个飞行阶段所用时间来表示，即

$$p_{ys} = \frac{t_{ys}}{t_f} \tag{10.36}$$

式中：t_{ys} 为导弹的隐身飞行时间；t_f 为导弹在整个飞行阶段所用时间。

10.5 导弹突防中的电子战防护效能评估

10.5.1 抗电子干扰防护效能分析及评价

1. 电子干扰/抗干扰评价准则

根据电子干扰信号的样式和抗干扰措施的类型，常用的雷达抗干扰效能评估准则有信息准则、功率准则（信息损失准则）、概率准则、战术应用准则（效率准则）。通过对雷达抗电子干扰效能评估准则的分析和扩展，可以得到一般武器系统（包括雷达）的抗电子干扰效能评估准则，由此得到导弹武器系统的抗电子干扰效能评估准则。

（1）信息准则。作为随机干扰的噪声，其有效性的主要原因在于它给参数值带入了不确定性，由于熵是随机变量或者随机过程不确定性的一种测度，因此这种干扰的不确定性可以用熵来表示。

如果随机变量 J（干扰信号）是离散的，且其分布密度为

$$\begin{pmatrix} J_1 & J_2 & \cdots & J_n \\ P_1 & P_2 & \cdots & P_n \end{pmatrix} \tag{10.37}$$

那么，干扰信号 J 的熵为

$$H(J) = -\sum_{i=1}^{n} P_i \lg P_i \tag{10.38}$$

如果随机变量 J（干扰信号）是连续的，且其分布密度函数为 $p(J)$，那么干扰信号 J 的熵为

$$H(J) = -\int_{-\infty}^{+\infty} p(J)\lg p(J)\,\mathrm{d}J \tag{10.39}$$

同理，如果随机变量 J（干扰信号）是连续的多维随机变量，可以按此方法类似得到其熵的表达式。

（2）功率准则。功率准则又称为信息损失准则，一般用压制系数 K_j 表示，即

$$K_j = \left(\frac{P_J}{P_S}\right)_{\min} \tag{10.40}$$

式中：P_J 为受干扰雷达输入端的干扰信号功率；P_S 为受干扰雷达输入端的目标回波信号功率。

对于同一种干扰而言，压制系数越大，则说明该雷达抗干扰能力越强；反之，压制系数越小，则雷达的抗干扰能力越弱。

功率准则在理论分析和实测方面都很方便，主要适用于压制式干扰（包括隐身）的干扰效果评估，因为有源压制式干扰的实质就是功率对抗。对于欺骗式干扰，它也是一个干扰效果评估的必要条件。

（3）概率准则。概率准则是从导弹武器系统在电子战环境中完成给定任务的概率出发评价导弹武器系统的抗干扰性能。运用该准则不需要考虑具体的干扰样式，关心的是导弹武器系统在有抗干扰防护措施和无抗干扰防护措施条件下完成同一作战任务的概率，通过比较导弹武器系统在有无抗干扰防护措施的条件下，完成同一作战任务的概率来评价抗干扰防护措施的效能。例如，在一定得电子战环境下，针对一定的电子干扰样式，导弹武器系统的可发射概率、可制导概率、突防概率、杀伤概率等。

（4）战术运用准则。战术运用准则又称为效率准则，战术运用准则着眼于比较导弹武器系统针对同一干扰类型，在有无抗干扰防护措施条件下同一个性能指标的比值，通常用以下形式来描述，即

$$\eta_i = \frac{w_{iJ}}{w_{iW}} \quad i = 1,2,\cdots,n \tag{10.41}$$

式中：w_{iJ} 为有抗干扰防护措施下导弹武器系统第 i 项性能指标；w_{iW} 为无抗干扰防护措施下导弹武器系统第 i 项性能指标。

防护措施可以是单项防护措施也可以是多项综合防护措施。战术应用准则比较直观地反映武器系统的抗干扰能力，受到使用部门和设计者的欢迎。在拥有大量实战统计数据的前提下，该准则是最直观、最具有说服力的评估指标。

2. 雷达抗电子干扰改善因子

雷达抗干扰改善因子(EIF)是斯蒂芬·L·约翰斯顿于1974年提出来的,它适用于有源或无源遮盖性干扰。抗干扰改善因子是雷达未采取抗干扰措施时,雷达输出端的干信比$(J/S)_0$,与雷达采用某种抗干扰措施后雷达输出端得干信比$(J/S)_k$的比值,即

$$\mathrm{EIF}=\frac{(J/S)_0}{(J/S)_k} \tag{10.42}$$

如果雷达对某种干扰有多种抗干扰措施,而且每种抗干扰措施的效果是不同的,那么雷达总的抗干扰改善因子计算式为

$$\mathrm{EIF}=D_1\cdot D_2\cdots D_n=\prod_{i=1}^{n}D_i \tag{10.43}$$

式中:$D_1,D_2,\cdots,D_n$分别表示脉冲压缩、脉冲积累、频率捷变、旁瓣对消、恒虚警处理、频率分集等抗干扰改善因子。

抗干扰改善因子的物理意义为:在使用抗干扰措施雷达中和不使抗干扰措施的雷达中,产生同样的干信比所需的干扰功率的比值,它表明系统采用抗于扰措施后信干比提高的倍数。正如约翰斯顿所指出的:"EIF不是基本雷达设计中电子抗干扰性能的度量,而是雷达抗干扰性能改善程度的度量。"这里对EIF的作用做了充分明确的阐述。郦能敬研究员也曾经指出:"EIF的通用性好,适用度量雷达某一个抗干扰措施或几个抗干扰措施结合的抗干扰性能。"

3. 导弹突防时抗电子干扰防护效能评估模型

导弹突防时的抗电子干扰防护效能可以简单地归结为有无电子干扰防护措施条件下,导弹突防概率的变化。更明确一点,就是采取一系列防护措施后相对于没有防护措施导弹突防概率的增长量,增长量越大表示防护效能越好。

(1) 有源干扰下导弹突防概率模型。对突防导弹的有源干扰一般是分为两步:首先是电子侦察设备发现、识别信号并获取目标数据,接着将获取的目标数据立即送到电子对抗控制设备进行数据处理,并由电子干扰设备对突防导弹实施电子干扰。这样电子干扰系统可以看成是由两个串联的随机服务系统构成,如图10.7所示。

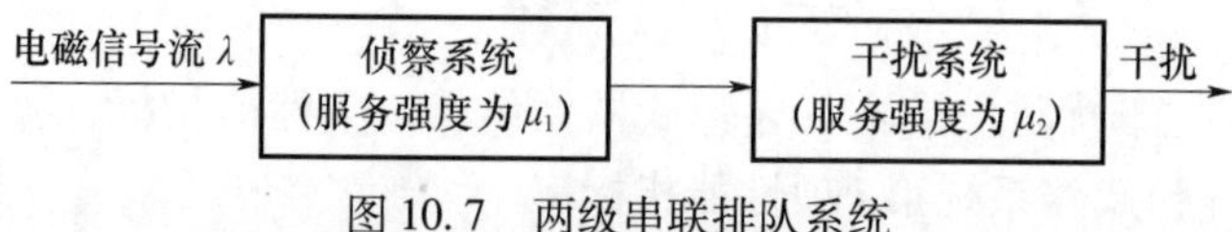

图10.7 两级串联排队系统

那么根据对多通道消失制先来先服务的随机服务系统的求解,可得导弹在有源干扰下的突防概率计算式为

$$Q_Y = 1 - \frac{\mu_1\mu_2(\lambda+\mu_1+\mu_2)}{(\lambda+\mu_1)(\lambda+\mu_2)(\mu_1+\mu_2)} \cdot P_m \tag{10.44}$$

式中：λ 为导弹发射密度，$\lambda = \frac{N}{\Delta t}$，其中 Δt 为导弹攻击时飞临目标的首枚导弹和末枚导弹之间的时间差，N 为导弹数量；P_m 为电子干扰系统的干扰效率。

（2）无源干扰下的突防概率。无源干扰的主要形式是角反射器和假目标，无源干扰的效果与角反射器、假目标的布设时机、数量、方位等因素有关，详细计算起来很复杂，可用下式概略地表示导弹在无源干扰下的突防概率，即

$$Q_W = \begin{cases} \frac{J}{J+Z}, N < R \\ \frac{RJ/(Z+J)+N-R}{N}, N \geqslant R \end{cases} \tag{10.45}$$

式中：J 为假目标数量；Z 为被保护目标数量；N 为导弹数量；R 为无源干扰设备能同时干扰的目标数量。

综合上述讨论，可得导弹在电子干扰下的突防概率模型为

$$P_{\text{tdzgr}} = Q_Y \cdot Q_W \tag{10.46}$$

那么，采取一系列抗干扰防护措施后，导弹突防概率的增长量为

$$\Delta P_{\text{tdzgr}} = \sum_{i=1}^{l} k_i (\Delta P_{\text{tdzgr}})_i \tag{10.47}$$

式中：k_i 为第 i 种防护措施对突防概率增长的贡献，即权重系数，$\sum_{i=1}^{l} k_i = 1$；$(\Delta P_{\text{tdzgr}})_i = (P'_{\text{tdzgr}})_i - P_{\text{tdzgr}}$ 为采取第 i 种防护措施后突防概率的增长量，其中 $(P_{\text{tdzgr}})_i$ 表示采取第 i 种防护措施后的突防概率，P_{tdzgr} 表示没有采取防护措施的突防概率。

10.5.2 反电磁脉冲武器攻击防护效能分析及评价

导弹突防阶段反电磁脉冲武器打击防护效能包括两个方面内容：一个是“防”的效能，另一个是“护”的效能。“防”就是指采取措施规避电磁脉冲武器的打击，对于常规电磁脉冲武器如电磁脉冲弹而言作用范围是有限的，通常是几米到几百米，因此采用机动变轨突防技术是防电磁脉冲武器打击有效措施。“护”就是指采用相关的加固措施，使得即使被打击也能保持正常工作或者降低毁伤程度。电磁脉冲武器对电子设备或电气装置的破坏效应主要包括收集、耦合和破坏三个过程。例如，飞机、导弹等金属表面、大型天线、金属导管等起接收天线作用的各种类型的集流环（金属导体）都能起到电磁脉冲收集的作用。如第 8 章所述，电磁脉冲能量能够通过“前门耦合”和“后门耦合”进入电子系统。

前门耦合是指设备对外开放的通道(如天线、传感器等),强电磁脉冲被直接导向目标设备;后门耦合是指能量通过机壳的缝隙或者小孔泄漏到系统中。对于突防导弹(弹头)而言,电磁脉冲能量主要通过后门耦合进入到导弹系统内部,其能量转换成随时间、空间变化的大电流、大电压,对里面的电子设备产生干扰破坏作用。因此,“护”就是要破坏这三个过程,使之不能收集、不能耦合、不能破坏。

综上所述,导弹武器在突防阶段反电磁脉冲武器打击的防护效能 E_{dcfh} 可以表示为

$$E_{\mathrm{dcfh}}=\mu_f E_{\mathrm{dcf}}+\mu_h E_{\mathrm{dch}} \tag{10.48}$$

式中:E_{dcf} 为反电磁脉冲武器打击“防”的效能;E_{dch} 为反电磁脉冲武器打击“护”的效能;μ_f、μ_h 为相应效能在导弹突防阶段反电磁脉冲武器打击效能中的权重系数,$\mu_f+\mu_h=1$,可以通过专家打分或者层次分析法获得。

1. 单项效能评价

(1) 机动变轨能力评价。再入过程中作机动飞行是提高突防能力的重要手段之一。利用小尺寸的尾翼片改变末段弹道,或者采用变轨发动机和姿控发动机改变导弹的飞行弹道使导弹导弹不严格地按照抛物线进行弹道飞行,也就是说导弹在降弧段不是随空气动力控制的弹道波飞行,而是自由下降,从而规避防御方防御系统的拦截。

机动能力的大小一般用法向加速度来表示,对于用空气动力作为控制力的有翼弹头,它的法向机动能力的好坏主要取决于弹头能够产生空气动力的大小。在铅垂面内,法向加速度可以表示为

$$V\dot{\theta}=q_{\infty}\cdot S\cdot C_L/m-g\cos\theta \tag{10.49}$$

式中:V 为弹头质心速度;$\dot{\theta}$ 为速度矢量转动的角速度;q_{∞} 为动压;g 为重力加速度;θ 为弹道倾角;C_L 为升力系数;S 为参考面积;m 为弹头质量。

法向加速度越大,则机动能力越强,导弹能够转的弯子就越小,就越有利于规避拦截。

(2) 电磁脉冲屏蔽能力评价。选用一定电子战环境下,遭受电磁脉冲武器打击而完好无损的概率来表示导弹(弹头)在突防阶段抗电磁脉冲武器打击防护效能指标,根据电磁脉冲武器对导弹的毁伤效应的三个过程,分别用防吸收成功概率、防耦合成功概率、防破坏成功概率作为三个过程的防护效能指标,则

$$P_{\mathrm{dch}}=P_1+(1-P_1)P_2+(1-P_1)(1-P_2)P_3 \tag{10.50}$$

式中:P_1 为防吸收成功概率;P_2 为防耦合成功概率;P_3 为防破坏成功概率。

对于突防阶段的导弹主要的电磁脉冲防护措施就是屏蔽,屏蔽的效果可由屏蔽效能来表示。屏蔽效能(Shielding Efficiency,SE)定义为未加屏蔽时某一点

测得的场强 E_0 和 H_0 与加屏蔽后同一点测得的场强 E_s 和 H_s 之比，屏蔽效能越大表示屏蔽效果越好。

以分贝为单位时，对于电场有

$$SE = 20\log\left(\frac{E_0}{E_s}\right) \tag{10.51}$$

对于磁场有

$$SE = 20\log\left(\frac{H_0}{H_s}\right) \tag{10.52}$$

对导弹体采用喷涂、电镀和粘贴等薄膜屏蔽技术具有一定的阻止、降低电磁脉冲吸收、耦合作用，但是为了提高导弹的突防概率和作战效能，这还不够。对于一些敏感的电子设备，还应加连续屏蔽体如屏蔽机箱、屏蔽小室等。分析屏蔽体的屏蔽效能一般从三个方面考虑，如式(3.16)所示。根据 Schelkunoff 的平面波屏蔽理论，在板厚度远小于平面波波长的情况下，无限大金属板对平面波的吸收损耗为

$$A = 20\log(e^{\frac{t}{\delta}}) = 8.686\frac{t}{\delta} \tag{10.53}$$

式中：δ 为趋肤深度，$\delta = \frac{1}{\sqrt{\pi f \mu \sigma}} = \frac{6.6305}{\sqrt{f \mu_r \sigma_r}}$；$f$ 为电磁波频率(Hz)；t 为金属板的厚度(cm)；μ_r 为金属板的相对空气介质的磁导率；σ_r 为金属板相对铜的相对电导率。

由式(10.53)可以看出，金属板的$\frac{t}{\delta}$越大，则吸收损耗 A 就越大，即吸收损耗与相对趋肤深度的屏蔽层的厚度有关。

电磁波由空气传播到无限大金属表面引起的反射过程可用与传输线相似的方法来比拟，由此引起的发射损耗如下。

远场，平面波电磁波为

$$R = 168 + 10\log\left(\frac{\sigma_r}{\mu_r f}\right) \tag{10.54}$$

近场，电场源为

$$R = 322 + 10\log\left(\frac{\sigma_r}{\mu_r f^3 r^2}\right) \tag{10.55}$$

近场，磁场源为

$$R = 14.57 + 10\log\left(\frac{\sigma_r f r^2}{\mu_r}\right) \tag{10.56}$$

式中：r 为辐射源到屏蔽体的距离，其他符号定义同上面一样。金属板多次反射

损耗修正项 B 与吸收损耗 A 有关，其表达式为

$$B = 20\log(1 - 10^{-0.1A}) \tag{10.57}$$

由此可以看出，对于$\frac{t}{\delta}$很大（即吸收损耗 A 很大）的金属板，多次反射修正项 $B \to 0$，可以不予考虑；但对于低频，$\frac{t}{\delta}$很小（即吸收损耗 A 很小）时，就必须考虑多次反射损耗修正项。

2. 基于模糊综合评判的电磁脉冲武器攻击防护效能评估

（1）建立因素集。由于电磁脉冲武器对电子设备的毁伤不仅有软毁伤还有硬毁伤，本身关于电磁脉冲武器的毁伤程度就难以度量，目前很难从理论上就电磁脉冲武器对某个具体电子设备的作战效能进行准确的评估。影响防护效果的因素很多，不仅与防护措施有关还与武器本身的基本参数有关，需要在接近实战的条件下进行大量的实验。这里简化认为所要评价的防护效能是一个模糊集 U，它由三个指标 u_1、u_2、u_3 组成，即

$$U = \{u_1, u_2, u_3\} = \{\text{机动变轨能力，屏蔽能力，加固能力}\} \tag{10.58}$$

机动能力和屏蔽能力的评价见前面单项效能的分析，加固能力是指在系统设计时采用抗电磁脉冲强的材料和设计、对所有进入系统的导电通路加装电磁抑制器件等措施的防护能力，由于对系统采取加固措施有可能牺牲系统的其他使用性、效能，还可能增加费用，因此这里的加固能力是在权衡了得失以后加固措施对提高导弹电磁脉冲防护效能的贡献能力。

（2）建立备择集。反电磁脉冲武器防护效能是指在对方一定攻击模式和一定攻击强度下我方的防护效果，因此要评价导弹在突防时的电磁脉冲防护效能，还应该把对方的攻击因素考虑在内，而不应只考虑己方武器的性能。因此，在进行模糊综合评判时，建立在一定作战条件下我方导弹武器的受损程度作为备择集。

假设对方使用的电磁脉冲武器为常规电磁脉冲武器——电磁脉冲弹，携带武器为各种地空导弹，对方的火力强度一般，攻击密度较低。在这种情况下根据美军提出的电磁脉冲武器作战效果或者杀伤等级“D4”概念，建立如下备择集：

$$V = \{v_1, v_2, v_3, v_4, v_5\} = \{\text{摧毁，破坏，削弱，拒止，完好无损}\} \tag{10.59}$$

式中：摧毁（Destroy）是指照射功率密度在 1 ~ 10kW/cm^2 之间，可对敌方武器系统造成致命且永久性的破坏，敌方若要恢复系统功能则需全面替换整个系统、设备以及硬件；破坏（Damage）是指照射功率密度在 10 ~ 100W/cm^2 之间，造成敌方的武器系统、或次系统中等程度的伤害，此效应产生的影响可能是永久性的，至于影响多大则视攻击的状况以及敌方判断、替换、修复系统的能力而定；削弱（Degrade）是指照射功率密度在 0.01 ~ 1W/cm^2 之间，造成系统进入死锁或保护状态而关机，必

须重新开机或进行维修;拒止(Deny)是指照射功率密度在 1 ~0.01W/cm^2 之间,暂时性造成敌方装备不能正常工作,干扰源消失后,系统恢复正常。

(3) 建立单因素评判矩阵。单因素评判是从 U 到 V 的一个模糊映射 $f:U\to V$,即

$$u_i \to f(u_i) = (r_{i1}, r_{i2}, r_{i3}, r_{i4}, r_{i5}) \in F(V) \qquad i = 1,2,3 \tag{10.60}$$

模糊映射 f 确定的模糊矩阵为

$$\boldsymbol{R} = \begin{bmatrix} r_{11} & r_{12} & r_{13} & r_{14} & r_{15} \\ r_{21} & r_{22} & r_{23} & r_{24} & r_{25} \\ r_{31} & r_{32} & r_{33} & r_{34} & r_{35} \end{bmatrix} \tag{10.61}$$

(4) 建立权重集。

① 构造两两比较判断矩阵。根据这三个指标对突防导弹电磁脉冲防护能力的贡献度,构造两两比较判断矩阵 $\boldsymbol{A}$,即

$$\boldsymbol{A} = \begin{bmatrix} a_{11} & a_{12} & a_{13} \\ a_{21} & a_{22} & a_{23} \\ a_{31} & a_{32} & a_{33} \end{bmatrix} \tag{10.62}$$

标度的含义见表 10.1。

表 10.1　标度的含义

标　度	含　义
1	表示两个元素相比,具有同样重要性
3	表示两个元素相比,前者比后者稍重要
5	表示两个元素相比,前者比后者明显重要
7	表示两个元素相比,前者比后者强烈重要
9	表示两个元素相比,前者比后者极端重要
2、4、6、8 的倒数	表示上述相邻判断的中间值
	若元素 u_i 与元素 u_j 的重要性之比为 a_{ij},那么 u_j 与 u_i 的重要性之比为 $\frac{1}{a_{ij}}$

② 计算权重向量。由于判断矩阵 $\boldsymbol{A}$ 的阶数比较低(3 阶),此处采用根法(几何平均法)将矩阵 $\boldsymbol{A}$ 的各行向量采用几何平均,然后归一化,得到的行向量就是权重向量 $\boldsymbol{W}$,即

$$w_i = \frac{\left(\prod_{j=1}^{3} a_{ij}\right)^{\frac{1}{n}}}{\sum_{k=1}^{3}\left(\prod_{j=1}^{3} a_{kj}\right)^{\frac{1}{n}}} \qquad i = 1,2,3 \tag{10.63}$$

$$W=(w_1,w_2,w_3) \tag{10.64}$$

计算步骤为：矩阵 $\boldsymbol{A}$ 的元素按列相乘得一个新向量；将新向量的每个分量开 n 次方；将所得向量归一化后即为权重向量。

③ 一致性检验。第一步：计算矩阵的最大特征值。

$$\lambda_{\max}=\sum_{i=1}^{3}\frac{(AW)_i}{3w_i}=\frac{1}{3}\sum_{i=1}^{3}\frac{\sum_{j=1}^{3}a_{ij}w_j}{w_i} \tag{10.65}$$

第二步：计算一致性指标 C. I.（Consistency Index）。

$$\text{C. I.}=\frac{\lambda_{\max}-3}{3-1} \tag{10.66}$$

第三步：计算一致性比列 C. R.（Consistency Ratio）。

$$\text{C. R.}=\frac{\text{C. I.}}{\text{R. I.}} \tag{10.67}$$

当 C. R. <0.1 时，认为判断矩阵的一致性可以接受，否则对判断矩阵做适当修正。其中 R. I.（Random Index）为平均随机一致性指标，可以通过查表 10.2 获得。

表 10.2　平均随机一致性指标

矩阵阶数	1	2	3	4	5	6	7	8	9	10
R. I.	0	0	0.52	0.89	1.12	1.26	1.36	1.41	1.46	1.49

（5）进行模糊运算得到模糊综合评判集并进行评判。模糊综合评判集为

$$\boldsymbol{B}=\boldsymbol{W}\cdot\boldsymbol{R}=(w_1,w_2,w_3)\begin{bmatrix} r_{11} & r_{12} & r_{13} & r_{14} & r_{15}\\ r_{21} & r_{22} & r_{23} & r_{24} & r_{25}\\ r_{31} & r_{32} & r_{33} & r_{34} & r_{35}\end{bmatrix}=(b_1,b_2,b_3,b_4,b_5) \tag{10.68}$$

根据 b_1、b_2、b_3、b_4、b_5 的值计算电磁脉冲弹对导弹（弹头）的毁伤概率，即

$$P_{hs}=(b_1+b_2+b_3+b_4)\times 100\% \tag{10.69}$$

其中，对导弹造成摧毁和破坏占总毁伤概率的比率为

$$\frac{b_1+b_2}{P_{hs}}\times 100\% \tag{10.70}$$

类似还可以根据需要计算出拒止、削弱占总毁伤概率的比率，以及完好无损的概率，以便对导弹突防时的电磁脉冲防护效果作出一个比较客观的评价。

10.5.3　导弹突防中的电子战防护效能评估模型

为了分析导弹的突防电子战防护效能，必须建立对抗数学模型并形成在电

子战环境下的突防能力指标,取导弹突防敌反导防御系统的概率 $P_{突防}$ 作为这项指标。假设对方反导系统主要采取电子干扰和电磁脉冲武器两种电子攻击方式对导弹实施拦截,则

$$P_{突防} = P_{tdzgr} \cdot P_{tdcmc} \tag{10.71}$$

式中:P_{tdzgr} 为导弹在对方电子干扰下的突防概率;P_{tdcmc} 为导弹在对方电磁脉冲武器攻击下的突防概率。

关于 P_{tdzgr} 的计算参见10.5.1节,此处主要讨论 P_{tdcmc} 的计算。由于导弹突防和被拦截是一完备事件,则

$$P_{tdcmc} = 1 - P_{ldcmc} \tag{10.72}$$

式中:P_{ldcmc} 为被对方电磁脉冲武器拦截的概率,由于导弹是精确制导武器,只要电磁脉冲武器对导弹有毁伤(包括硬毁伤和软毁伤)便认为拦截成功。

于是,计算导弹的突防概率 P_{tdcmc} 可以转化为计算导弹被拦截的概率。反导系统的射击过程包括发现目标、准备发射、发射、制导、毁伤的顺序过程(如前面讨论,电磁脉冲武器由地空导弹携带,故而其攻击过程也符合这里的顺序过程),导弹被拦截概率的确定就是这些阶段事件出现的概率。如果反导防空导弹系统的工作过程中发生的事情是相互独立的,那么拦截概率为

$$P_{ldcmc} = P_{fx} P_{fs} P_{zd} P_{hs} \tag{10.73}$$

式中:P_{fx} 为反导系统发现导弹的概率;P_{fs} 为反导系统可发射的概率;P_{zd} 为反导系统可制导的概率;P_{hs} 为电磁脉冲弹毁伤导弹的概率。

(1) 反导系统发现导弹的概率 P_{fx} 的计算。反导系统发现导弹的概率 P_{fx} 与许多因素有关,不仅与对方的侦察搜索设备技术性能有关,还与导弹的相关参数及反侦察措施有关,但主要取决于导弹运动时,反导系统搜索设备的工作和准备时间,同时也取决于作为随机变量的发现时间。这些数值为指数分布时,搜索概率可简化为

$$\widetilde{P}_{fx} = \frac{\bar{t}_H}{t_o + t_H} \tag{10.74}$$

式中:$\bar{t}_H$ 为导弹在反导防御区运动时反导系统搜索设备准备及工作的平均时间;$\bar{t}_o$ 为平均搜索时间。

(2) 反导系统可发射概率 P_{fs} 的计算。反导系统可发射的概率取决于弹道从被发现到飞入反导系统毁伤区的时间,反导系统用于准备发射和发射电磁脉冲武器消耗的时间,这些都是不确定值,假设它们为指数分布,则反导系统可发射的概率可简化为

$$\widetilde{P}_{fs} = 1 - \frac{\bar{t}_p}{\bar{t}_a} \tag{10.75}$$

式中：$\overline{t_a}$为导弹被发现到飞入反导系统毁伤区的平均时间；t_p为反导系统平均工作时间。

（3）反导系统可制导概率P_{zd}的计算。与可发射概率的计算类似，有

$$\widetilde{P}_{zd}=1-\frac{\overline{t_B}}{t_c} \tag{10.76}$$

式中：$\overline{t_c}$为导弹在反导系统毁伤区的平均存在时间；$\overline{t_B}$为电磁脉冲武器从发射到使得导弹在其毁伤范围内的平均运动时间。

（4）电磁脉冲弹毁伤概率P_{hs}的计算见式(10.70)。

10.6 机动导弹系统综合电子战防护效能总体评估模型

通过前面对机动导弹武器系统在综合电子战环境下各作战阶段单项电子战防护效能的分析、计算，可以得到导弹武器系统发射前的电子战防护效能、飞行过程中的电子战防护效能以及突防时的电子战防护效能。由于三者相互关联，而且任一效能的变化都会对总的导弹武器系统综合电子战防护效能产生很大的影响，该模型属于不可偏废型，故而采用三者的乘积来表示导弹武器系统的综合电子战防护效能并建立模型，即

$$E_{综合}=E_{射前}\cdot E_{飞行}\cdot E_{突防} \tag{10.77}$$

式中：$E_{综合}$为导弹武器系统综合电子战防护效能；$E_{射前}$为导弹武器系统发射前电子战防护效能；$E_{飞行}$为导弹武器系统飞行过程中的电子战防护效能；$E_{突防}$为导弹武器系统突防时的电子战防护效能。

为了计算方便，可以选取导弹武器系统在综合电子战环境下各个阶段完成作战任务的概率，作为$E_{射前}$、$E_{飞行}$、$E_{突防}$的评价指标。例如，$E_{射前}$取导弹武器系统针对可能遭受的电子战威胁，采取一系列电子战防护措施后的成功发射概率$P_{射前}$作为评价指标；$E_{飞行}$可以采取隐身及抛撒诱饵等防护措施后，不被发现不被拦截的概率$P_{飞行}$作为评价指标；$E_{突防}$则可以用在对方的电子侦察、电子干扰和电磁脉冲武器攻击下导弹的突防概率$P_{突防}$来度量。最后得到的导弹武器系统综合电子战防护效能即是导弹武器系统在综合电子战威胁下成功完成作战任务的概率P_{zhfh}，与不采取防护措施时导弹武器系统完成作战任务的概率P_{wfh}相比较，即

$$A=\frac{P_{\mathrm{zhfh}}}{P_{\mathrm{wfh}}} \tag{10.78}$$

根据比值A的的大小，便可得到防护效能的等级，如当$A\geqslant 2$时，可认为防护效果好；当$1<A<2$时，可认为防护效果一般；当$A\leqslant 1$时，可认为防护效果差，

即防护措施没有发挥作用或者还有可能降低了导弹武器系统本身的一些使用性或者效能。

10.7 本章小结

本章首先明确了导弹武器系统综合电子战防护效能的概念:导弹武器系统在综合电子战环境下、整个作战过程当中,导弹武器系统反电子侦察、反电子干扰、反电子毁伤防护的防护效能;接着建立了导弹武器系统综合电子战防护效能评估指标体系,在此基础上建立了导弹阵地反电子侦察能力评估模型、导弹飞行过程中反地面雷达侦察能力评估模型、导弹突防阶段反电子干扰能力评估模型、导弹抗电磁脉冲武器攻击能力评估模型以及导弹武器系统综合电子战防护效能总体评估模型。这些模型较好地反映了防护措施的防护效果,体现了在综合电子战环境下电子防护对提高导弹武器系统生存能力和作战效能的作用,有力地说明了在复杂电磁环境下有效的电子防护是保存自己、达成作战目的的基础;反之,没有有效的电子防护,再先进的武器系统也只会变成一堆废铁。

第 11 章　机动导弹系统综合电子战生存防护策略分析

本章在第 10 章的基础上，运用所建立的各种电子战防护效能评估模型，针对机动导弹武器系统面临的具体的电子战威胁，对导弹武器系统综合电子战防护策略进行分析与设计，并通过计算机仿真实验获得有益的分析结果。

11.1　导弹阵地电子战防护策略分析

正如前面章节所指出的：在综合电子战环境下，导弹阵地主要的电子战威胁是来自空中和空间的电子侦察，一旦被侦察定位就有可能遭受远程毁灭性的打击。为了提高导弹武器系统的生存能力和作战效能，必须对导弹阵地进行有效电子防护，使其具有持久生存能力和效能。影响导弹阵地反电子侦察防护效能的不仅有单项防护措施的防护效能，还有防护措施的数量，通过分析导弹阵地的反电子侦察防护策略，对防护方案提出改进，可以减少费用，提高电子防护的效费比。

导弹阵地反电子侦察防护策略分析

假设某导弹阵地为了对抗电子侦察（主要是电子侦察卫星的侦察），采取了一系列的反电子侦察技术策略，主要有：

（1）运用 6 个电子假目标对电子侦察卫星实施欺骗性干扰。

（2）运用伪装体和烟幕等实现光学隐蔽。

（3）修建地下有线通信网以及采用屏蔽室的方法对电磁信号进行屏蔽。

（4）采取机动发射的方式规避电子侦察卫星的侦察、定位。

（5）3 台大功率的电子干扰机对电子侦察卫星实施噪声干扰。

（6）通过对电磁辐射进行管理控制实现某一时间段的电磁静默。

（7）其他反电子侦察的措施。

根据导弹阵地电子防护技术的装备情况，运用 10.1 节的相关模型计算，可以得到该导弹阵地反电子侦察能力的一系列要素，如表 11.1 所列。

将光电隐蔽能力、电磁屏蔽能力和地下有线通信能力参数，代入式(10.15)～式(10.17)，可以计算得到导弹阵地的隐蔽能力 $E_{yb}=0.8$。

应用层次分析法得到导弹武器系统的示假能力、隐蔽能力、机动能力、电磁静默能力、噪声干扰能力，以及其他反电子侦察能力在整个反电子侦察能力中的权重系数，即

$$(\lambda_{sj},\lambda_{yb},\lambda_{jd},\lambda_{jm},\lambda_{zs},\lambda_{qt})=(0.15,0.2,0.31,0.09,0.12,0.13)\quad(11.1)$$

表 11.1　某导弹阵地反电子侦察能力要素

序号	项目	参数
1	电子假目标示假能力	0.85
2	光电隐蔽能力	0.85
3	电磁屏蔽能力	0.7
4	地下有线通信能力	0.8
5	机动发射能力	0.9
6	电磁静默能力	0.7
7	噪声干扰能力	0.75
8	其他反电子侦察能力	0.6

将表 11.1 中的参数及各项反电子侦察防护措施的权重系数代入到式(10.13)中计算，就可以得到该导弹阵地反电子侦察的能力，即

$$E_{\text{反电子侦察}}=\lambda_{sj}E_{sj}+\lambda_{yb}E_{yb}+\lambda_{jd}E_{jd}+\lambda_{jm}E_{jm}+\lambda_{zs}E_{zs}+\lambda_{qt}E_{qt}=0.80\quad(11.2)$$

从上面的计算结果可以看出，该导弹阵地共运用了 7 种反电子侦察防护技术，其中电子假目标示假能力为 0.85，隐蔽能力为 0.8，机动发射能力为 0.9，电磁静默能力为 0.7，噪声干扰能力为 0.75，其他反电子侦察能力为 0.6，该导弹阵地运用一系列的反电子侦察防护措施后，导弹阵地的总体反电子侦察能力为 0.8，即如果电子侦察卫星对该阵地实施 10 次电子侦察的话，能够侦察发现的次数仅为 8 次。进一步分析可知：

（1）通过多种反电子侦察技术的综合使用该导弹阵地的反电子侦察能力比较强。

（2）该导弹阵地除了示假能力和机动发射能力较强以外，隐蔽能力、电磁静默能力、噪声干扰能力以及其他反电子侦察能力相比较而言还较弱，特别是其他反电子侦察措施的防护能力还要进一步加强。

（3）要提高导弹阵地的反电子侦察防护能力，必须提高各单项防护技术的防护效能，特别是多项反电子侦察技术的综合运用，可以大大提高导弹阵地的反电子侦察防护效能。

防护技术措施数量及有效性对电子防护效能的影响分析如下。

从上面的分析可以看到，多种防护措施的综合运用往往可以事半功倍，有利

于提高导弹阵地的反电子侦察能力，从而降低对方对导弹阵地的侦察探测能力。然而，当采用反侦察防护措施时，不能忽略对方也可能相应的采取更多的电子侦察措施，如电子侦察卫星、无人侦察机、有人侦察机等多种电子侦察手段的综合运用，增加电子侦察设备的数量等。因此，在考虑导弹阵地反电子侦察能力提高时，必须考虑对方电子侦察措施的运用会使导弹阵地反电子侦察能力产生负增长的可能。那么对于一定的作战要求，导弹阵地应该采取什么样的反侦察防护措施、应该采取多少种防护措施，下面通过对导弹阵地反电子侦察能力的提高分析，得到导弹地的反电子侦察防护策略。

选用发现概率 P_0 作为电子侦察能力指标，隐蔽概率 Q_0 作为导弹阵地反电子侦察能力指标，则

$$P_0 + Q_0 = 1 \tag{11.3}$$

式(11.3)说明如果导弹阵地的反侦察能力强，则对方的电子侦察能力弱。特别地，如果对方没有侦察措施，那么导弹阵地完全处于隐蔽状态，即 $Q_0 = 1$。设采用第 k 项($k = 1, 2, \cdots, n$)反侦察措施，导弹阵地的反侦察能力增加 ΔQ_{fk}，对方相应的侦察措施使得侦察能力增加 ΔP_{fk}，则导弹阵地的反侦察能力变化量为

$$\Delta Q_k = \Delta Q_{fk} - \Delta P_{zk} \tag{11.4}$$

从式(11.4)可以看出，如果导弹阵地的反侦察能力增加小于对方相应的侦察能力的增加，那么 $\Delta Q_{fk} - \Delta P_{zk} < 0$，即导弹阵地反电子侦察能力出现负增长。

式(11.4)可以简化为

$$\Delta Q_k = \alpha_k Q_{k-1} - \beta_k P_{k-1} \tag{11.5}$$

式中：α_k、β_k($\alpha_k \geqslant 0, \beta_k \geqslant 0$)为折算系数，为了简化讨论，认为 $\alpha_k + \beta_k = 1$，由双方对抗措施的技术性能和匹配度决定。

进一步假设一种反电子侦察防护措施只能对抗一种电子侦察措施，则如果已知反电子侦察措施的数量 I，由式(11.5)可以推出：采用第 k 项($k = 1, 2, \cdots, I$)反电子侦察措施后，导弹阵地的反电子侦察能力可以写成如下的递推公式，即

$$Q_k = Q_{k-1} + \alpha_k Q_{k-1} - \beta_k P_{k-1} \quad k = 1, 2, \cdots, I \tag{11.6}$$

对于一定的作战要求，如当隐蔽概率 $\geqslant Q$ 时认为导弹阵地是安全的，那么导弹阵地至少应采取的反侦察防护措施数量为

$$n = \begin{cases} I & Q_I \geqslant Q \\ I + t & Q_I < Q \end{cases} \tag{11.7}$$

式中：Q_I 为式(11.6)中令 $k = I$ 计算所得；t 可以根据以下计算得到。

令：

$$Q_{I+i} = Q_{I+(i-1)} + \alpha_{k+i} Q_{I+(i-1)} \tag{11.8}$$

式中：i 为 $\geqslant 1$ 的整数。若 $Q_{I+i} \geqslant Q$，则记 $t = i$；否则，重复上面的工作，直到 $Q_{I+i} \geqslant$

Q,最终可以确定 t。

根据以上的分析讨论,在一种反电子侦察措施只能对抗一种侦察措施的情况下,当对方的电子侦察措施数量 I 已知时,计算导弹阵地满足一定作战要求最少必需的反电子侦察措施数量,可以归纳为以下几个步骤。

(1) 根据初始条件,计算 I 种反电子侦察措施对抗 I 中侦察措施后导弹阵地的隐蔽概率,根据式(11.6)判断隐蔽概率是否满足作战要求,若是则记 $n=I$,并记录所用反侦察防护措施类型,否则转入下一步。

(2) 增加反电子侦察防护措施,计算增加防护措施后导弹阵地隐蔽概率,并根据式(11.8)判断是否满足作战要求,若是则转入下一步,否则重复步骤(2)的工作。

(3) 记增加数量 t,并记录防护措施类型。

(4) 记 $n=I+t$,根据不同的作战要求,得到导弹阵地最少必需反电子侦察防护措施数量。

图 11.1 所示为在一定初始条件下,满足给定作战要求,导弹阵地最少必需反电子侦察防护技术措施数量计算的流程图。

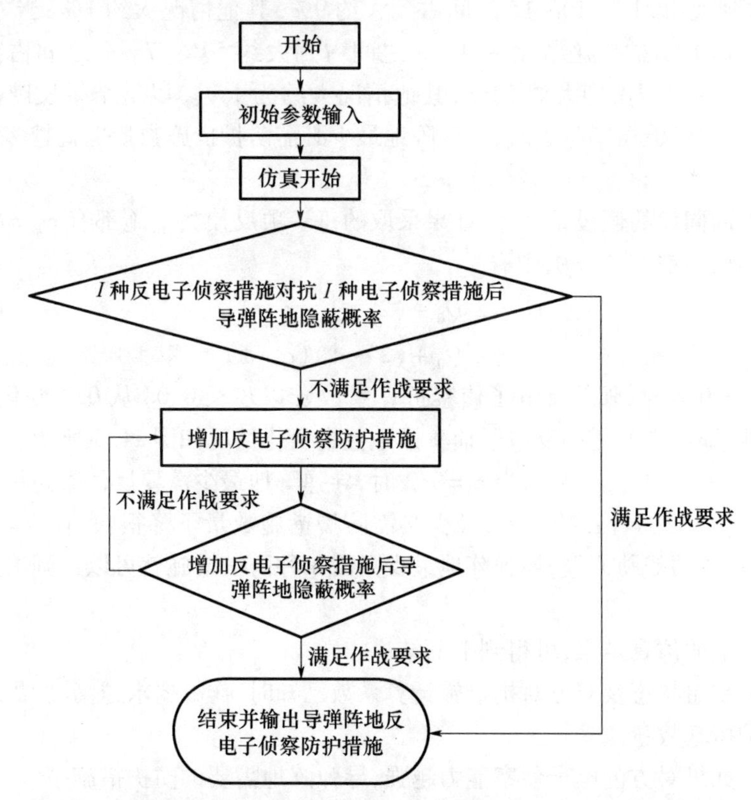

图 11.1　计算导弹阵地最少必需反电子侦察防护技术措施数量流程图

假设初始状态时 $Q_0=0.4$,$P_0=0.6$,有 1 颗电子侦察卫星和 3 架无人电子侦察机对导弹阵地实施电子侦察。用蒙特卡罗随机模拟的方法对 $Q=0.8$ 时和 $Q=0.9$ 时导弹阵地所需反电子侦察防护措施数量模拟 1000 次,得到的仿真结果如图 11.2 所示。

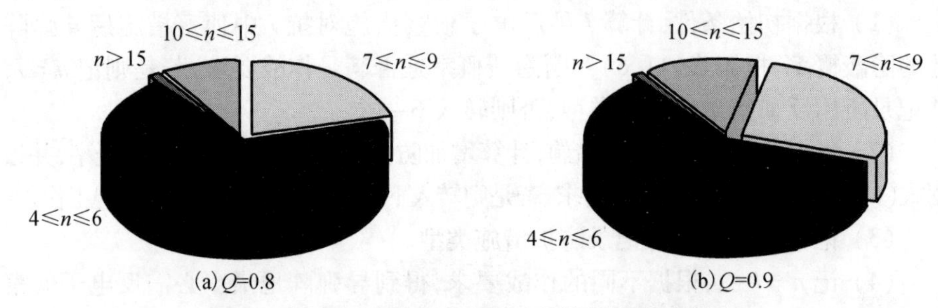

(a) Q=0.8　　(b) Q=0.9

图 11.2　不同作战要求所需防护措施数量对比图

其中,当 $Q=0.8$ 时最少必需防护措施数量在 4 ~ 6 之间占到大约 69%,7 ~ 9 之间占到大约 21%,10 ~ 15 之间占到大约 9%,其他情况大约 1%;当 $Q=0.9$ 时最少必需的防护措施数量在 4 ~ 6 之间占到大约 59%,7 ~ 9 之间占到大约 27%,10 ~ 15 之间占到大约 13%,其他情况大约为 1%。以上结果反映出作战要求越高,即隐蔽概率越大时,导弹阵地最少必需防护措施数量也就越多的客观事实。

在上面同样的假设条件下,如果采取的每一项反侦察措施都有 $\alpha_k=\alpha$,而每一项侦察措施都有 $\beta_k=\beta$,则有

$$Q_n=2^nQ_0+(2^n-1)(\alpha-1) \tag{11.9}$$

$$Q_4=2^4Q_0+(2^4-1)(\alpha-1) \tag{11.10}$$

当 $Q=0.8$ 时,随着反电子侦察折算系数 α 以步长 0.04 从 0.2 变化到 0.8 时,导弹阵地最少所需的反电子侦察措施数量变化情况如图 11.3 所示。

从图 11.3 中容易看出,当 $\alpha=0.2$ 时,导弹阵地最少需要反侦察防护措施的数量大约为 13;随着 α 的增大,最少必需防护措施数量下降很快,在 $\alpha=0.6$ 左右,对于上述的威胁假设,导弹阵地最少只需 4 种防护措施就可以达到给定的作战要求。

由以上的仿真结果,可得到下面结论:

(1) 初始状态及双方对抗措施折算系数已知时,作战要求越高,所需反电子侦察防护措施数量越多。

(2) 如果对方的电子侦察能力越强,导弹阵地需要的防护措施越多。

(3) 提高单项防护技术措施的效能,可以减少导弹阵地所需防护措施的

数量。

（4）单项防护技术措施效能不高时，综合运用多项防护技术措施可以大大提高导弹阵地的反电子侦察防护效能。

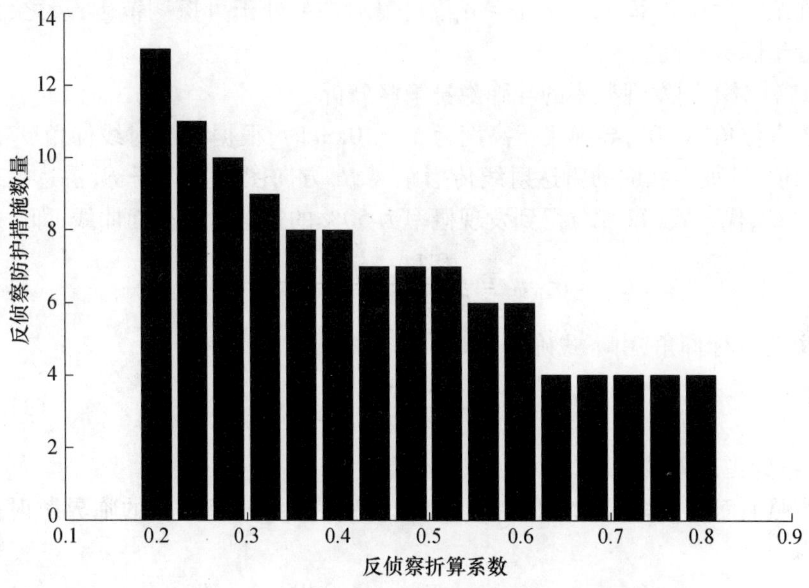

图 11.3　反侦察措施数量与折算系数关系图

11.2　导弹飞行过程中的电子战防护策略分析

本节首先采用临界仰角法计算导弹在一部具体地面雷达作用下的纵向逼近距离，对导弹在飞行过程中的隐身策略进行分析；接着对导弹飞行过程中反侦察过程进行仿真，得到一些有意义的结论。假设对方使用的是一部三坐标对空警戒雷达，主要的性能参数如下：

中心频率：$f = 1200\text{MHz}$（波长 $\lambda = 0.25\text{m}$）

极化方式：水平

最大作用距离：400km

天线高度：30m

垂直波瓣宽度：$\theta_b = 3°$

仰角最大扫描范围：0° ~90°

水平扫描范围：360°

导弹在不同方位角时雷达散射截面随仰角的变化关系为

$$\sigma = f(\theta) \tag{11.11}$$

雷达对处于不同仰角时的目标的探测能力，即临界散射截面曲线为

$$\sigma_{cr} = g(\theta) \tag{11.12}$$

在某一发现概率下，如果 $\sigma \geqslant \sigma_{cr}$，则表示导弹处于可探测范围；反之，认为导弹处于隐身范围。

1. 针对不同发现概率的导弹隐身策略分析

当方位角 $\varphi = 0°$，导弹飞行高度为 $h_t = 10\text{km}$ 时，根据雷达射线仰角 θ_a 的一系列取值，计算出相应的雷达射线传播距离 R，方向图传播因子 F，雷达系统特征常数 C_s，代入式(11.12)得到发现概率为50%的雷达散射截面曲线，即

$$\sigma_{cr(50)} = \frac{R^4 L_\alpha}{C'_{s(50)} F^4} = g_{(50)}(\theta) \tag{11.13}$$

式中：θ 为目标仰角，由下式确定，即

$$\theta = \arccos\left(\frac{8493 + h_a}{8493 + h_t}\cos\theta_a\right) \tag{11.14}$$

式中：h_a 为雷达天线高度；h_t 为导弹飞行高度。

仿照上面的方法，类似可得发现概率分别为25%，95%时的临界散射截面曲线为

$$\sigma_{cr(25)(\text{dBm}^2)} = \sigma_{cr(50)(\text{dBm}^2)} - 3.2\text{dB} = g_{(25)}(\theta) \tag{11.15}$$

$$\sigma_{cr(95)(\text{dBm}^2)} = \sigma_{cr(50)(\text{dBm}^2)} + 11.5\text{dB} = g_{(95)}(\theta) \tag{11.16}$$

将这些曲线绘制在同一坐标平面内，如图11.4所示。

从图11.4中不难看出，发现概率分别为50%、25%、95%时，临界仰角分别为8.05°、7.08°、14.7°，将 $\theta_{cr(\varphi=0°)} = 8.05°$、$\theta_{cr(\varphi=0°)} = 7.08°$、$\theta_{cr(\varphi=0°)} = 14.7°$代入式(10.28)计算得相应的纵向逼近距离为72.9km、83.8km、38.3km。如果规定当发现概率≤50%时，导弹处于隐身状态，否则处于可探测状态，那么当 $\theta_{cr(\varphi=0°)} = 8.05°$时因为相应的纵向逼近距离为72.9km，即当导弹沿着高度为10km的弹道飞向雷达时，可以一直飞到距离雷达72.9km时才可能被发现。可见，当导弹飞行高度一定时，纵向逼近距离由临界仰角决定。如果知道对方的雷达性能参数，即知道雷达临界散射截面曲线，可以通过采取隐身措施改变导弹导弹散射截面随仰角变化的曲线来改变两条曲线的交点（临界仰角），以获得较小的纵向逼近距离。现代各种新技术的应用使得雷达的探测效能大大提高，对隐身措施提出更高的要求，要求电子战防护方拥有更高的隐身性能。

2. 诱饵组数及发射时间策略分析

为了简化讨论，认为导弹在整个飞行阶段的飞行轨迹是一条平面直线，不妨进一步假设，导弹在距离地面90km的高空向着雷达方向以500m/s的速度做匀速

直线运动，整个飞行阶段所需时间为1000s，这里为了计算方便取导弹位于雷达最大作用距离时的时间为飞行阶段起始时间。那么，随着时间的增大，导弹到雷达之间的距离越来越近，雷达对导弹的可探测概率逐渐增大，如图11.5、图11.6所示。其中，图11.5显示了导弹在没有隐身措施时雷达的可探测概率与时间关系，图11.6显示了导弹采取隐身措施后雷达的可探测概率与时间关系。

如果规定探测概率小于0.5时导弹处于隐身状态，否则处于可探测状态，那么从图11.5、图11.6中不难看出，没有隐身措施时，在385s以前导弹处于隐身状态，在385s以后导弹处于可探测状态，即隐身时间为385s；采取隐身措施以后，缩小了导弹的RCS，隐身时间延长，在693s以前导弹处于隐身状态，在693s以后导弹处于可探测状态，隐身时间为693s。根据式(10.36)容易得到采取隐身措施前导弹隐身成功的概率为$P_{ysq}=0.385$，采取隐身措施后隐身成功的概率为$P_{ysh}=0.693$。假设雷达误把诱饵当成导弹进行识别跟踪的概率为0.8，每一组诱饵的有效时间为100s(从雷达把诱饵当成导弹识别跟踪到发现被欺骗而重新跟踪导弹之间所需要的时间)。

采取反雷达侦察防护措施后的防护效能为

$$p_{\text{飞行}fzc}=p_{ys}+(1-p_{ys})p_{ye}=0.693+0.307\times0.8=0.94 \tag{11.17}$$

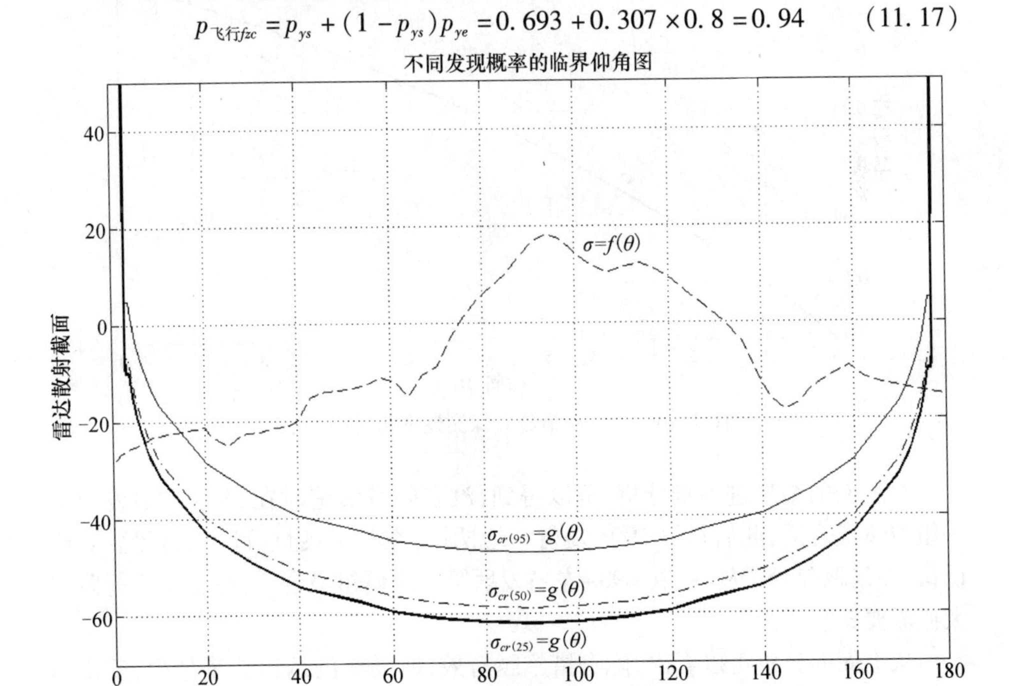

图11.4　不同发现概率的临界仰角图

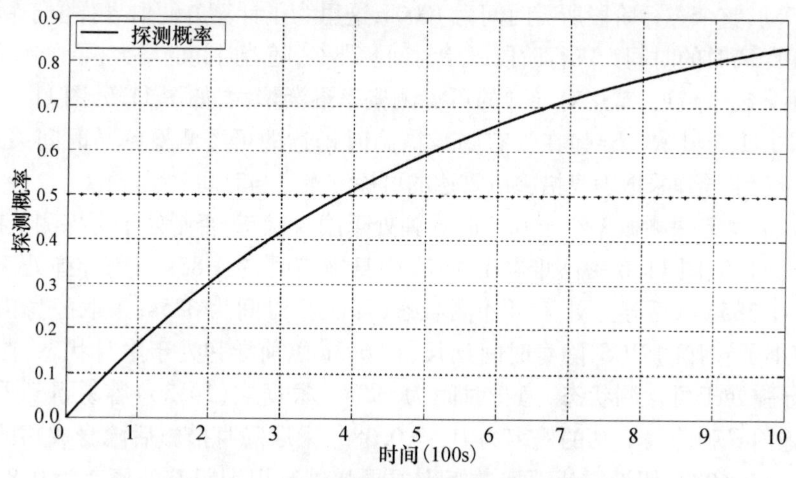

图 11.5 无隐身措施时探测概率与时间关系

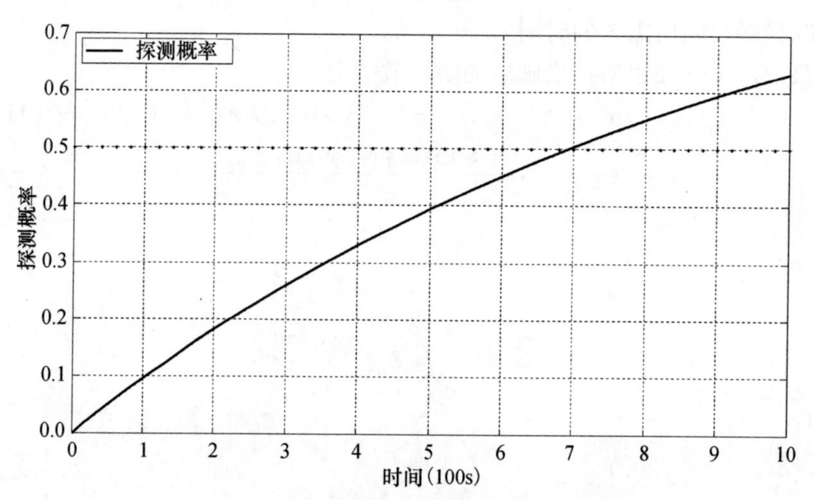

图 11.6 有隐身措施时探测概率与时间关系

对上面的结果进一步分析,可以得到,没有隐身措施时在 385s 左右发射第一组诱饵最合适,此后每隔 100s 发射一组诱饵,在整个飞行阶段大概需要 6 组诱饵;而采取隐身措施后,在 693s 左右发射第一组诱饵最合适,在整个飞行阶段大概需要 3 组诱饵。

从上面的分析可以看出,隐身措施越有效,所需要的诱饵数量越少,反雷达侦察防护效果也就越好,同时提高隐身措施的"隐真"效能和诱饵的"示假"效能可以大大提高导弹在飞行过程中反侦察防护效能,如图 11.7 所示。

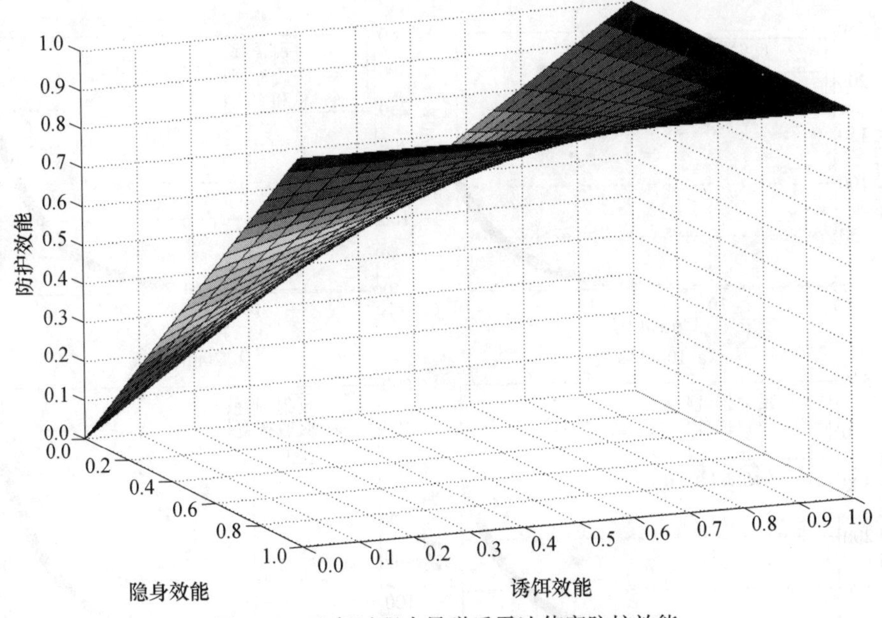

图 11.7　飞行过程中导弹反雷达侦察防护效能

11.3　导弹突防中的电子战防护策略分析

关于抗电子干扰的防护策略在许多文献中都有论述，这里重点对导弹突防时防电磁脉冲武器攻击的防护策略进行分析。

1. 反电磁脉冲武器攻击屏蔽策略分析

式(10.16)以及式(10.53)～式(10.57)表明，屏蔽体的吸收损耗与屏蔽材料的材质、厚度及辐射源的频率有关，而与辐射源的距离无关；反射损耗与屏蔽体的材质、辐射源的频率、距离、类型有关，与屏蔽材料的厚度无关；多次反射损耗在吸收损耗很大时可以忽略不计，此时屏蔽效能可以认为就是反射损耗与吸收损耗的和。

下面以铜为例，来分析屏蔽效能与屏蔽体厚度及辐射源频率的关系，如图 11.8所示。图 11.8 中绘出了从 10～40mil（$1\text{mil} \approx 0.254 \times 10^{-4}\text{m}$）不同厚度的铜材料（$\mu_r = 1, \sigma_r = 1$）的屏蔽效能与辐射源（平面波）频率的关系。

从图 11.8 中可以看出，反射损耗随着频率的增高而减小，吸收损耗随着频率的增高而增大，频率较低时反射损耗起到主要的屏蔽作用，随着频率的增高，从某一点开始起吸收损耗起到了主要的作用；随着屏蔽材料增厚，反射损耗保持不变，吸收损耗增加很快，总的屏蔽效能增加。

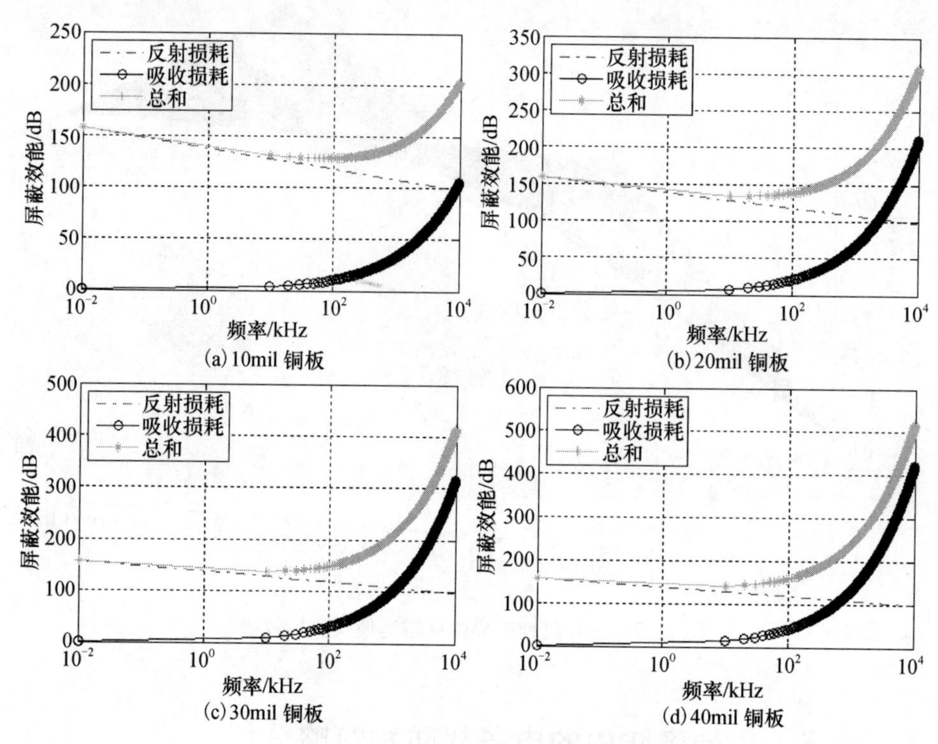

(a) 10mil 铜板

(b) 20mil 铜板

(c) 30mil 铜板

(d) 40mil 铜板

图 11.8 不同厚度铜材料的屏蔽效能

为了对比不同特性的材料屏蔽效能的差异，选取 20mil 厚的铜、铅（$\mu_r=1$，$\sigma_r=0.08$）、不锈钢（430）（$\mu_r=500$，$\sigma_r=0.02$）和超导磁合金（$\mu_r=100000$，$\sigma_r=0.03$），绘制出屏蔽效能与频率的关系图，如图 11.9 所示。

对图 11.9 进行分析可得，在频率 10Hz ~ 10MHz 之间铜和铅做成的屏蔽材料屏蔽效能主要体现在反射损耗上面，而不锈钢与超导磁合金的吸收损耗随着频率的增高而增加很快，在总的屏蔽效能中吸收损耗占主要部分。

导弹（弹头）在突防时可能遭受到电磁脉冲弹的攻击，电磁脉冲弹是一种常规电磁脉冲武器，在空气中的作用范围有限，因此有必要分析一下当辐射源与屏蔽体之间距离较近时屏蔽效能与频率的关系。分别取铜、铅、不锈钢（430）和超导磁合金屏蔽材料，在距离源 $r=5$m 和 $r=50$m 时，计算得反射损耗与频率的关系，如图 11.10 所示。

由图 11.10 可以看出，无论是电场还是磁场，在同一频段内铜、铅、不锈钢（430）和超导磁合金的反射损耗依次降低；同一种材料在同一频率下，反射损耗依赖于源的类型，在频率较低时电场源的反射损耗最大，平面波次之，磁场源的

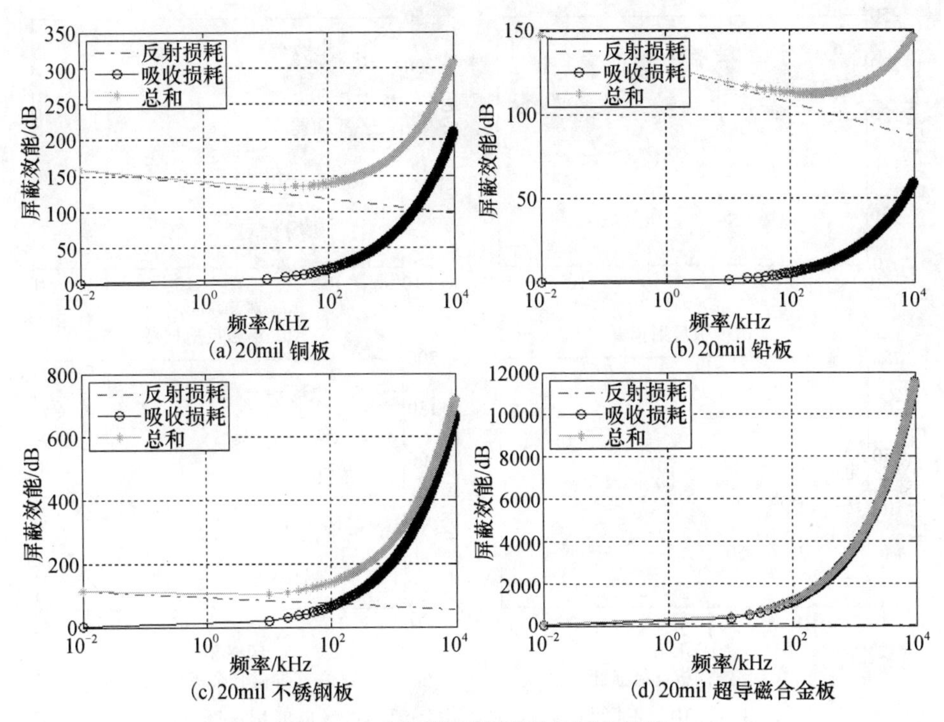

图 11.9　同厚度不同材料的屏蔽效能

反射损耗最小，电场源和平面波的反射损耗随着频率增高而减小，磁场的反射损耗随着频率增高而增大；电场源的反射损耗随着源与屏蔽体之间的距离减小而增大，磁场源的反射损耗随着源与屏蔽体之间的距离减小而减小。

由上面的分析可以得到以下的结论：

（1）要提高导弹武器系统在突防时反电磁脉冲武器攻击的屏蔽效能，必须对导弹在突防时可能面临的电子战威胁环境进行分析，以便决定采取怎样的屏蔽措施和屏蔽材料。

（2）不同材料对于不同频率和不同辐射源的屏蔽效能有所不同，可以结合对威胁环境的分析，采用多层复合材料来提高屏蔽效能。

除了采用新技术提高导弹武器系统的屏蔽效能以外，还要全面提高导弹的机动变轨能力和抗击加固能力，只有这样才能保证导弹在突防时有较高的反电磁脉冲武器攻击的防护效能，从而拥有较强的突防概率和作战效能。

2. 反电磁脉冲武器攻击策略分析

根据 10.5.2 节的讨论，在此运用模糊综合评判的方法，对导弹武器在突防过程中可能遭受电磁脉冲武器攻击的毁伤程度进行评估，通过对采取防护措施

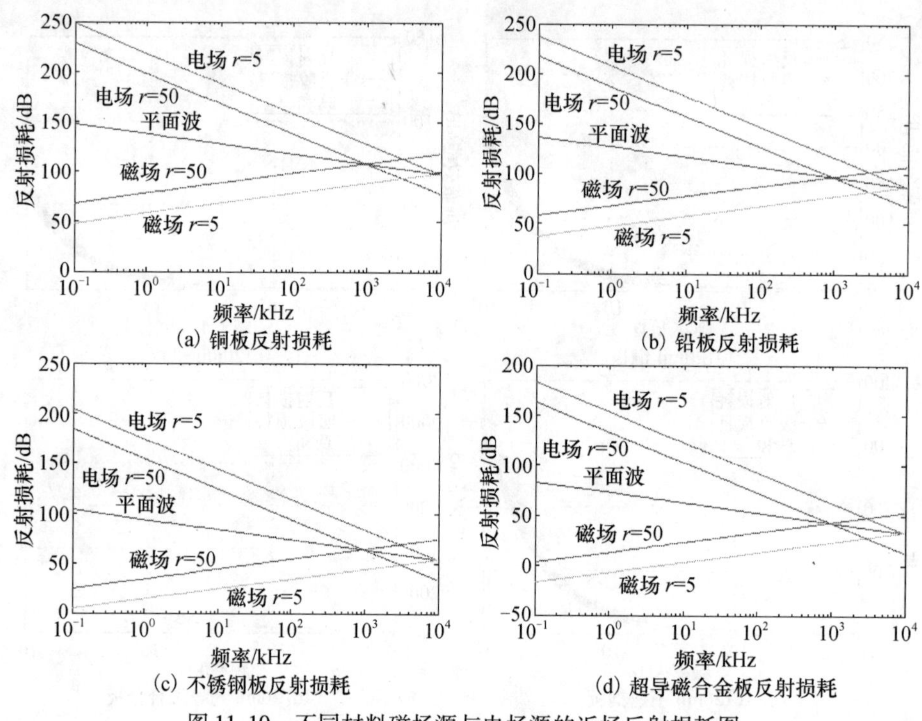

图 11.10　不同材料磁场源与电场源的近场反射损耗图

前后的毁伤程度进行对比，对导弹武器在突防过程中反电磁脉冲攻击的防护策略进行分析。

应用 AHP 法得到机动变轨能力、屏蔽能力、加固能力三项指标的权重系数分别为 0.3126、0.4975 和 0.1899，即

$$\boldsymbol{W}=(0.3126,0.4975,0.1899) \tag{11.18}$$

假设在一定的反电磁脉冲武器防护措施下，导弹的屏蔽能力较强而机动变轨能力和加固能力一般，构造单因素评判矩阵为

$$\boldsymbol{R}=\begin{bmatrix}0.1 & 0.2 & 0.3 & 0.3 & 0.1\\ 0.1 & 0.1 & 0.1 & 0.2 & 0.5\\ 0.1 & 0.2 & 0.2 & 0.3 & 0.2\end{bmatrix} \tag{11.19}$$

综合评估值为

$$\boldsymbol{B}=\boldsymbol{W}\cdot\boldsymbol{R}=(0.3126,0.4975,0.1899)\begin{bmatrix}0.1 & 0.2 & 0.3 & 0.3 & 0.1\\ 0.1 & 0.1 & 0.1 & 0.2 & 0.5\\ 0.1 & 0.2 & 0.2 & 0.3 & 0.2\end{bmatrix} \tag{11.20}$$

这里采用加权平均型合成算子$(\cdot-\oplus)$，得

$$\boldsymbol{B}=(0.1,0.15,0.18,0.25,0.32) \tag{11.21}$$

从上面的计算结果可以看出，在电磁脉冲武器的攻击下突防导弹完好无损的概率仅为32%，受到毁伤的概率P_{hs}达到68%，其中被摧毁的概率为10%，被破坏的概率为15%，削弱的概率为18%，拒止的概率为25%。这与导弹武器在综合电子战环境下作战面临的客观情况是相符合的。要提高导弹武器的突防概率和作战效能，还需要加强反电磁脉冲武器的防护措施，提高导弹的机动变轨能力、采用新技术新材料提高电磁脉冲屏蔽能力和加强对重要元器件的加固防护。

3. 电子战防护策略对导弹突防概率的影响分析

选取导弹武器系统的突防概率作为突防阶段电子战防护效能指标，通过计算突防概率，分析导弹武器系统突防阶段的电子战防护策略。

假设对方同时运用了有源干扰、无源干扰和电磁脉冲武器来阻止导弹的突防，降低导弹对目标的打击效能。依据有关参考文献，取有源干扰中的侦察系统的服务强度$\mu_1=0.7$，干扰系统的服务强度$\mu_2=0.75$，干扰效率$P_m=0.8$，导弹的发射密度$\lambda=\frac{1}{4}$。将数值代入到式(10.44)，得导弹在有源干扰下的突防概率为

$$Q_Y=1-\frac{\mu_1\mu_2(\lambda+\mu_1+\mu_2)}{(\lambda+\mu_1)(\lambda+\mu_2)(\mu_1+\mu_2)}\cdot P_m=0.537 \tag{11.22}$$

若防御方在被保护目标($Z=1$)周围布放了6个假目标，对导弹实施无源干扰，则对于单枚导弹，即当$N<R$时，导弹在无源干扰下的突防概率为

$$Q_w=\frac{6}{6+1}=0.857 \tag{11.23}$$

综合式(11.20)、式(11.21)的计算结果，可得单枚导弹在电子干扰下的突防概率，即

$$P_{\mathrm{tdzgr}}=Q_Y\cdot Q_W=0.46 \tag{11.24}$$

又假设防御方使用地空导弹携带电磁脉冲武器对导弹实施拦截，且其反导防御系统发现导弹的概率$P_{fx}=0.8$，地空导弹可发射概率$P_{fs}=0.8$，可制导概率$P_{zd}=0.9$，电磁脉冲武器对导弹的毁伤概率采用式(10.19)的计算数据，即$P_{hs}=0.68$。将这些计算结果代入到式(10.73)、式(10.74)，便得到导弹在电磁脉冲武器攻击下的突防概率，即

$$P_{\mathrm{tdcmc}}=1-P_{fx}P_{fs}P_{zd}P_{hs}=0.608 \tag{11.25}$$

于是，单枚导弹在对方同时使用了有源干扰、无源干扰以及电磁脉冲武器的情况下的突防概率为

$$P_{\text{突防}}=P_{\mathrm{tdzgr}}\cdot P_{\mathrm{tdcmc}}=0.28 \tag{11.26}$$

从上面的仿真结果可以看到，电子攻击对导弹武器系统突防能力有着巨大影响，导弹武器系统在两种或者三种电子攻击下的突防概率要远远小于单一攻

击下的突防概率,而且电子攻击的种类越多、攻击武器越有效,导弹武器系统的突防概率就越低。在对方反导防御系统性能指标一定的情况下,导弹突防概率随着导弹发射密度、抗电磁脉冲武器攻击效能的提高而提高。

11.4 机动导弹系统电子战防护策略综合分析

由以上的分析和仿真结果,可以得到下面的结论:

(1) 导弹阵地反电子侦察防护效能不仅与双方电子对抗设备的技术性能有关,还与对抗措施使用的有效性及数量有关。一般来说,各类反侦察防护措施综合使用可以大大提高导弹阵地的反侦察防护效能,因此,提高反侦察措施的技术性、有效性的同时,还应考虑将各种防护措施综合应用,最大程度地提高导弹阵地的反侦察防护效能。

(2) 导弹在飞行过程的反侦察防护效能即隐身技术的“隐真”效能和诱饵的“示假”效能,与导弹的飞行高度、飞行方向、角度以及对方雷达的性能参数和发现概率有关,提高隐身效能可以大大减少使用诱饵的数量。此外,把握好诱饵的发射时间和发射时间间隔,不仅可以提高诱饵的“示假”效能,还可以减少诱饵的数量,从而减轻导弹的负载,提高导弹的作战效能。随着各种新技术应用于现代雷达,雷达的探测性能大大提高,对导弹的反侦察电子防护提出了更高的要求,为了提高反雷达侦察防护效能,必须不断地研究各种新的隐身技术和诱饵技术。

(3) 良好的屏蔽是反电磁脉冲武器攻击的有效措施,屏蔽体的屏蔽效能与屏蔽材料的性能、厚度、辐射源的距离以及辐射源的类型和辐射强度有关,因此,导弹在突防时必须对可能面临的电子战威胁环境进行分析,而决定采取怎样的屏蔽措施和屏蔽材料,以达到最有效的屏蔽效能;除了采用新技术和新材料提高导弹武器系统的屏蔽效能以外,还要全面提高导弹的机动变轨能力和抗击加固能力。实践表明,只有加固能力、机动变轨能力和屏蔽能力都提高了才能保证导弹在突防时有较高的反电磁脉冲武器攻击的防护效能。

(4) 在综合电子战环境下,当存在多种电子攻击时,导弹的突防概率急剧下降。而突防概率是导弹武器系统作战效能的一个重要体现,因此必须采取有效的电子防护措施,提高导弹武器系统在突防阶段的反电子干扰能力以及抗电磁脉冲武器攻击的能力,从而提高突防概率和作战效能。

11.5 本章小结

本章运用相关的导弹武器系统综合电子战防护效能评估模型,通过计算机仿真试验,对导弹阵地综合电子战防护策略、导弹飞行过程中的综合电子战防护策略以及导弹突防阶段的综合电子战防护策略进行分析,得到一些有意义的结论,对提高机动导弹武器系统的生存能力和作战效能具有决策支持作用。

参考文献

[1] 侯印鸣. 综合电子战-现代战争的杀手锏[M]. 北京:国防工业出版社,2000.

[2] 唐波. 合成孔径雷达电子战研究[D]. 中国科学院博士学位论文,2005.

[3] [俄]Sergei A. Vakin,[俄]Lev N. shustov,[美]Robert H. Dunwell. 电子战基本原理[M]. 吴汉平,等译. 北京:电子工业出版社,2004.

[4] [美]David L. Adamy. 电子战建模与仿真导论[M]. 吴汉平,等译. 北京:电子工业出版社,2004.

[5] 张考. 飞行武器对雷达隐身性能计算与分析[M]. 北京:国防工业出版社,2000.

[6] 阮颖铮. 雷达截面与隐身技术[M]. 北京:国防工业出版社,2000.

[7] 方有培. 电磁脉冲武器对导弹阵地系统的威胁及对策[J]. 航天电子对抗,2001.

[8] 方有培. 导弹阵地的综合电子战防护技术研究[J]. 航天电子对抗,2002.

[9] 刘石泉. 弹道导弹突防技术导论[M]. 北京:宇航出版社,2003.

[10] 周旭. 电子设备防干扰原理与技术[M]. 北京:国防工业出版社,2004.

[11] 邱鹏宇. 反舰导弹复合导引头抗干扰性能仿真研究[D]. 国防科技大学,2005.

[12] 吕彤光. 被动雷达导引头抗干扰技术研究[D]. 国防科技大学,2001.

[13] 孔丽. 电子干扰条件下反舰导弹突防概率计算[J]. 海军航空工程学院学报,2005(5).

[14] 陶本仁. 地面防空武器电子战综合信息系统[J]. 上海航天,2001(6).

[15] 陶本仁. 弹道导弹发射阵地的生存和防护[J]. 航天电子对抗,2005(3).

[16] 孙永军. 电磁脉冲武器原理及其防护[J]. 空间电子技术,2004(3).

[17] 刘学观. 电磁脉冲弹及其防护[J]. 通信技术,2003(9).

[18] 王英. 高能电磁脉冲武器对计算机系统的毁伤及防护措施[J]. 情报指挥控制系统与仿真技术,2005(3).

[19] 邵国培. 电子对抗作战效能分析[M]. 北京:解放军出版社,1998.

[20] 王国玉. 雷达电子战系统数学仿真与评估[M]. 北京:国防工业出版社,2004.

[21] 彭司萍. 导弹阵地欺骗性干扰对抗电子侦察卫星研究[J]. 航天电子对抗,2007(5).

[22] 彭司萍. 导弹阵地反电子侦察能力研究. 军事运筹学年会论文集,2007,8.

[23] 冯云松,董世友. 国外无人侦察机的现状及其发展[J]. 无人机技术及应用,2004,4.

[24] 梁德文. 外军无人侦察机系统的发展现状和趋势[J]. 电讯技术,2001,5.

[25] 曾贝. 信息战争-网电一体的对抗[M]. 北京:军事科学出版社,2003,1.

[26] 刘兴堂. 精确制导、控制与仿真技术[M]. 北京:国防工业出版社,2006.

[27] 张永顺. 雷达电子战原理[M]. 北京:国防工业出版社,2006.

[28] 江海燕. 防空导弹作战单元电子对抗仿真模块设计[D]. 电子科技大学硕士学位论文,2000.

[29] 陈静. 雷达箔条干扰原理[M]. 北京:国防工业出版社,2007,5.

[30] 孙永军. 电磁脉冲武器原理及防护[J]. 空间电子技术,2004(3).

[31] 郑高谦. 高能微波电磁脉冲武器[J]. 现代电子技术,2003(10).

[32] 张廷良,陈立新. 地地弹道式战术导弹效能分析[M]. 北京:国防工业出版社,2001.
[33] 杨祖快. 反舰导弹武器系统的电子战对抗策略[J]. 舰载武器,2003(2).
[34] 杨帆,徐焱. 国外弹道导弹突防的措施与装备[J]. 现代防御技术,2001(1).
[35] 何麟书,王书河. 针对 NMD 的几种可能的突防措施[J]. 导弹与航天运载技术,2002(3).
[36] 邵兆宇. 逆合成孔径雷达干扰技术研究[D]. 西安电子科技大学,2004.
[37] 方有培,董尔令. 对 GPS 制导导弹的有效干扰途径分析[J],航天电子对抗,2001(2).
[38] 路远,凌永顺. 对巡航导弹的电子对抗方法探讨[J]. 光电技术应用,2004(1).
[39] 潘启中,吕久明. 干扰精确制导导弹方法的研究[J]. 航天电子对抗,2003(6).
[40] 周义,王自焰. GPS 干扰与反干扰[J]. 飞航导弹,2001(4).
[41] 焦彦华. 主被动复合制导雷达性能评估研究[D],国防科技大学,2004.
[42] 张胜涛,娄寿春. 电磁脉冲弹对地空导弹火力单元的威胁及其对策[J]. 飞航导弹,2006(4).
[43] 甄涛. 地地导弹武器作战效能评估方法[M]. 北京:国防工业出版社,2005.
[44] 朱斯高. 导弹武器系统作战效能评估指标体系设计研究[D]. 华中科技大学,2005.
[45] 顾潮琪. 巡航导弹作战效能分析[D]. 西北工业大学硕士学位论文,2006.
[46] 张洪涛. 导弹阵地反侦察措施探讨[J]. 航天电子对抗,2005(6).
[47] 赵恩起. 导弹反拦截电子对抗[J]. 现代防御技术,2002(4).
[48] 宋道军. 综合电子战环境下的雷达对抗作战效能分析及仿真[D]. 西北工业大学硕士学位论文,2006.
[49] 刘勇波. 高功率微波作用机理及影响条件分析[J]. 电子对抗技术,2003(4).
[50] 文武. 感应雷电磁干扰及其防护研究[D]. 武汉大学硕士学位论文,2004.
[51] 唐学梅,董勇. 提高弹道导弹突防能力的技术途径[J]. 现代防御技术,2001(2).
[52] 徐学文,王寿云. 现代作战模拟[M]. 北京:科学出版社,2004.

第二篇

机动导弹作战体系生存能力分析与设计

第12章　机动导弹作战体系生存能力分析导论

作战体系伴随着战争的出现而出现,是指由相互依存、相互作用的各种作战要素、作战单元、作战系统在一定环境中组成的实现特定作战功能的整体。作战体系比作战系统层次更高、规模更大,且各作战分系统之间协调和配合更加密切。作战体系是未来体系作战的基本组成单元,生存能力是决定作战体系优劣的重要因素之一,导弹作战体系的生存问题对实现导弹作战由系统对抗到体系对抗的转变至关重要,而且从体系的高度进行生存能力研究具有更高的理论层次,因此研究导弹作战体系生存能力具有十分重要的军事价值。

12.1　引言

在向信息化战争迈进的时代,导弹作战形式表现为体系与体系之间的对抗。导弹作战体系生存能力研究是导弹作战体系研究的重要组成部分,可为导弹作战体系建设发展提供一定的理论依据。战略导弹部队肩负着保卫国家和对敌战略进攻的双重使命,在未来的战争中,能否按照国家的意志完成战略进攻与反击任务,正确地评估进而通过多种途径提高战略导弹部队的生存能力将是其中一个很重要的因素。

战争系统是一种典型的复杂系统[1]。原因有以下4个方面:第一,战争系统的组成是复杂的,它由许多具有自主特性和适应能力的分系统、子系统或实体组成;第二,在具有自主能力和社会行为的实体之间必然会产生相互作用,外在表现形式就是战争过程中双方或多方的对抗、各方内部的合作与协同、各方之间的联合与结盟等行为;第三,这些行为最终会产生综合作用,导致战争系统的整体状态发生改变;第四,这些改变充满了不确定性和偶然性,因此战争现象是不可重复的,对战争的结果也就无法用传统的方法进行分析和预测。

生存能力研究作为战争系统研究的重要方面之一,具有涉及面广、知识结构跨度大、技术复杂等特点。生存能力的研究之所以非常复杂困难,主要原因之一就是存在大量的不确定性因素。影响生存能力不确定因素大致可分为3种:作战环境的随机性、量化指标平均值的不确定性、参数及生存能力数学模型的适用性。随机变量围绕某一可预测的参数平均值而波动。平均值的不确定性源于试验次数少、测量不精确、缺少精确情报数据等。对未知参数和数理模型，由于无法进行试验，只能通过理论研究和仿真试验进行粗略估计[2]。这些不确定因素对导弹作战体系生存能力的影响是非常大的。美国前国防部长布朗曾说过："考虑到这些不确定技术因素和战略因素，可得出近乎似是而非的结论，我们对于有多少地下井基导弹能经受住苏联的先发攻击没有多少信心，但苏联人对摧毁我们的大部分导弹也没有多大把握。"[3]可见，生存能力的研究是比较复杂困难的。

体系作战能力的生成是作战体系功能和作用的直接体现，作战体系的生存能力是其发挥作战能力的基础。通过查阅文献来看，导弹作战体系的理论研究还处于初级阶段，关于其生存能力的研究还未见到。因此，通过系统分析导弹作战体系面临的生存威胁；建立导弹作战体系生存模型，并进行仿真分析，同时从策略层面对导弹作战体系的生存问题进行探讨，具有非常重要的意义。

12.2 国内外研究现状

12.2.1 作战体系研究现状

美军的作战体系建设起步于第二次世界大战后。在整个冷战时期，美军作战体系建设主要是针对苏联的。美先后奉行以核威慑为主要内容的"遏制战略"、"大规模报复战略"、"相互确保摧毁战略"、"抵消战略"等多种威慑战略，围绕核大战大力发展"洲际弹道导弹、潜射导弹和远程轰炸机"三位一体的战略核力量。冷战结束后，美国对其威慑战略进行了大幅度调整：从冷战时期的以核威慑为主转变为核威慑与常规威慑相结合，以常规威慑为主；调整后的核力量发展方针，由以威慑力量为主转向威慑与实战力量并重，在保留核力量的同时，降低使用核武器的门槛，研发用于实战的小当量核武器，同时增加了核威慑的对象，不仅包括有核国家，也包括有可能在战争中对美国使用生化武器敌对国家；提高反导防御能力，发展"战区导防御系统"(TMD)和"国家导弹防御系统"(NMD)，奉行"新三位一体"，即进攻性打击系统(核与非核)、防御系统(主动与被动)和灵活反应的基础设施。早在1994年美军就开始新的联合作战概念的研究，正式提出"快速决定性作战"理论和"主宰机动、精确打击、全维防护、聚焦后勤"等联合作战概念，突出强调了夺取信息优势和全面军事创新的重要性，进一步加快了作战体系建设的步伐。随着信息时代的来临，国家间的竞争性，将越来越多地以夺取和保持信息优势的方式表现出来，威胁的方式也更加多样化，"信息威慑”的地位将逐步上升，美已将信息攻击与大规模杀伤武器“平等”对待。目前，美军的作战体系[4]比较完善，其要素的完备性和整体聚合度都达到了相当的水平，这一点，从近期几场高技术局部战争中可以清楚地看到。

美军作战体系由5个系统构成，即一体化C^4ISR系统、全球到达兵力投送系统、远程精确打击系统、聚焦式后勤保障系统和全维性防护系统。这5个系统既相对独立，又相互依赖，以信息为纽带紧密结合成一体。美军作战体系建设有以下特点：一是优先发展信息系统；二是重点加强远程精确打击系统建设；三是将力量投送系统与“前沿存在”有机结合起来；四是按“全维性”要求建设防护系统；五是按“聚焦后勤”的要求建设保障系统。

国内方面，作战体系理论方面的研究是在近几年才开始的，在概念研究上已经取得一定的进展，文献[5]提出了信息化战场作战体系的概念与定义，给出了作战体系的描述，把信息化战场作战体系的组成划分为3类基本元素和6种关系，为作战体系自同步构建与重组的实现奠定了基础。文献[6]从作战体系对抗能力的概念及要素结构、形态及表现形式、载体及影响因素、形成及转化机制和评估5个方面，对作战体系对抗能力概念进行分析。在作战体系结构优化方面，文献[7]在给出作战体系的基本概念和体系评价准则后，提出作战体系的优化方法并给出优化过程描述，并得出最优的作战体系。在作战体系的作战能力研究方面，文献[8]通过分析导弹作战体系的基本构成，对导弹作战体系作战能力评估问题进行了建模与仿真研究，得到了一些有价值的数值仿真结论。在作战体系建设方面，从长远发展趋势来看，二炮基于信息系统的作战体系可以概括为战略核威慑作战体系、常规导弹精确打击作战体系、地基反卫作战体系、战略反导作战体系，也就是核常天防一体的战略攻防作战体系。

12.2.2　生存能力研究现状

20世纪50年代末以来，美国一直非常关注其战略力量的生存能力问题。20世纪70年代初，苏联研制了高精度分导多弹头重型洲际弹道导弹，引起美国对洲际弹道导弹生存能力的日益重视，加强了对基地方式和生存能力的研究。对生存能力评估模型和方法、不确定因素对评估的影响、密集基地、加固机动发射车、铁路机动等方案的生存能力都进行了研究分析。

美国“潘兴”导弹于1977年开始实施“潘兴生存能力计划”，美国陆军认为，“潘兴”Ⅱ射前生存概率主要取决于受攻击概率和被毁伤概率，前者又取决于被探测概率、被瞄准概率和敌方武器的抵达概率；后者则取决于“潘兴”Ⅱ武器系统易损性、可维修性和可再补给性（图12.1）。几乎每一个影响因素都与时间有关。

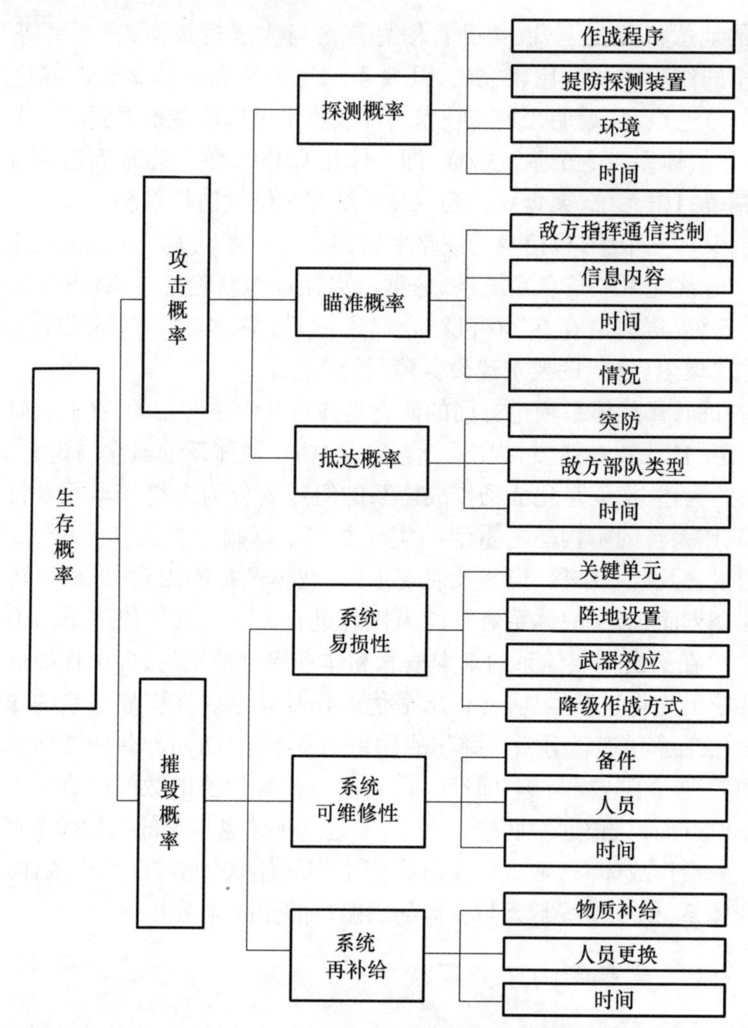

图 12.1 “潘兴”Ⅱ导弹射前生存概率

美国空军在战略弹道导弹生存能力评估工作中，继承和推广应用了在飞机生存能力研究工作中的大量经验。空军武器实验室负责核和激光武器威胁下的生存能力/易损性研究，空军飞行动力学实验室负责非核武器威胁下生存能力/易损性研究。这些研究包括技术开发、效应与响应、仿真试验、评估技术、建立试验数据库和作战数据库[9]。

美军在生存能力评估理论的研究中，非常重视并大力提倡建模与仿真技术，通过建立导弹武器系统不同类型、不同分辨率的模型来模拟仿真各种作战环境下系统的生存能力，通过探索分析来寻找有效的生存对策措施和办法[10]。苏联已装备的 SS-25 机动导弹的生存能力也有过报道。

在重视提高己方生存能力的同时,美军也非常重视研究对手的战场生存能力,以便从中改进自己的攻击能力,提高打击效果。美军不仅对我军导弹武器发展状况进行研究,还探讨了美军打击常规导弹武器装备的战法,对未来导弹武器的发展趋势做了预测,并对我军为提高常规导弹武器系统的生存能力而可能采取的伪装、防护、机动等对策进行了分析[11]。

生存能力的研究[12]一直是军事强国研究的重点,研究取得了一定的成果,但是研究资料密级比较高,可以参考的并不多。国内研究虽然有些滞后,但是也取得了一定的进展,通过运用不同的评估方法建立了定性评估模型[13]、解析评估模型[14]、仿真评估模型[15],这些模型具备一定的科学性和可信性,从理论上和技术上为导弹武器系统生存能力的评估积累了大量宝贵的经验。秦志高等编著的《陆基战略弹道导弹生存能力》一书,全面分析了核爆炸对陆基战略导弹的影响、提高生存能力的 7 项措施、计算生存能力的传统模型及存在问题、陆基导弹生存能力综合计算方法等。航天部门从导弹设计角度进行了生存能力的系列研究;二炮工程大学、二炮装备研究院和二炮作战部等部门,主要从导弹作战系统建设、战略核力量的作战运用和机动战略导弹的生存能力等方面开展了研究[16,17]。

在近些年公开发表的学术论文中,研究导弹生存能力的文献相对较少,研究范围集中在导弹武器本身、导弹武器系统和导弹作战生存方案等方面。在生存能力概念研究方面,在指出现有生存能力概念不足后,提出了导弹作战系统生存能力的新概念,并探讨了生存策略的结构[18]。在生存模型研究方面,研究地地战术导弹作战系统生存能力,提出了其具体构成要素,建立了生存要素具体模型及宏观模型,论证了影响关键因素,提出了对策系统的宏观构想[2];分析生存能力,从被发现阶段、被命中阶段、被毁伤和修复阶段四个阶段给出了对抗过程中武器系统生存能力的动态描述,并分析了各个阶段的计算模型[19];分析导弹武器系统所面临的威胁环境基础之上,提出了影响其生存能力的主要因素,建立了导弹武器系统的伪装能力模型、反应能力模型、防护能力模型、维修保障能力模型,以及生存能力的通用模型,并讨论了各种因素在作战运用中的实际影响[20]。在生存评估研究方面,研究导弹作战方案评估系统,给出了基于生存能力的模型体系和构成,通过指标分析,建立了伪装生存能力、防护生存能力、机动生存能力等多个模型,并将其综合为对作战方案的生存能力评估模型[21];机动导弹武器系统的生存能力的评估,首先建立指标体系,并针对其中的指标分别提出相应的定量分析模型,探讨出一种在遭受空面导弹攻击条件下机动导弹武器系统生存能力的评估方法等[22];防空导弹网络化作战体系生存能力评估,从概念与内涵出发,研究并分析了其生存能力的指标体系及相关计算公式,提供了一种研究防空导弹网络化作战体系生存能力的解析方法[23]。在生存对策研究方面,提出了一种基于证据理论判别来袭武器类型的方法,通过对武器威胁度的评估,建立了来袭武器威胁等级判据,构建了详细的生存对策[24]。

除此之外,其他军兵种对生存能力的研究也很重视,炮兵生存能力方面的研究,通过建立发现概率、毁伤概率的评价模型进行模拟分析,并由模拟结果提出了联合火力毁伤下炮兵提高生存能力的行动对策[25]。空军通过软件构建出以无人侦察机执行侦察任务为背景的虚拟战场环境,借此对无人侦察机的战场生存能力进行评估[26]等。

从总体上看,生存能力在国内的研究相对于武器装备研制和部队作战来说还处在一种滞后的状态。特别是系统地,从体系的角度研究导弹武器系统在信息化作战条件下生存能力的工作基本还处在起步阶段,相应的论著还没有见到。

12.2.3 体系效能评估方法研究现状

进行体系效能评估首先要建立合理的评估指标体系,评估指标体系构建的理论方法已经相对完善。指标体系的构建一般按如下程序进行:

(1) 列出所有可能的评估指标的全集,方法主要有头脑风暴法、列名群体决策法(Nominal Group Technique)、Delphi 法等。

(2) 筛选找出重要指标,方法主要有多目标或多属性决策模型筛选、专家评分法和德尔菲法。

(3) 确定最佳评估指标体系,并确定各评价指标的权重,确定最佳指标体系也就是对指标体系进行优化,主要有聚类分析的方法。

评估指标权重确定方法概括起来,可以分为三类:主观赋权法、客观赋权法和组合赋权法。

(1) 主观赋权法主要是利用专家的知识和经验,对实际问题做出判断而主观给出权重,主要包括 Delphi 法、AHP 法、相对比较法、连环比率法等。

(2) 客观赋权法是根据评价对象的实际数据,通过数学处理来赋权。比较常用的有变异系数法、复相关系数法、熵值法等。

(3) 组合赋权法的产生是为了克服主观赋权法和客观赋权法的弊端,在实际确定权重时主客观相结合,比较典型的组合赋权法有基于简单平均的指标组合赋权法[27]、基于加权平均的指标组合赋权法、基于主客观权重乘积的归一化方法[28]、基于最小二乘的主客观赋权组合法[29]、非线性规划的指标组合赋权法[30]等。

几种常见的权重确定方法的比较如表 12.1 所列。

表 12.1　权重确定方法比较

方法	主观性	科学性	复杂性
主观加权法	强	一般	不复杂
专家评分法	较强	较好	较复杂
德尔菲法	较强	较好	较复杂
层次分析法	一般	好	复杂

指标体系建立以后,需要对具体指标进行处理[31],即定性指标的量化、定量指标的规范化。对定性指标的量化处理上,常用的方法有等级法、直接打分法、标度法、模糊数法、灰数法和特征向量法等。在量化方法上要尽量做到科学、合理,必要时还要借助与模糊数学[32]、灰色系统理论[33]或物元分析法[34]等描述不确定现象的数学工具,以体现出该类指标的不确定性。对定量指标的处理,常用的方法有极差变换法、线性比例变换法、向量归一化法、等效系数法等。

对生存能力的理解不同,选取的指标和研究的方法也不尽相同。从传统的观点来研究武器、人员以及其他装备的生存能力,就是确定其在静态条件下的生存概率。但是,随着对生存能力的深入理解,人们发现,单以武器系统的静态生存概率来考察其生存能力,不能够充分反映生存能力贯穿于整个作战过程的特点。因此,也就随之出现了研究生存能力的不同方法:动态生存概率法、兰切斯特法和系统效能法(SEA 法)等,查阅相关文献,研究方法在不断创新改进,如用动态研究和系统论的方法,提出作战效能评估理论、评估指标体系、评估方法体系[35]。以系统的效能评估为主线,着重突出效能评估的新理论、新方法,在研究分析效能评估的理论基础、经典效能评估方法等基本原理的基础上,提出基于组合赋权效能评估方法、基于多属性决策的效能评估方法、基于灰色关联的效能评估方法、基于粗糙熵的效能评估方法以及基于未确定测度的体系结构评估等理论和方法,为提高效能评估的分辨率、合理性、可用性提供了新的研究思路[36]。

根据以上分析,可以得到几种常见的体系效能评估方法优缺点比较,如表 12.2所列。

表 12.2　体系效能评估方法比较

方法	优点	缺点
探索性分析方法	(1) 主要针对问题的不确定性。 (2) 分析问题灵活性强。 (3) 从点情景到情景空间的探索(系统地改变问题假设来探索各种可能结局)。 (4) 生成所有案例空间的结果。	(1) 建模人员要对问题有深入的理解。 (2) 建模要求高度的艺术性。 (3) 主要解决宏观问题。 (4) 运行次数随变量数的增长而急剧增长要求计算资源巨大。

（续）

方法	优点	缺点
模拟仿真方法	(1) 能够较真实地动态反映实际情况。 (2) 具有较高的可信度。	(1) 建模费用高,周期长。 (2) 对建模、分析人员素质要求高。
层次分析法	(1) 反映了递阶层次结构的思维方式,理论性强,层次性好,形式简明,系统系强。 (2) 体现人的经验,采用定性和定量分析相结合的方法。	(1) 对体系或系统只能进行静态的评估。 (2) 采取打分或调查的办法确定权重,具有一定的主观性。 (3) 指标合成仅考虑到了线性加权情况。
ADC 法	(1) 充分而细致的考虑了系统可靠性问题。 (2) 便于计算。	(1) 能力向量不容易做出。 (2) 系统状态较多时矩阵庞大,处理复杂。
SEA 法	(1) SEA 方法考虑了系统能力与使命匹配程度。 (2) 考虑了需求的多样性,分析与需求结合紧密。 (3) 充分考虑了指标值的不确定性	(1) 生成使命轨迹困难,一般都基于解析模型。 (2) 对多种使命需求情况处理过于简单。
影响图建模分析	(1) 规范化的图形建模方法,建模过程简明。 (2) 比较真实的反映了原始系统及其复杂性。 (3) 体现了定性和定量相结合的思想。	(1) 对于有些系统很难建立有效的微分方程模型,建立的微分模型有时难于求解。 (2) 系统规模大时,影响图复杂。
Petri 网建模仿真	(1) 一种网络图理论,用于表示异步、并发系统。 (2) 具备严格的数学基础。 (3) 在描述能力和分析手段上有良好的可扩充性。	(1) 对于复杂作战体系,Petri 网进行建模时将导致建立的模型规模过大而无法求解,需要进行扩展。 (2) 不方便描述连续过程。
Lanchester 方程	(1) 基于古代冷兵器战斗和近代运用枪炮进行战斗的不同特点,建立的一系列描述交战过程中双方兵力变化数量的微分方程组。 (2) 假设前提是点目标和面目标毁伤的比例大小在一定程度上反映 C^4ISR 对作战的影响。	(1) 无法反映体系或系统内部因素在战场中的作用。 (2) 无法反映体系在作战过程中的动态变化过程。
排队网络理论	由于某一时刻要求服务的顾客数量超过系统服务机构的容量,那么顾客必须等待,因而产生了排队现象。	(1) 完全描述作战体系的延时难度较大。 (2) 捕获网络中瞬态特性缺乏有效的算法。

12.3　第三篇的主要内容

通过对国内外研究现状的分析,结合导弹作战体系的特点,本篇的主要内容包括以下方面:

(1) 从体系、作战体系和武器装备体系的概念研究出发,引出导弹作战体系的概念,并分析导弹作战体系的组成。在系统、全面地分析未来导弹作战面临的环境(主要是导弹作战体系面临的生存威胁)和可能的作战样式基础上,分析导弹作战体系各组成部分面临的生存威胁,结合武器生存能力概念提出导弹作战体系生存能力的概念,系统分析生存能力影响因素。

(2) 通过对导弹作战体系生存能力影响因素分析,充分考虑各子系统对导弹作战体系生存能力的影响,首先初步选择与导弹作战体系生存能力有关的指标,在此基础上使用专家调查评估法选择对生存能力影响较大的指标,构建导弹作战体系生存能力评估初步指标体系,然后进行指标体系的结构优化,最后得到合理的导弹作战体系生存能力指标体系。

(3) 对比分析现有的体系效能评估方法的优缺点、应用条件和应用范围,根据导弹作战体系生存能力评估指标体系的特点,选择合适的方法对底层指标进行量化;采用机理分析法分析同层次各指标之间的关系,运用基于云模型和相邻优属度熵权的评估方法以及灰色层次分析法分别建立了导弹作战体系生存能力综合评估模型。

(4) 以提高导弹作战体系生存能力为出发点,运用博弈论的思想,将导弹作战体系的生存问题由静态决策转化为动态对抗,建立并分析了不完全信息静态博弈下的生存对策模型和不完全信息动态博弈下的生存对策模型。

12.4　第三篇的结构安排

本篇共分 6 章,其结构如图 12.2 所示。

第 12 章导论。介绍本篇研究的目的和意义,国内外相关领域的研究现状以及本篇所要做的主要工作和本篇的组织结构。

第 13 章机动导弹作战体系军事概念描述。从导弹作战体系的概念入手,分析导弹作战体系的结构组成,根据结构组成研究其功能作用。由导弹作战体系的作战任务分析以及导弹作战体系受到的生存环境威胁,引申出导弹作战体系生存能力的概念,并进行生存能力影响因素分析。

第 14 章机动导弹作战体系生存能力评估指标体系。从导弹作战体系生存能力指标体系建立的理想条件、基本原则及方法入手,通过指标体系的初建、指标的筛选和指标体系结构的优化,建立评估指标体系,然后运用各种方法对具体指标进行量化。

第 15 章机动导弹作战体系生存能力评估模型。从评估方法的分析选择入手,结合指标体系的具体指标的量化分析,建立基于云模型的导弹作战体系生存能力综合评估模型,运用灰色层次分析法进行弹道作战体系生存能力评估,两种方法进行比较,并用评估示例验证模型的科学性与合理性。

第 16 章机动导弹作战体系生存对策研究。从生存对策研究概述出发,借助博弈论的相关理论,对不完全信息静态和动态博弈下的生存对策进行研究。

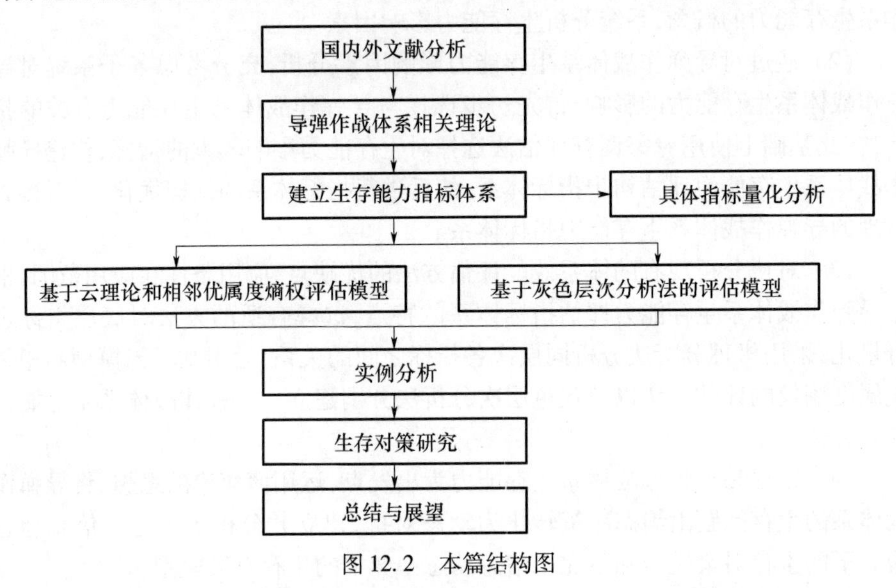

图 12.2　本篇结构图

第13章 机动导弹作战体系军事概念描述

作战体系伴随着现代战争模式的不断演进而出现，是指由相互依存、相互作用的各种作战要素、作战单元、作战系统在一定环境中组成的实现特定作战功能的整体[1,2]。作战体系比作战系统层次更高、规模更大，是未来体系作战的基本组成单元，且各作战分系统之间协调和配合更加密切。在未来战争中，体系对抗将是主要的作战表现形式，而导弹作战体系作为导弹部队赖以进行体系作战的物质基础，其建设水平对导弹作战至关重要，因而，从体系作战的高度和体系建设的理论层次研究导弹作战体系，对于发挥导弹部队整体作战效能，夺取未来战争的胜利具有重要意义。研究导弹作战体系的首要任务就是对导弹作战体系的相关军事概念进行准确描述，这是构建导弹作战体系、进行生存能力评估和生存对策分析的基础。

13.1 基本概念

由系统认识的观点出发研究导弹作战体系，首先要清楚认识导弹作战体系的概念，然而导弹作战体系并没有统一的定义，需要对已有的相关定义进行系统分析，在此基础上给出导弹作战体系的合理定义。

13.1.1 体系

体系的概念在各种学科中已经使用多年。《苏联百科辞典》将体系定义为：体系是互相联系、互相关联着而构成一个整体的诸元素的集，分为物质体系和抽象体系。《现代汉语词典》将体系解释为：体系是若干有关事物或某些意识互相联系而构成的一个整体。

Eisner 等人认为体系的复杂性表现在[3]：组成体系的系统（组分系统）名义上都是按照系统工程过程独立开发的；任意两个组分系统研制开发完成时间没有必然联系也没有契约关系；组分系统的联结不完全相关又不完全独立，但却相互依赖；从体系的观点看，单个组分系统通常是功能单一的；单个组分系统的优化并不能保证整个体系的优化；体系的组分系统共同协作来完成整个使命或目标。

而 Maier 给出了体系的 5 个主要特征[4]：

(1) 组成体系的系统运作相互独立。如果体系分解成其组分系统，则组分系统必须能够独立运作。体系是由相互独立且具有自己功能的系统组成的。

(2) 组成体系的系统管理相互独立。组分系统可单独研制并集成，但独立于体系保持连续存在。

(3) 演化发展。体系构成并非固定不变，它的存在与发展随着功能和意图的变化而演化。

(4) 涌现行为。体系形成的功能和实现的意图并不存在于其任何组分系统中，整个体系新出现的行为特性并不表现在组分系统中。

(5) 地理分布。组分系统的分布范围大，但随着通信能力的提高，距离大是一个模糊和相对的概念，但至少意味着组分系统准备交换的只是信息而不是大量的物质或能量。

从 Eisner、Maier 的观点及国内外研究人员对体系研究探讨的基础上，可以进一步归纳出体系的特点：

(1) 体系的整体性。组成体系的任何一个系统的功能都是唯一的，其功能降低或失效都会对体系的整体功能产生影响。

(2) 体系的信息相关性。组成体系的任何一个系统一般需要其他组分系统提供的信息服务或向其他组分系统提供信息服务；

(3) 体系的结构清晰。体系的组分系统之间的关系是明确的，其耦合是松散的；

(4) 体系的开放性。一方面指体系与周围的环境进行物质、能量和信息交换；另一方面，体系的组成要素（系统）、结构根据体系不同目标需要一般是可变的。

(5) 体系的进化性。不同于系统具有自己的寿命周期，由于体系可随着时间推移而不断增减组成系统，所以体系寿命周期模糊，且随着需求变化而不断进化。

综合国内外对体系概念及体系特征的已有研究，可将体系定义如下。

定义 13.1 体系是为实现某目标，由相互独立而又相互协作的系统组织在一起的更高层次的复杂巨系统。

13.1.2 作战体系

作战体系，是把体系引入作战理论研究领域后的产物。认识和理解作战体系，既要从体系一般性来分析，又要从作战方面特殊性来把握。一般认为，“在战争中，对抗的体系包括战争体系、作战体系、军事政治对抗体系、经济对抗体系等诸多方面。而作战体系是指按一定的战略、战役目的将人员和武器装备系统通过 C^4ISR 有机联合起来的一个整体系统。”[5]

作战体系的概念伴随着人们从事作战活动而产生,是指由相互依存、相互作用的各种作战要素、作战单元、作战系统在一定环境中结合而成的、用以实现特定作战功能的整体[6]。从概念构成方式上来看,作战体系强调的是作战活动的物质承载,是一种客观存在。

信息化条件下,作战双方体系与体系的对抗成为战场对抗的主旋律;基于信息系统的体系作战能力成为战斗力的基本形态。作战体系诸构成要素在综合电子信息系统的支撑下耦合为一个有机整体,该整体中任意作战单元间均可实现信息的互联、互通、互操作。信息时代体系的基本元素包括三类:使命任务、平台单元或设施和信息网络。从这个角度上讲,信息化作战体系可以看作以作战单元内的控制关系、作战单元间的协同关系、作战单元与环境的交互关系为主要元素的“关系集”,关系的消失,往往意味着作战单元被摧毁、作战单元间的连接渠道被阻塞或作战单元与外界环境的交互方式被扰乱。信息化作战体系还具有要素作用的相干性、效能聚集的结构性、效能释放的非线性等特点[7,8]。

综合国内外对作战体系概念及作战体系特征的已有研究,作战体系可定义如下。

定义 13.2　作战体系是作战人员和武器装备系统通过 C^4ISR 有机联合起来的实现一定作战目的的一个动态复杂巨系统。

13.1.3　武器装备体系

武器装备体系的具体构成随着军事需求和国防科技的发展不断演进。现阶段世界主要国家军事装备体系由主战装备、信息装备与保障装备组成。

主战装备是以直接用于毁伤敌方兵力、武器装备和破坏敌方各种设施的武器为核心,加上相关配套保障装备等构成的系统。它主要由武器、武器的火控系统及平台构成。

信息装备是现代军事装备体系必备的基础,包括信息支援系统和电子/信息战系统两大部分。信息支援系统主要用于获取战场信息和敌方目标信息,指挥控制己方兵力兵器遂行作战任务,确保各类信息的传输与共享,以及为己方兵力兵器提供导航定位、气象和海洋环境信息等。电子/信息战系统包括干扰和破坏敌方信息系统,削弱其获取、处理、传递和使用信息能力的军事装备系统和保护己方信息安全的技术手段、工具和措施等。

保障装备包括作战保障、装备技术保障和后勤保障装备。作战保障主要包括对核、生物、化学及其他特殊杀伤和破坏性武器的防护、消洗、侦测、伪装和假目标及工程保障等;装备技术保障主要包括装备补给、装备维修、弹药保障和装备使用管理(装备的技术检查、维护和保管);后勤保障主要包括物资保障和运输保障。

武器装备体系是一个复杂巨系统,包括多个层次,可以从不同角度进行划分。按任务层次划分,武器装备体系可分为单元级武器装备体系和使命级武器装备体系;按编制级别划分,武器装备体系可划分为全军武器装备体系和军兵种武器装备体系等。

从不同的角度审视武器装备体系,可以给出不同的定义。被广泛认可的是总装备部国防系统分析专业组给出的定义:

定义 13.3 武器装备体系是在一定的战略指导、作战指挥和保障条件下,为完成一定作战任务,而在功能上互相联系、相互作用的各种武器装备系统组成的更高层次系统。

13.1.4 导弹作战体系

武器装备体系以武器装备为着眼点,突出的是武器装备本身,强调由武器装备形成的整体;而作战体系则是以作战为主要着眼点,强调武器装备与作战部队结合而形成的整体。武器装备体系的作用是通过作战体系表现出来的。这两者从分类上看属于不同的体系类别,可以视为并列的体系;从应用上看,武器装备体系应该服从于作战体系的需求,属于上下层体系的关系。

根据体系、武器装备体系和作战体系的定义,结合导弹部队作战的特点以及导弹武器装备特有功能,可定义导弹作战体系如下。

定义 13.4 导弹作战体系是导弹部队为完成特定作战任务,由现代网络(通信网络、计算机网络)将各种子节点联系起来,具有特定功能的系统构成的有机整体。

13.2 导弹作战体系结构

基于信息系统的体系作战能力成为战斗力的基本形态,而对导弹作战而言,导弹作战体系成为体系作战能力的物质承载,其体系结构是导弹作战体系发挥作战效能的基础和保证。

13.2.1 导弹作战体系的组成

导弹作战体系作为一个复杂大系统,从组成上来看,主要由导弹武器装备、作战理论、编制体制、作战指挥、作战保障、作战阵地、人员素质等构成。

（1）武器装备。武器装备主要是指核、常导弹武器及其配套武器装备，是导弹作战体系的基本物质基础。

（2）作战理论。作战理论的核心内容是核战略学、导弹战役学和战术学，是导弹作战理论体系中的重要组成。

（3）编制体制。编制体制是导弹作战体系中各类建制单位人员、装备编配及作战单元组成的具体编成形式，是导弹作战体系发挥火力突击效果和整体作战效能的兵力组织基础。

（4）作战指挥。作战指挥是导弹作战体系对所属兵力组成单元作战行动的组织领导活动，直接关系到导弹作战体系作战行动的成败。

（5）作战保障。作战保障是导弹作战体系为顺利遂行作战任务所进行的各种保障活动的统称，贯穿于整个作战行动的全过程。

（6）作战阵地。作战阵地是导弹作战体系进行兵力、兵器展开的物理空间，是组织和实施作战的重要依托。

（7）人员素质。导弹作战体系中的人是指与导弹作战体系相关的军事活动中有关人的一切因素的总和。

13.2.2　导弹作战体系功能结构

根据导弹作战指挥体制和编成情况，结合导弹作战体系的组成要素分析，可以得到导弹作战体系结构，主要由战场侦察、指挥控制、火力打击、生存防护、信息对抗和综合保障六大相互联系又相对独立的子系统构成，其结构如图 13.1 所示。

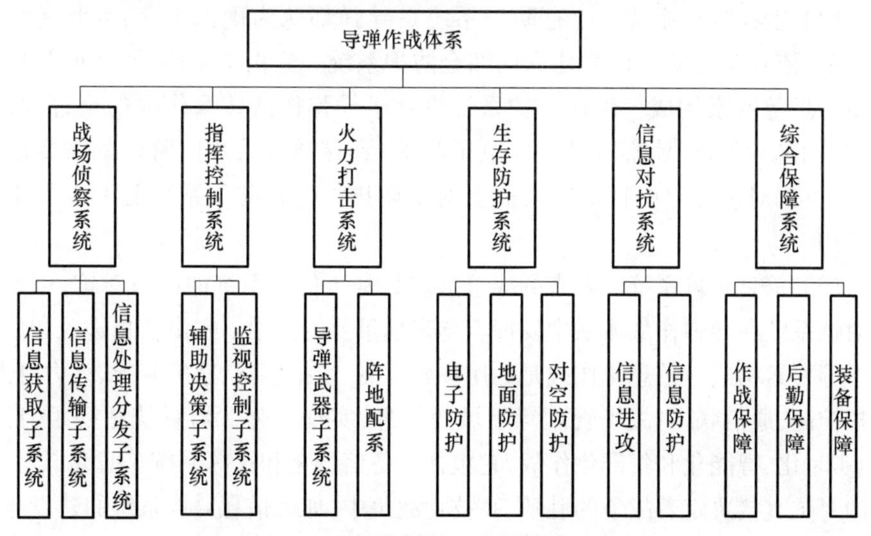

图 13.1　导弹作战体系功能结构示意图

(1) 战场侦察系统。战场侦察系统是导弹作战的基本前提,在导弹作战体系中占有极其重要的地位,为导弹作战提供战场信息和目标情报,主要由信息获取、信息传输、信息处理等要素组成,平时主要进行目标侦察和敌情监视,战时提供预警信息、实时目标信息,目标打击效果侦察与判断等。一个完善的战场侦察系统应具备全天候、近实时、高精度的探测能力;多通道、高速率、不间断的传输能力;高效、准确、及时的信息处理能力,将战场接近透明地展现给指挥控制系统。

(2) 指挥控制系统。指挥控制系统是导弹作战体系的“神经中枢”,是各级指挥员实时情况判断、作战决策与部队行动控制、指挥的依托,由信息综合判断、指挥决策、指令下达、作战监控等要素构成。良好的指挥控制系统应具备灵活、可靠、生存性高的结构体系,准确、高效的自动化辅助决策,快速、简洁的指挥方式和宏观、动态调控、适时优化组合作战要素的能力。

(3) 火力打击系统。火力打击系统在导弹作战体系中占主导地位,其质量和规模是衡量作战能力的重要标志。它由导弹武器系统和阵地配系等要素构成。导弹武器系统通过投送和释放战斗部能量,实现对预定目标的火力打击。只有导弹武器的射程、精度、突防能力、毁伤能力和可靠性等方面具有优良的性能,导弹武器系统的整体效能才能得到保证。阵地设施是导弹武器作战的主要依托,应满足导弹攻防两方面的需求,具备完善配套的发射、防护、通信、生活保障等功能。

(4) 生存防护系统。生存防护系统是导弹部队为确保生存,顺利遂行作战任务,依托联合防卫体系建立的综合防护系统。它由电子防护、地面防护和对空防护等要素构成。生存防护系统贯穿于导弹作战体系作战的全过程,从一开始的侦察与反侦察阶段需要电子防护,到导弹火力攻防阶段的需要地面防护,再到对抗方空中打击阶段需要对空防护。生存防护系统起着至关重要的作用。

(5) 信息对抗系统。未来的战争形式是基于信息系统的体系对抗,可见信息对抗系统在导弹作战体系中发挥着越来越重要的作用。它由信息进攻和信息防护等要素构成。信息化作战是利用预警探测、情报侦察、精确制导、火力打击、指挥控制、通信联络、战场管理等领域的信息,实现导弹武器系统超视距、自动化、实时化、智能化和集群化作战,它包括装备信息化和指挥系统信息化[46]。信息的对抗直接决定着战争的胜败,高技术战争中,加大信息对抗系统的建设势在必行。

(6) 综合保障系统。高技术的导弹武器离开了有效地保障就无法进行作战,要顺利地完成作战任务,必须依靠综合保障系统来形成完整的作战体系,才能取得战争的胜利,综合保障系统分为作战保障、后勤保障和装备保障,实施全面周密的保障对提高导弹部队的生存能力、快速反应能力等有着重要的作用。

13.2.3　导弹作战体系的功能关系

以上6个系统各自都可以完成一定的功能,但作为实施导弹作战、完成核常双重打击使命的整体,它们又相互作用,密不可分。同时,作为开放的系统,导弹作战体系又是全军联合力量作战体系的子系统,与陆上作战体系、海上作战体系、空中及空间作战体系之间有着信息、物质的交流和指挥、作战的协同,这些作战体系既相对独立,同时又存在相互关联与相互支持,形成网络化体系结构。导弹作战体系各系统功能关系如图13.2所示。

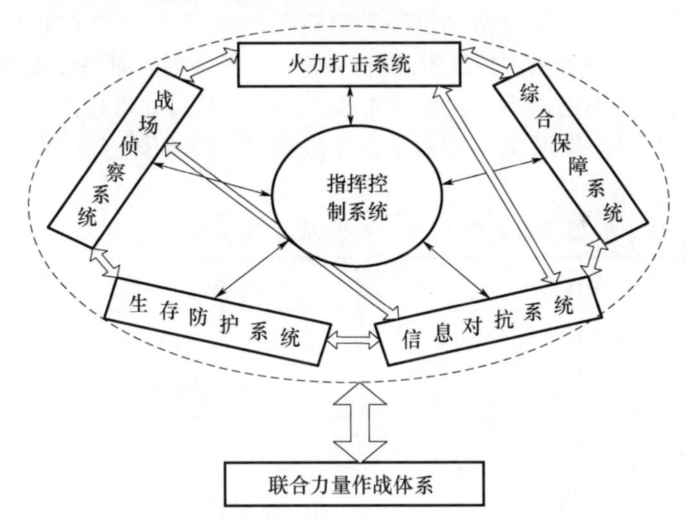

图13.2　导弹作战体系及其子系统功能关系图

13.3　导弹作战体系对抗过程分析

13.3.1　对抗环境

导弹作战体系是进行体系作战的基础,在未来的战争中体系对抗将是其主要的作战表现形式,而要想在战争中取得体系对抗的胜利,首先必须清楚地了解所处的对抗环境。

美国“空地海天电一体化”联合作战：以信息技术为支撑，集各作战要素为一体的完善的作战体系，特别是导弹攻防体系。导弹进攻体系，通过情报侦察、指挥控制，能够从不同的作战平台，对任何目标，按照“目标侦察—导弹攻击—效果判定”的程式实施全方位的攻击；导弹防御体系包括预警侦察系统、指挥控制系统、拦截武器系统，可对美国本土及其盟国实施有效的保护。

美国的弹道导弹防御体系包括战区导弹防御（TMD）系统、国家导弹防御（NMD）系统。TMD系统由PAC－3“爱国者”导弹系统、海基低层战区弹道导弹防御系统和战区高空区防御系统3部分组成。NMD系统包括地基拦截弹系统，地基雷达，空间导弹跟踪系统以及作战管理、指挥、控制、通信系统等。

美国的作战略对抗思维：在未来战争中，由放弃打赢两场大规模战区战争的构想，转换为同时迅速击败两个侵略者的能力为支撑，对4个重要战区实施威胁，同时保留进行一场大规模反击，以占领一个侵略者的首都并改变其政权的战略思路。为此，美军已着手研发包括陆基、空基、海基和战略打击力量在内的有史以来最昂贵的作战系统—未来联合作战系统。其具体目标要求如表13.1所列。

表13.1 美军未来联合作战系统具体目标要求

类别	目标要求
陆基作战	指挥控制实时化
空基作战	全球警戒全球闪击
海基作战	构建“新型海上舰队”
天基作战	铸造天军“矛”与“盾”

根据体系对抗的思想，在研究确定自身作战体系时，需要先考虑对抗方的作战体系的结构、功能和效能等因素。从目前的形势来看，导弹作战体系要具备对抗能力，需要加强空间力量建设，发展空间武器，特别是反卫星武器的部署，重点切断对抗方的信息链，这也是对抗方弹道导弹防御系统的薄弱点。

经过分析，可以总结出导弹作战体系对抗环境的特点：

(1) 对抗方拥有战术导弹等精确打击能力，可对各种已发现并判明的目标实施精确打击。

(2) 对抗方拥有强大的电子战能力，可对指挥信息系统以及所有电子装备实施强烈而密集的电子干扰和电子毁伤。

(3) 对抗方拥有可靠的集侦察、探测、跟踪、定位和拦截于一体的反导拦截作战系统。

(4) 对抗方拥有全天候、全时域的作战能力。

13.3.2 对抗流程

导弹作战体系的对抗过程最终表现为导弹与导弹防御系统的攻防对抗上，实际上是导弹所采取的各种以电子战为主的突防措施和导弹防御系统中以光电、雷达为主的探测、识别和跟踪系统之间的斗争，这种斗争贯穿于整个导弹的攻防对抗过程中。作为攻防对抗的主体，导弹武器系统的进攻作战行动(发射与突防)在整个攻防对抗过程起牵引和主导作用，因此，首先分析导弹武器系统的作战流程。导弹武器系统的作战流程(以弹道导弹为例)可用图 13.3表示。

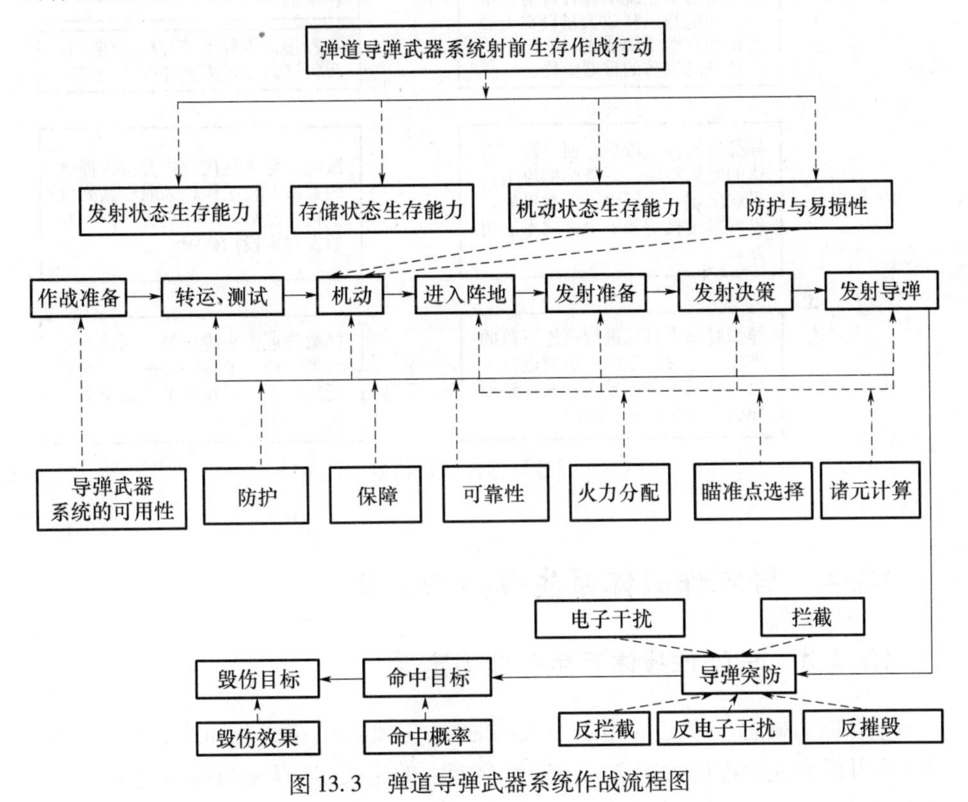

图 13.3　弹道导弹武器系统作战流程图

经过以上分析，结合导弹武器系统在攻防对抗中生存能力研究，可以得到弹道导弹武器系统攻防作战流程图，如图 13.4 所示。

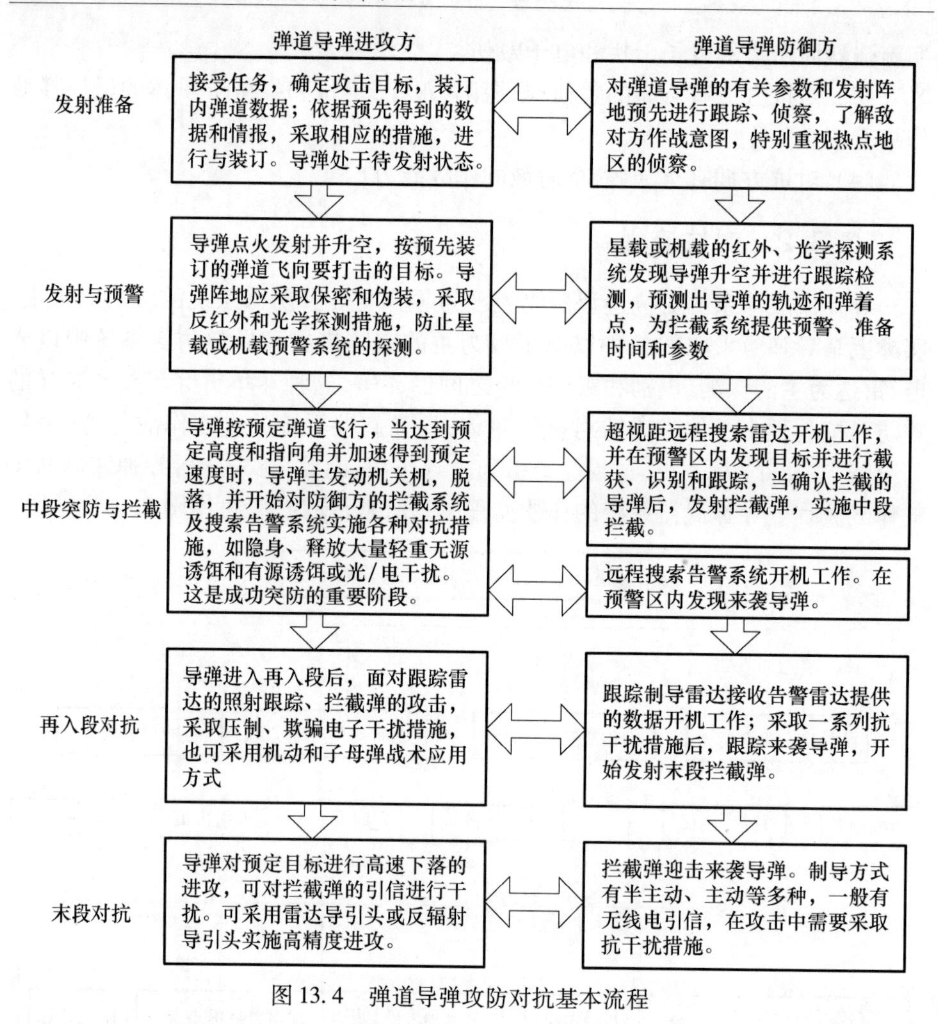

图 13.4　弹道导弹攻防对抗基本流程

13.4　导弹作战体系生存能力分析

13.4.1　导弹作战体系生存能力定义

生存能力概念[9-11]已应用了很长的时间，主要应用在武器和武器系统方面，但至今并没有完全准确的定义。早期生存能力的定义，是以易损性的定义为基础提出的，如关于生存能力的定义："生存能力是人员和装备的一种特性，有了这种特性就能抵抗和避开有害的军事行动或自然现象的影响，保证其能力在正常情况下和别的情况下不会遭受损失，保证能够继续而有效地完成规定任务。"

在现代战争条件下,必须考虑到整个攻防过程,因此,对于武器或装备的生存能力可以提出这样的简明定义:武器或装备的生存能力是指与交战的另一方进行一次对抗之后,仍能继续战斗的能力。

根据上述定义,单件武器或装备的生存能力就是与交战的另一方进行一次对抗之后的生存概率。现代武器或装备都有良好的维修性,而且任何武器或装备在进行战斗之前都有一定的战斗准备时间,在一次对抗之后仍能继续战斗(或使用)的能力还应包括武器或装备已被毁伤,但在下一次战斗之前能够修复的可能性。这样,武器或装备的生存能力应以下次战斗中,能够及时投入战斗的概率 R_g 来表示,此时有

$$R_g = R_s + (1 - R_s)M(t) \tag{13.1}$$

式中:$M(t)$ 为维修度函数,是在 t 时间内完成一次维修活动的概率;R_s 为武器生存概率。

关于武器系统的生存能力有以下典型定义[12]:"武器系统生存能力是指在遭受敌方攻击后,能得以生存并具备反击的能力。"定义中包含了这样三条事实:①系统本身具有一定功能;②系统遭受外部环境因素作用;③系统功能在遭受外部作用后仍具备功能(图 13.5)。

基于以上分析,可以给出一般军事作战系统生存能力的定义:在特定的环境条件作用下所反映出来的保持执行规定功能的能力的大小,称为该系统在特定条件下的生存能力。

图 13.5　武器系统生存能力机理图

通过对武器系统的生存能力定义分析,结合导弹作战体系本身特性,可对导弹作战体系生存能力定义如下。

定义 13.5　导弹作战体系生存能力是导弹作战体系在某种具体的战场环境下,经过一次攻防对抗后,所具有的保持生存状态的潜在功能。

具体来说,导弹作战体系生存能力就是导弹作战体系受到外界环境干扰,尤其是受到敌方打击的情况下,体系仍能保持或者很快恢复生存状态的自适应、自组织能力,它的各个子系统经过适当重组使其仍然具有完成作战任务的能力。简而言之,导弹作战体系生存能力就是导弹作战体系在特定的环境条件作用下所反映出来的保持完成规定任务的能力。

13.4.2　导弹作战体系面临的生存威胁

由于导弹防御系统的不断发展以及其他高新技术在军事上的运用,使得导弹作战体系所面临的威胁越来越严峻,作战环境越来越恶劣,主要表现在以下几个方面。

(1) 侦察监视威胁。目前,导弹作战体系所面临的是对抗方在空间、空中、

地面部署的大量侦察卫星、预警机、电子侦察机、无人侦察机和远程预警雷达，构成了一个立体多层次、多手段的综合电子侦察体系，能对导弹作战体系的作战行动实施全天时、全天候侦察，甚至实现实时监控，并通过 C^4ISR 系统将侦察信息迅速传输和分发。

(2) 电子战威胁。以电子战为先导，首先夺取制电磁权，进而取得战争主动权，是作战体系对抗的一个显著特点。目前对抗方的电子战力量非常强大，战时一定会对导弹作战体系实施电子干扰和电子攻击，破坏导弹作战指挥链。

(3) 精确打击威胁。目前，精确制导武器的精度得到极大提高，真正实现了"发现即摧毁"。对抗方在大规模电子支援下，使用远程作战飞机等作战平台，通过发射精确制导武器，直接对指挥所、通信系统、导弹库、机动道路、桥梁和作战阵地实施精确打击，都将使导弹作战体系在一定时间内丧失突击能力并难以恢复。

(4) 地面袭扰威胁。随着陆战轻武器的高技术化，对抗方特种作战分队渗透、袭扰的成功率增加。导弹发射技术复杂、准备时间长，对抗方特种作战分队对机动中的导弹武器系统或导弹发射阵地实施突袭，或实地侦察，提供目标坐标，引导飞机进行常规攻击，都将构成严重威胁。

(5) 导弹防御威胁。目前，已经存在的导弹防御系统，其防御能力随着高技术的应用将大大增强，这必然导致导弹突防能力面临更加严峻的威胁，直接影响导弹突防概率和导弹作战体系的打击效果。

通过对作战环境的分析可以看出，未来战争中导弹作战体系的生存将面临巨大威胁。

13.4.3 导弹作战体系生存能力影响因素

导弹作战体系攻防对抗是围绕探测与反探测、识别与反识别、拦截与反拦截、摧毁与反摧毁来展开的，而且要在复杂的战场对抗环境中以及在有限的时间和空间内实现这些对抗，而导弹作战体系生存能力贯穿于整个体系攻防对抗全过程。

导弹作战体系由6个相对独立而又相互协作的系统构成，各系统又可细分为下一级子系统，因而导弹作战体系是一个分层结构的多单元组成的有机整体。影响导弹作战体系生存能力的因素很多，通常可分为内部因素与外部因素。内部因素包括两种：一是导弹作战体系各系统的功能、特性所决定的因素，如系统的机动性能、防护性能、伪装性能、可靠性、保障性、快速反应性和作战人员、操作人员以及各级指挥人员的水平等因素；二是各系统之间的相互协调性以及补给物质的重组性。外部因素也包括两种：一是环境因素如温度、湿度、异常天气、特殊自然灾害等因素；二是敌方攻击特性决定的因素如敌方的攻击规模、样式、策略、武器性能等。

导弹作战体系的生存能力是在内部因素和外部因素的综合作用下产生的。

内部因素是决定生存能力的基础和关键,相对固定、变化较慢;外部因素是生存能力改变的条件,复杂多变。考察导弹作战体系的生存能力必须考虑内部因素和外部因素的相互作用。导弹作战体系生存能力影响因素示意图如图 13.6 所示。

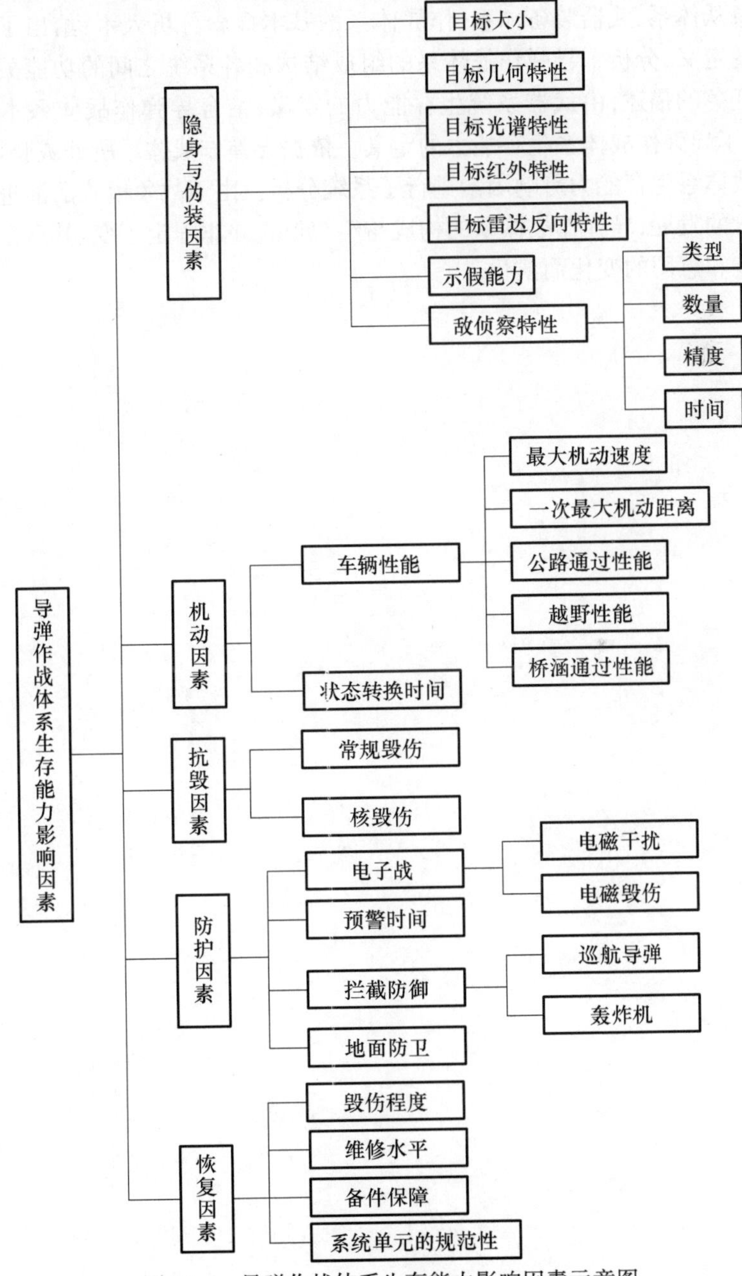

图 13.6　导弹作战体系生存能力影响因素示意图

13.5 本章小结

本章从体系、武器装备体系、作战体系的基本概念分析入手，给出了导弹作战体系的定义，分析了导弹作战体系的组成结构和各系统之间的功能关系。通过作战任务的描述，由武器系统生存能力的定义，结合导弹作战体系本身的特点，给出了导弹作战体系生存能力的定义。依据导弹作战体系所处威胁环境，对导弹作战体系生存能力影响因素进行了系统分析。由于战争模式的演进和军事对抗技术的发展，导弹作战体系的构成与组织形式并非固定不变，其存在与发展随着功能和意图的变化而演化。

第14章　机动导弹作战体系生存能力评估指标体系

在面向迈进信息化联合作战的时代，导弹作战过程呈现的是整个导弹作战体系与对方体系的对抗[51]。研究导弹作战体系生存能力是至关重要的，生存能力是导弹作战体系作战的基础和前提，提高导弹作战体系的对抗能力，发挥导弹作战体系作战效能，首先要提高导弹作战体系的生存能力，而合理的指标体系又是评估生存能力的关键。

14.1　导弹作战体系生存能力指标体系构建的基础理论

导弹作战体系生存能力评估，困难之处在于许多因素难于定量的度量，如体系的抗毁性、网络重组性等，都需要进行量化才能展开定量的数学分析，进而简化评估过程。那么，如何在复杂系统的众多指标中确定出能合理、准确、科学地进行综合效能评估的指标体系，如何将多种不同性质的定性指标进行量化，如何将纷繁复杂的指标量纲进行规范化处理，这都是导弹作战体系生存能力评估的基础性问题，也是实现对体系生存能力科学、准确评估的基石。

14.1.1　指标体系确定的理想条件

在决策方案（生存方案，评价对象）确定的情况下，指标体系的确定会影响到效能评估结果的合理性，指标体系的规模及具体指标差别还会决定评估过程的复杂性。

R. L. Keeney 和 H. Raiff[52] 指出描述一个多准则决策问题时，指标体系应满足5个性质：①完整性，指标体系应表征决策要求的所有重要方面；②可运算性，指标能有效地用到随后的分析中去；③可分解性，可将决策问题分解，以简化评价过程；④无冗余性，希望不重复考虑决策问题的某一方面；⑤极小性，即不可能用元素更少的其他指标体系来描述同一问题。

要满足上述条件是及其困难的，因此又称为多准则决策指标集的理想条件。此外，确定指标体系应遵循最简性、可测性、客观性、完备性和独立性原则。

14.1.2 指标体系构建的总体思路

指标体系的构建,是一个“具体—抽象—具体”的逻辑思维过程,是人们对评估对象本质特征的认识逐步深化、精细、完善、系统化的过程,整个指标体系的构建过程如图 14.1 所示。

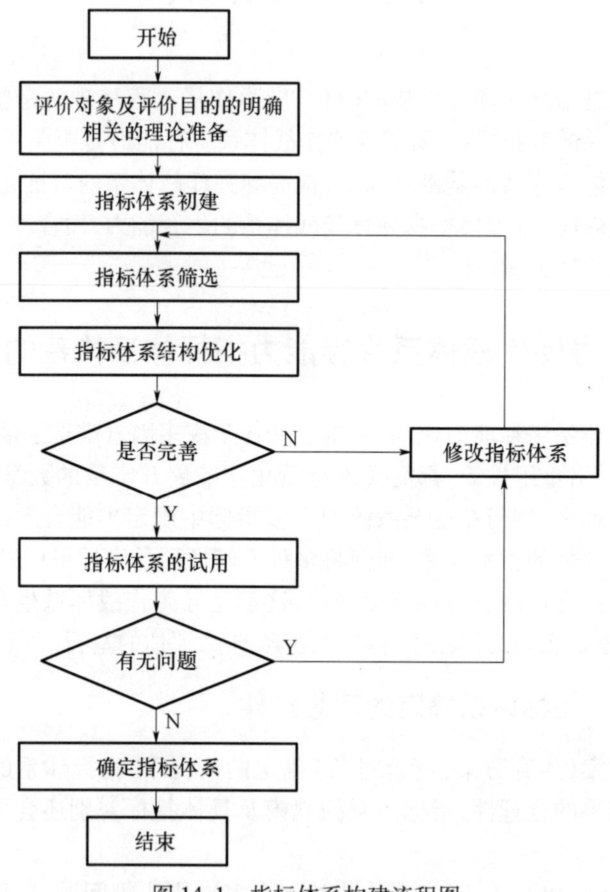

图 14.1 指标体系构建流程图

(1) 理论准备。要制定导弹作战体系生存能力评估指标体系,必须对导弹作战体系生存能力基础理论有较深的认识,只有在概念清晰的基础上,才能构建与评估对象和评价目的相符的指标体系。

(2) 指标体系初建。参照已有的相关生存能力评估指标体系,借助各方面专家的知识和经验,列出与导弹作战体系生存能力评估有关的所有指标。

(3) 指标筛选。考虑不同战场环境的作战需求,结合专家知识经验,筛选出与生存能力关系密切的指标。

(4) 指标体系结构优化。从整体上对指标体系结构进行系统分析,将指标聚成不同种类,反映指标体系的不同方面特性,然后,再聚合成整个指标体系的总体特性。

(5) 指标体系应用。通过将指标体系实际应用到导弹作战体系生存能力综合评估模型中,对评估结果进行合理性分析,寻找导致不合理评价结果出现的原因,修正指标体系。

14.1.3　指标体系构建中的难点问题

指标体系构建的难点问题及解决方法如表 14.1 所列。

表 14.1　指标体系的难点问题及解决方法

难点问题	解决方法
指导标准缺乏规范性	制定评价指标体系,需要在系统分析的基础上,拟订指标体系草案,经过广泛征求专家意见,反复交换信息、统计处理和综合归纳,综合运用定量和定性分析方法,最后才能确定指标体系
指标体系不精练问题	对指标进行约简,常用方法有:条件广义方差极小法、极大不相关法、选取典型指标法[53]、粗糙集法、模糊集[54]法、神经网络法[55]等。应根据指标体系的特性和评价对象的特点,选择相应的指标约简的方法[56]
指标体系有效性难测度问题	测度指标体系的有效性,用得较多的是效度系数法,新兴的方法是结构方程模型方法[57]
指标体系的稳定性难检验问题	通过稳定性系数检验指标体系的稳定性和可靠性,也可以通过贴近度检验指标体系的稳定性和可靠性

14.1.4　指标值的预处理

在导弹作战体系生存能力指标体系中,有些指标是很难直接进行定量描述的,只是能通过“优、良、中、差”等语言值进行定性的判断。定性描述无法利用数学这一定量计算的工具进行处理,因此就需要一个定性指标量化的过程。已将定性的指标进行了量化,加之已有的定量指标,使目前得到的指标都已进行了定量描述。但一般说来,对于不同的评价指标其使用的量纲和单位往往是不一致的,且不具有可比性。为了消除它们之间的差异,平衡各指标的作用,使评价更加合理、公正,必须通过适当的方法将评价指标无量纲化,使其量化值得到统一和标准化。

14.2 导弹作战体系生存能力评估指标体系的构建

目前为止,从查阅的文献来看,还没有找到关于导弹作战体系生存能力评估指标体系方面的直接成果,所以在无法借鉴和参考的情况下只有查阅大量有关生存能力评估的国内外文献,通过综合分析文献,结合导弹作战体系结构、作战流程以及生存能力影响因素,依据图 14.1,尝试建立导弹作战体系生存能力评估指标体系。

14.2.1 指标体系初建

导弹作战体系生存能力贯穿于导弹部队作战的全过程,其生存能力取决于作战过程中是否被发现定位,发现定位后是否会被精确打击,打击后是否丧失作战能力,丧失作战能力后是否能迅速恢复作战能力。导弹作战体系基于导弹武器系统级可以分为不同的互相关联的子网络结构,逻辑功能结构如图 14.2 所示。

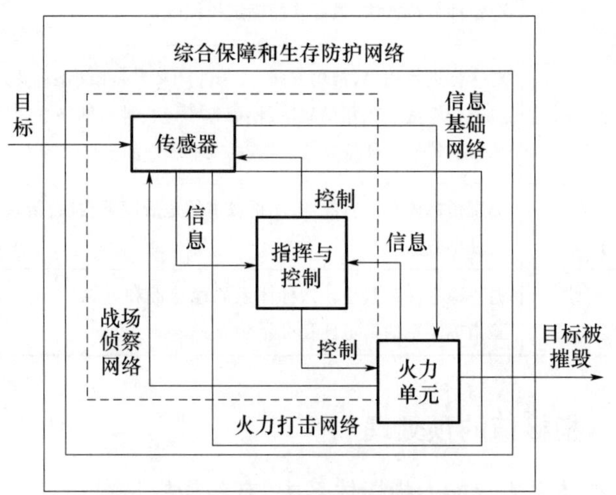

图 14.2 导弹作战体系逻辑功能结构

选取导弹作战体系生存能力指标,首先要分析 6 个系统在 4 个阶段的生存能力影响要素,即战场侦察、指挥控制、火力打击、生存防护、信息对抗和综合保障系统在规避、机动、发射和撤收阶段的生存能力。

(1) 规避阶段。在这个阶段,6 个子系统的生存能力主要影响因素是隐蔽伪装。主动的隐蔽伪装主要是阵地示假、导弹示假,施放烟幕进行遮蔽等;被动的隐蔽伪装主要是阵地及附属设施伪装,导弹发射装置及附属设施伪装,应急停放场伪装、运输车辆及道路伪装等。

(2) 机动阶段。这个阶段主要就是依靠火力打击系统的机动来提高生存能力。机动的方式、机动的时间、机动的最大距离、发射状态转换时间、展开能力、撤收能力及行军输送能力等都对机动能力有很大影响。

(3) 发射阶段。这是导弹进行攻防对抗的主要阶段,生存能力的主要影响因素是防护能力和抗毁伤的能力。防护能力主要体现在预警时间、拦截反应时间、拦截概率等;抗毁伤能力主要体现在抗冲击波、抗电磁脉冲、抗电子干扰以及作战掩体加固程度、导弹发射车加固程度等。

(4) 撤收阶段。通过快速撤收规躲避敌方的打击,并迅速恢复作战能力是撤收阶段的关键,其影响因素主要是维修水平、备件保障能力、系统单元规范性和作战单元的连通性等。

其次,要分析各个系统之间的网络连通性。网络的损害或中断,将直接导致各个系统失去作战能力,进而使导弹作战体系丧失作战能力。保持良好的网络连通性,主要依靠的是信息网络,表现在能力方面就是外部信息支援能力、内部网络协作能力、单个作战单元的信息支持能力等。

14.2.2　指标筛选

为使评估指标体系具有较强的通用性,某些仅对体系中单一或少数设备有影响且作用微弱的指标就不再进入本指标体系。另外,作为生存能力的初步指标体系,对于对生存能力有影响但可作为一个综合指标来对待的指标不再进行细分(如“战斗伪装能力”、“对空防护能力”等指标),以满足指标体系建立原则中“在不影响指标系统性的原则下,尽量减少指标数量”的简洁性原则。

选用德尔菲(Delphi)法进行指标的筛选。该方法的流程图如图 14.3 所示。

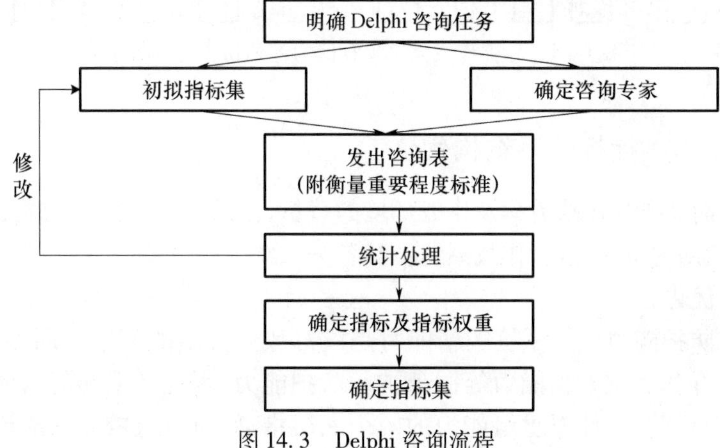

图 14.3　Delphi 咨询流程

通过对发出的指标筛选专家咨询表(表 14.2),进行归纳整理,得到导弹作战体系生存能力评估初步指标体系如图 14.4 所示。

表 14.2　指标筛选专家咨询表

一层指标要素	评价意见					二层指标要素	评价意见					三层指标要素	评价意见				
	极重要	很重要	重要	一般	不重要		极重要	很重要	重要	一般	不重要		极重要	很重要	重要	一般	不重要
A						A_{21}						A_{31}					
						A_{22}						A_{32}					
						⋮						⋮					
B						B_{21}						B_{31}					
						B_{22}						B_{32}					
						⋮						⋮					
…						…						…					

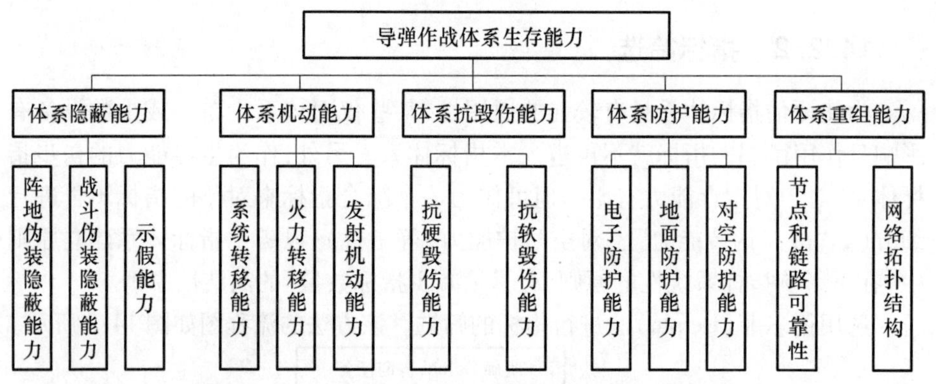

图 14.4　导弹作战体系生存能力评估初步指标体系

14.2.3　指标体系结构优化

根据前文导弹作战流程及作战环境的分析,以及对导弹武器的装备配套现状、作战运用的基本理论、作战系统及其各分系统的构成特点研究,对指标体系结构进行优化。

体系防护能力和体系抗毁伤能力是应对敌方打击的两个不同方面,但是本质是一样的。抗毁伤能力等同于被动防护能力,因此抗毁伤能力和防护能力可以进行综合。体系重组能力的两个底层指标:节点或链路可靠性和网络拓扑结构,不能很好地反映导弹作战体系的特点,需要进行优化修改,体系重组能力可通过作战资源匹配能力、作战单元恢复能力和作战网络修复能力度量体现。

14.2.4　导弹作战体系生存能力指标体系

导弹作战体系是由平台单元(包括火力打击系统,指挥控制系统,战场侦察系统,综合保障系统,生存防护系统,信息对抗系统)和信息网络构成,作战平台下的作战单元是相互交叉联系的,即一个作战单元有可能隶属于两个或多个系统,作战单元被摧毁也就是说不只是一个系统会受到影响,从这个角度上讲,各个系统的生存能力是相互关联的,而信息网络又是联系各个系统的关键。导弹作战体系的生存能力还是主要取决于作战单元和作战网络的完好性,通过对指标体系的结构优化,得到导弹作战体系生存能力评估基本指标体系,如图 14.5 所示。导弹作战体系的 6 个系统的生存能力评估指标并非都是由这 4 项指标组成,但是这 4 项指标不仅包括了各个系统生存能力的评估指标,而且也较好地反映了信息网络对导弹作战体系生存能力的影响。

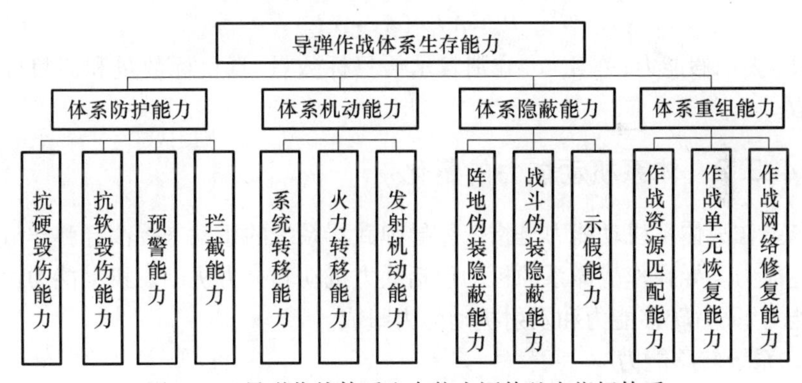

图 14.5　导弹作战体系生存能力评估基本指标体系

14.3　导弹作战体系生存能力指标量化分析

在指标体系建立的基础之上,对导弹作战体系生存能力进行评估,还需要对具体指标进行量化分析。

14.3.1　体系隐蔽能力的量化

导弹作战体系隐蔽能力是指导弹作战体系通过伪装、隐蔽、示假等手段不被

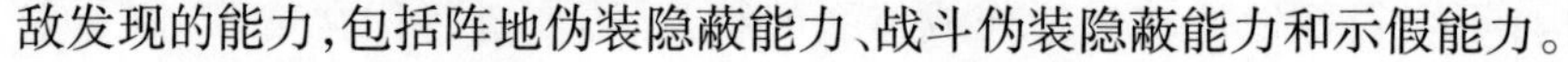

敌发现的能力,包括阵地伪装隐蔽能力、战斗伪装隐蔽能力和示假能力。

1. 阵地伪装隐蔽能力

阵地伪装隐蔽能力一般用阵地等效的隐蔽面积与阵地等效总面积之比来表示,即

$$P_y = s_m / S_m \tag{14.1}$$

式中:P_y 为阵地的伪装隐蔽能力;s_m 为阵地伪装后的等效面积;S_m 为阵地等效总面积。

2. 战斗伪装隐蔽能力

战斗伪装隐蔽能力一般与导弹火力单元的工作频率、发射功率、工作时间和空间范围以及采用的一些技术手段有关,即

$$P_z = I_p I_f I_s I_k I_j \tag{14.2}$$

式中:P_z 为战斗伪装隐蔽能力;I_p、I_f、I_s、I_k、I_j 分别表示作战单元的工作频率、发射功率、工作时间和空间范围以及采用的一些技术手段系数。

3. 示假能力

示假能力一般与假目标的数量,以及假目标的逼真程度有关,即

$$P_s = A_j I_z / (A_z + A_j I_z) \tag{14.3}$$

式中:P_s 为示假能力;A_j、A_z、I_z 分别表示假目标数量、真目标数量和假目标的逼真系数。

14.3.2 体系机动能力的量化

导弹作战体系机动能力是指依靠导弹武器系统的机动来提高导弹作战体系的生存能力。导弹作战体系的机动包括兵力机动和火力机动。机动能力由系统转移能力、火力转移能力和发射机动能力组成。

1. 系统转移能力

导弹作战体系基本单元的机动性能指标可表示为

$$M_i = \alpha R_f / N_r (T_s + T_d) \tag{14.4}$$

式中:N_r 为运输单元的总数;T_s 为基本单元架设撤收时间的平均值;T_d 为基本单元开关机时间的平均值;R_f 为车辆机动一致性因子;α 为机动系数。

假设在导弹体系中有 n 个基本单元,则机动性能指标可表示为

$$M_j = \frac{1}{\sum_{i=1}^{N} \frac{1}{M_i}} \tag{14.5}$$

可以看出,基本单元的数量越少,则导弹作战体系的机动性越好;组成系统中各基本单元的机动性能越好,则体系的机动性也越好。

2. 火力转移能力

一般假设导弹作战体系的火力转移能力服从负指数分布，则

$$P_h = e^{-t/T} \tag{14.6}$$

式中：P_h 为转火能力；t 为转火时间；T 为时间常数。

3. 发射机动能力

机动发射指的是利用运输工具和发射装置适时改变地点发射导弹的方式。导弹作战体系发射机动能力一般是一个 0－1 整数分布，即导弹作战体系可以发射机动时，则其发射机动能力 P_f 为 1，否则为 0。

14.3.3　体系防护能力的量化

体系防护能力是导弹作战部队通过各种手段保护导弹作战体系不被摧毁的能力。根据防护方式的不同可以分为主动防护能力和被动防护能力。主动防护是主动拦截和对抗敌方来袭武器，将其击毁，可使其发生偏离、失效而不能发挥毁伤作用的装置（措施）；被动防护是被动地抵抗攻击武器毁伤因素直接作用的各种防护装置。

1. 主动防护能力

主动防护能力是指在建立完整的反导、反空袭等防御体系的基础上，对敌来袭导弹、轰炸机编队等直接予以拦截摧毁的能力。对敌来袭导弹和轰炸机编队进行拦截主要取决于以下几个因素：预警能力（用成功预警概率 P_{yi} 表示）、防御武器的可用度 P_a、可靠度 P_d、摧毁概率 P_k 和指挥控制能力 P_c（反应多军兵种联合作战的能力）。因此，主动防护能力（即成功拦截概率）可表示为

$$P_f = P_{yi} P_a P_d P_k P_c \tag{14.7}$$

2. 被动防护能力

被动防护能力是指导弹作战体系遭敌打击后，抵抗毁伤的能力。它包含抗硬毁伤能力和抗软毁伤能力。

（1）抗硬毁伤能力。导弹作战体系各功能单元的抗硬毁伤能力，可用下次能够及时投入战斗的概率 P_j 来定量描述，则

$$p_j = p_{j0} + (1 - p_{j0}) m_j(t) \tag{14.8}$$

式中：$m_j(t)$ 为第 j 个功能单元的维修度，即在 t 时间内完成一次战损维修活动的概率，t 可根据规定的战斗准备时间取值；p_{j0} 为第 j 个功能单元经过一次对抗后的生存概率。

假设导弹体系中各基本单元经过一次火力对抗后的抗硬毁伤能力为 p_j，则体系的抗硬毁伤能力为[58]

$$P_n = 1 - (1 - p_j)^N \tag{14.9}$$

式中:N 为关键节点数目。可以看出,体系的抗硬毁伤能力不仅和基本单元的抗硬毁伤能力有关,而且和网络结构有关。因此,提高体系的抗硬毁伤能力要从提高基本单元的抗毁能力和优化网络的结构两方面着手。

(2) 抗软毁伤能力。导弹作战体系的抗软毁伤能力主要和组成体系的雷达设备的抗软毁伤能力有关。采用制导雷达网基本抗干扰能力和潜在抗干扰能力表征其综合抗干扰能力,即

$$R_n = P_l(\mathrm{KM}_d/\mathrm{NM}/\mathrm{NE}_f) \tag{14.10}$$

式中:P_l 为雷达网基本抗干扰能力,由选择入网的单部雷达抗干扰性能决定;$(\mathrm{KM}_d/\mathrm{NM}/\mathrm{NE}_f)$ 表示雷达网的潜在抗干扰能力,参数分别表示重叠系数、信号类型比、频段配置比、频率抗干扰效益系数。

$$P_l = \sum_{i=1}^{n} R_i \tag{14.11}$$

式中:R_i 为第 i 部雷达的抗干扰能力。

$$R = KS_A S_s S_P S_M S_c S_N S_J \tag{14.12}$$

$$K = P_{av} T_0 B_s G_A \tag{14.13}$$

式中:K 为雷达抗干扰的固有能力;P_{av} 为雷达的发射功率;$T_0 B_s G_A$ 决定雷达的综合分辨力;$S_A S_s S_P S_M S_c S_N S_J$ 为抗干扰措施的附加因子,分别表示频率跳变、天线旁辨、天线极化改善、动目标抗杂波改善、恒虚警接收机质量、宽—限—窄质量和脉冲重频跳动因子。

14.3.4 体系重组能力的量化

体系重组能力是指导弹作战体系在遭受攻击后,通过调配作战资源,产生新的路由,重新构成作战体系进行作战的概率。对导弹作战体系的体系重组能力主要考虑以下因素:作战单元被命中后的恢复能力,各系统之间的网络修复能力和战场补给资源与损伤资源的匹配能力。

1. 作战单元恢复能力

作战单元恢复能力是指导弹作战体系在遭受敌打击后,武器系统等作战单元生存状态能够迅速得以恢复的能力,主要取决于作战单元系统的备件保障能力和维修技术水平。

其中,备件保障能力可以用备件器材的保障供应置信度 $Q(t)$ 来进行量化,$Q(t)$ 表示在 t 时间内系统所需的维修资源保障满足修复要求的概率程度。

维修技术水平用维修度 $M(t)$ 来进行量化,$M(t)$ 表示在 t 时间内完成一次战损修复的概率,t 是系统遭袭后到完成战斗准备的所需时间。

因此,导弹作战体系作战单元恢复能力 D 可以量化为

$$D = M(t)Q(t) \tag{14.14}$$

2. 作战网络修复能力

作战网络修复能力是指体系受到打击破坏后，经过特定人员的修复使作战网络恢复到正常作战状态的能力。导弹作战体系的结构属于随机的网络结构，经过抽象后可得到如下修复模型：网络总大小为 N，含有 n 个修复因子，每个修复因子对节点的修复概率为 p_r。节点的最大修复概率不超过 p_{rc}，即每个节点最多可同时含有 n_{vc} 个修复因子，其中

$$n_{vc} = \frac{p_{rc}}{p_r} \tag{14.15}$$

为了简单起见，假设节点的修复概率 p_{vr} 与节点所拥有的修复因子数量 n_{vr} 成线性关系，即节点修复概率为

$$p_{vr} = n_v p_r \tag{14.16}$$

现实中的修复问题是一个动态过程，在复杂网络修复模型中，需要将这个动态的过程抽象为修复机制。

3. 作战资源匹配能力

作战资源的匹配能力是指被毁伤的作战单元与完好备件之间相互匹配的程度，即完好的作战单元取代毁伤的作战单元构成完好的导弹作战体系的程度，可以用匹配概率 P_t 来表示，其大小取决于作战资源的通用性。

假设导弹作战体系包含 N 个作战单元，M 个完好备件，其中有 n 个作战单元损伤，作战资源的规范性用概率 P_g 表示，则

$$P_t = \frac{C_M^n}{C_N^n} P_g \quad M \leqslant N \tag{14.17}$$

14.4　本章小结

本章从指标体系的构建方法入手，通过分析研究指标体系构建的总体思路和难点问题，结合导弹作战体系生存能力的具体特点，建立了导弹作战体系生存能力评估指标体系，并对相应的具体指标进行了量化分析，为导弹作战体系生存能力评估奠定了基础。

第15章 机动导弹作战体系生存能力评估模型

在未来作战中,作为重要威慑力量和纵深突击力量的第二炮兵导弹部队,必将受到敌方高技术侦察器材的严密侦察和监视,同时更是敌人精确打击的重点。对导弹作战体系的生存问题进行深入、细致、全面地研究,一方面可以为平时的战场建设,作战方案的制定提供科学合理的依据;另一方面,可以为上级在指挥作战时提供参考,为作战部署的优化和导弹部队作战方案的评估与优化提供辅助决策支持。在前文分析的基础上,建立导弹作战体系生存能力评估模型是至关重要的。

15.1 生存能力评估概述

导弹作战体系生存能评估是导弹作战体系作战效能评估的重要组成部分。生存问题的研究是战争领域研究的一个重要方面,从研究探索战争规律到研制新型武器和改造现有武器系统,都需要进行生存能力的研究。但由于战争本身就是一个复杂的巨系统,因此其复杂性就决定了战场生存问题的复杂性。

15.1.1 生存能力评估基本内容

从生存能力的评估对象来看,生存能力评估主要集中在导弹武器系统方面,也有一些文献对导弹阵地、指挥所和整个导弹旅的生存能力进行了研究。根据评估的侧重点不同,生存能力评估可分为对武器本身的评估、对生存方案的评估等。

由于导弹作战体系是近几年刚提出的新概念,对其生存能力的评估还在初始研究阶段,由武器装备体系评估对象层次图(图15.1)可知,导弹作战体系生存能力的评估比导弹武器系统生存能力评估层次更高。

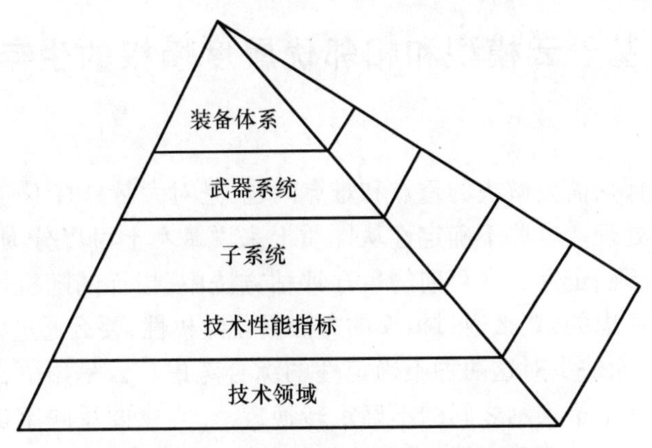

图 15.1 武器装备体系评估对象层次图

15.1.2 生存能力评估基本步骤

(1) 确定导弹作战体系的构成,明确问题研究边界。

(2) 明确影响生存能力的因素及相互关系。

(3) 确定导弹作战体系生存能力评估指标体系。

(4) 建立生存能力评估的数学模型。

(5) 采用一定的方法、途径求解模型。

(6) 对生存能力进行灵敏度分析。

(7) 根据生存能力的评估结果,提出建议和意见。

由以上分析,可得生存能力评估流程图如图 15.2 所示。

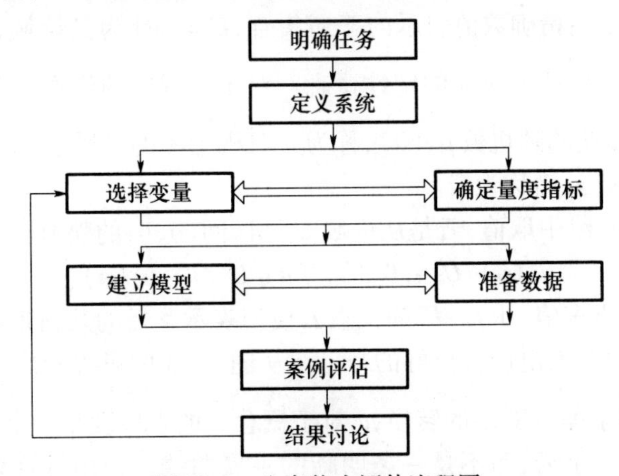

图 15.2 生存能力评估流程图

15.2 基于云模型和相邻优属度熵权的生存能力评估模型

生存能力评估需要解决的重点和难点问题,是对大量具有不确定性的指标、因素的表示和处理。这些不确定性从性质上来说基本上可以分为两类:随机不确定性和模糊不确定性。在目前的生存评估方法中,指标的随机性和模糊性基本上是被分开考虑的,要么通过概率的方法量化随机性,要么通过模糊集合的方法量化模糊性,而缺少对这两种不确定性的综合考虑。云是用语言值表示的某个定性概念与其定量表示之间的不确定转换模型,它主要反映宇宙中事物或人类知识中概念的两种不确定性:模糊性和随机性,用云模型把模糊性和随机性完全集成在一起研究不确定性的普遍规律,使得有可能从语言值表达的定性的信息中获得定量数据的范围和分布规律,也有可能从精确数值有效转换为恰当的定性语言值。因此,提出一种基于云模型和相邻优属度熵权的导弹作战体系生存能力评估方法。

15.2.1 云模型

云模型[60]是李德毅院士在传统模糊集理论和概率统计的基础上提出的一种定性定量不确定性转换模型,它最大的特点是把定性概念的模糊性和随机性完全集成在一起,构成定性和定量相互间的映射,成为处理模糊信息的有效工具[61,62]。

1. 基本概念

设 $\boldsymbol{U}$ 是一个用精确数值表示的普通集合,$\boldsymbol{U}=\{u\}$ 为其论域(一维的、二维的或多维的),$\tilde{A}$ 为 $\boldsymbol{U}$ 上对应的定性概念。对于论域中的任意一个元素 u,都存在一个有稳定倾向的随机数 $\mu_{\tilde{A}}(u)$,称为 u 对概念 $\tilde{A}$ 的隶属度,隶属度在论域上的分布称为隶属云,简称为云。

$\mu_{\tilde{A}}(u)$ 在[0,1]中取值,云是从论域 $\boldsymbol{U}$ 到区间[0,1]的映射,即

$$\mu_{\tilde{A}}(u):\boldsymbol{U}\to[0,1],\ \forall u\in\boldsymbol{U}\quad u\to\mu_{\tilde{A}}(u)$$

图15.3是语言值"十几岁"的正态云模型表示。云的几何形状对理解定性与定量间转换的不确定性有很好的帮助。从图15.3中可以看出,所有 $u\in\boldsymbol{U}$ 到区间[0,1]的映射是一对多的转换,u 对于概念 $\tilde{A}$ 的隶属度是一个概率分布而非固定值,从而产生了云,而不是一条明晰的隶属曲线。云由许许多多的云滴组成,单个云滴是定性概念在数量上的一次具体实现。某一个云滴也许无足轻重,

但云的整体形状反映了定性概念的基本特征。云的“厚度”是不均匀的，腰部最分散，顶部和底部汇聚性好。云的“厚度”反映了隶属度的随机性，靠近概念中心或远离概念中心处隶属度的随机性较小，而距离概念中心不近不远处隶属度的随机性较大，这与人的主观感受是相一致的。

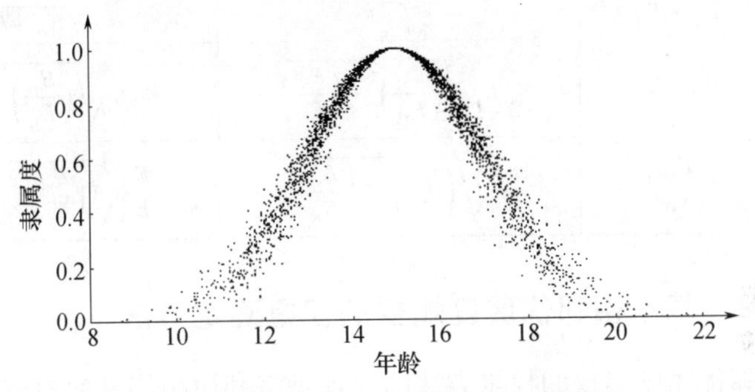

图 15.3　语言值“十几岁”对应的正态隶属云

2. 云模型的数字特征

云用期望值 E_x、熵 E_n 和超熵 H_e 3 个数字特征值来表征，如图 15.4 所示。

期望 E_x 是概念在论域中的中心值，即在论域空间中最能够代表这个定性概念的点，是这个概念量化的最典型样本点。

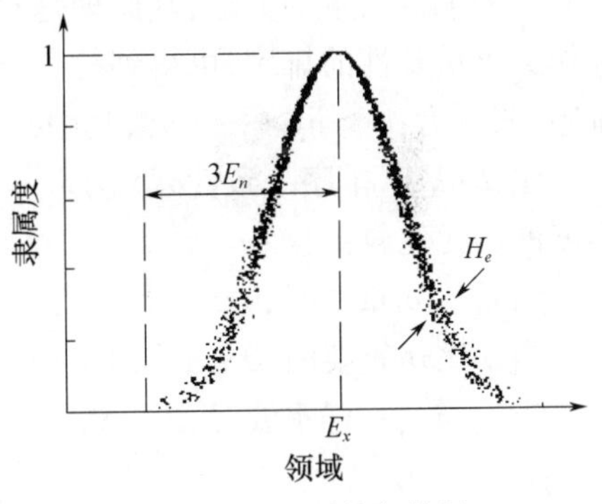

图 15.4　云的数字特征

熵 E_n 代表一个定性概念的可度量粒度。通常熵越大，概念越宏观。熵还反映了定性概念的不确定性，表示在论域空间可以被定性概念接受的取值范围大小，即模糊度，是定性概念亦此亦彼性的度量。

超熵 H_e 也即熵 E_n 的熵，是熵的不确定性的度量，它反映代表定性概念值的样本出现的随机性，揭示了模糊性和随机性的关联。

可见，云模型不再强调精确的函数表示，而是利用 3 个数字特征表示概念的不确定性，通过特定的计算机算法来实现定性概念和定量表示的不确定转换，同时把模糊性和随机性完全集成到了一起。

3. 云的运算规则

设有云 $Y_1(E_{x1},E_{n1},H_{e1})$ 和 $Y_2(E_{x2},E_{n2},H_{e2})$，算术运算的结果为 $Y(E_x,E_n,H_e)$，

则其满足表 15.1 所列的运算规则。

表 15.1 云的运算规则

运算符号	E_x	E_n	H_e
+	$E_{x1}+E_{x2}$	$\sqrt{E_{n1}^2+E_{n2}^2}$	$\sqrt{H_{e1}^2+H_{e2}^2}$
−	$E_{x1}-E_{x2}$	$\sqrt{E_{n1}^2+E_{n2}^2}$	$\sqrt{H_{e1}^2+H_{e2}^2}$
×	$E_{x1}\times E_{x2}$	$E_{x1}E_{x2}\sqrt{\left(\frac{E_{n1}}{E_{x1}}\right)^2+\left(\frac{E_{n2}}{E_{x2}}\right)^2}$	$E_{x1}E_{x2}\sqrt{\left(\frac{H_{e1}}{E_{x1}}\right)^2+\left(\frac{H_{e2}}{E_{x2}}\right)^2}$
÷	$\frac{E_{x1}}{E_{x2}}$	$\frac{E_{x1}}{E_{x2}}\sqrt{\left(\frac{E_{n1}}{E_{x1}}\right)^2+\left(\frac{E_{n2}}{E_{x2}}\right)^2}$	$\frac{E_{x1}}{E_{x2}}\sqrt{\left(\frac{H_{e1}}{E_{x1}}\right)^2+\left(\frac{H_{e2}}{E_{x2}}\right)^2}$

15.2.2 基于相邻优属度熵权的权重确定方法

基于相邻优属度熵权的权重方法的原理是将利用相邻目标相对优属度法求得的主观权重，与利用熵权法求得的客观权重相结合，得到组合权重。

1. 主观权重的确定

基于相邻目标相对优属度的权重确定方法是在有限二元比较法的基础上提出的一种求取权重的方法，其原理是对于目标集 $\boldsymbol{O}=\{o_1,o_2,\cdots,o_m\}$ 中的所有目标作关于重要性的排序，可得到符合排序一致性原则的 m 个目标关于重要性的排序，假设为：$o_1>o_2>\cdots>o_m$，其中 $o_i>o_j$ 表示 o_i 比 o_j 重要。

定义：基于排序一致性 $o_1>o_2>\cdots>o_m$，对目标集 $\boldsymbol{O}$ 中的目标作关于重要性程度的二元比较：

当 o_k 比 o_l 重要时，$0.5<\beta_{kl}\leqslant 1$；

当 o_l 比 o_k 重要时，$0\leqslant\beta_{kl}<0.5$；

当 o_k 与 o_l 一样重要时，$\beta_{kl}=0.5$，特别的 $\beta_{kk}=0.5$；

$\beta_{kl}=1-\beta_{lk}$；

称 β_{kl} 为目标 o_k 对 o_l 的相对重要性模糊标度值，称 $\beta_{k,k+1}$ 为相邻目标相对重要性模糊标度值。其中，$k=1,2,\cdots,m$；$l=1,2,\cdots,m$。

基于上述定义及相对隶属度原理，有如下结论：

在目标关于重要性的排序 $o_1>o_2>\cdots>o_m$ 下，由相邻目标相对重要性模糊标度值 $\beta_{k,k+1}(k=1,2,\cdots,m-1)$，必可求得目标相对重要性模糊标度值 $\beta_{kl}(k=1,2,\cdots,m;l=1,2,\cdots,m)$。

由目标排序 $o_1>o_2>\cdots>o_m$ 可知：$\beta_{k,k+1}\in[0.5,1]$，$\beta_{k,k+2}\in[\beta_{k,k+1},1]$，…，$\beta_{k,m}\in[\beta_{k,m-1},1]$，它们在数轴 $0-\beta_{kl}$ 上的关系可以用图 15.5 表示。

考察 $\beta_{k,k+2}$ 与 $\beta_{k,k+1}$ 及 $\beta_{k+1,k+2}$ 之间的关系。在数轴 $0-\beta_{kl}$ 上，$\beta_{k,k+2}\in[\beta_{k,k+1},1]$；

在数轴 $0-\beta_{k+1,l}$ 上，$\beta_{k+1,k+2}\in\lfloor\beta_{k+1,k+1},1\rfloor=[0.5,1]$（图 15.6）。

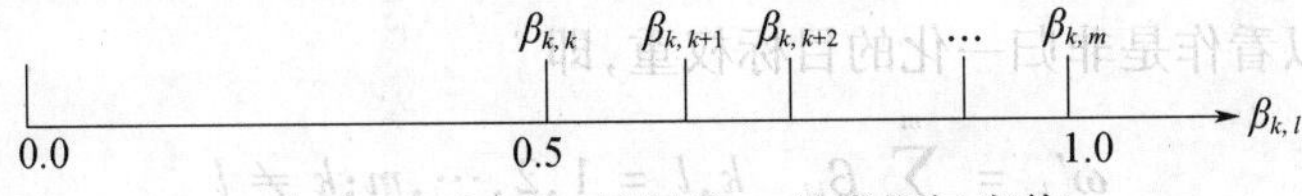

图 15.5　相对于目标的 o_k 的模糊标度值

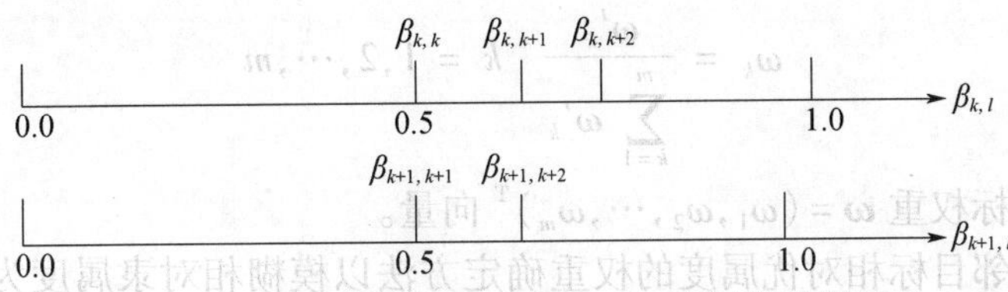

图 15.6　模糊标度值 $\beta_{k,k+2}$ 和 $\beta_{k+1,k+2}$ 之间的投影关系

记：

$$\beta_{k+1,k+2}^{(k)}=\beta_{k,k+2}-\beta_{k,k+1} \tag{15.1}$$

$$\beta_{k+1,k+2}^{(k+1)}=\beta_{k+1,k+2}-\beta_{k+1,k+1}=\beta_{k+1,k+2}-0.5 \tag{15.2}$$

则 $\beta_{k+1,k+2}^{(k)}$、$\beta_{k+1,k+2}^{(k+1)}$ 分别是以 o_k 和 o_{k+1} 为基准作相对重要性程度比较时，$\beta_{k+1,k+2}$ 与 $\beta_{k+1,k+1}$ 之间的差值，是同一问题在不同坐标系下的不同表述。

将 $\beta_{k+1,k+2}^{(k+1)}$ 从坐标系 $0-\beta_{k+1,l}$ 的 $[0.5,1]$ 区间投影到坐标系 $0-\beta_{kl}$ 的 $\lfloor\beta_{k,k+1},1\rfloor$ 区间上，即将 $\beta_{k+1,k+2}^{(k+1)}$ 转换为 $\beta_{k+1,k+2}^{(k)}$，有

$$\frac{\beta_{k+1,k+2}^{(k)}}{(1-\beta_{k,k+1})}=\frac{\beta_{k+1,k+2}^{(k+1)}}{0.5} \tag{15.3}$$

$$\beta_{k+1,k+2}^{(k)}=2\beta_{k+1,k+2}^{(k+1)}(1-\beta_{k,k+1}) \tag{15.4}$$

由式（15.1）和式（15.4）可得

$$\beta_{k,k+2}=\beta_{k,k+1}+2(1-\beta_{k,k+1})(\beta_{k+1,k+2}-0.5) \tag{15.5}$$

同理，可推广得到一个统一的递推公式，即

$$\beta_{k,l}=\beta_{k,l-1}+2(1-\beta_{k,l-1})(\beta_{l-1,l}-0.5) \tag{15.6}$$

可以由相邻目标的相对重要性模糊标度值，来求得任何两个目标的相对重要性模糊标度值。

对于下三角元素，可由互补关系 $\beta_{kl}=1-\beta_{lk}$ 求得。从而得到目标关于重要性的有序二元比较矩阵：

$$\boldsymbol{\beta}=\begin{bmatrix}\beta_{11} & \beta_{12} & \cdots & \beta_{1m}\\ \beta_{21} & \beta_{22} & \cdots & \beta_{2m}\\ \vdots & \vdots & & \vdots\\ \beta_{m1} & \beta_{m2} & \cdots & \beta_{mm}\end{bmatrix}=(\beta_{kl})\qquad k,l=1,2,\cdots,m \tag{15.7}$$

显然,矩阵$\boldsymbol{\beta}$每行模糊标度值之和(不含自身比较)可以代表目标的相对重要性,也可以看作是非归一化的目标权重,即

$$\omega'_k = \sum_{l=1}^{m} \beta_{kl} \quad k,l = 1,2,\cdots,m;k \neq l \tag{15.8}$$

经归一化处理后得

$$\omega_k = \frac{\omega'_k}{\sum_{k=1}^{m} \omega'_k} \quad k = 1,2,\cdots,m \tag{15.9}$$

从而得到目标权重$\boldsymbol{\omega} = (\omega_1,\omega_2,\cdots,\omega_m)^{\mathrm{T}}$向量。

基于相邻目标相对优属度的权重确定方法以模糊相对隶属度为基础,充分利用目标排序的一致性,克服了 AHP 法两两比较判断中的固有缺陷,即互反性二元比较判断矩阵的一致性问题,使得权重的确定符合决策过程的逻辑思路,也符合客观的思维习惯,同时减少了决策者给定相对重要性判断的次数,在目标数量较多时,评估和决策的过程更为简洁和方便。

但是,这种方法虽然采用了模糊标度来反映处理问题当中所遇到的不确定性问题,但仍然需要专家或专业人员给出相邻目标的相对重要性,因此本质上来说仍然是一种主观赋权法。针对此不足,可以利用熵作为不确定性特别是随机不确定性客观量度的特点,来求取权重。

2. 客观权重的确定

熵来源于热力学,后被引入信息论,作为系统状态不确定性的一种度量。目前已在工程技术、经济社会中得到了广泛应用。

假设系统可能具有的状态有n种,每种状态出现的概率为$p_i(i=1,2,\cdots,n)$,则该系统的熵为

$$E = -\sum_{i=1}^{n} p_i \ln p_i \tag{15.10}$$

式中:p_i满足:$0 \leqslant p_i \leqslant 1$;$\sum_{i=1}^{n} p_i = 1$。

设有n个待评对象,m个评估指标,则有评估矩阵$\boldsymbol{R} = (r_{ij})_{n \times m}$。对于某个指标$r_j$,其信息熵为

$$E_j = -\sum_{i=1}^{n} p_{ij} \ln p_{ij} \tag{15.11}$$

式中:$p_{ij} = r_{ij} / \sum_{i=1}^{n} r_{ij}\ (j=1,2,\cdots,m)$。

熵可以用来衡量某一指标对目标价值高低的影响程度,即确定各个指标的客观权重。

首先,构造评价矩阵。设有 n 个待评对象,m 个评估指标,则评价矩阵为

$$\boldsymbol{R}=\begin{bmatrix} r_{11} & r_{12} & \cdots & r_{1m} \\ r_{21} & r_{22} & \cdots & r_{2m} \\ \vdots & \vdots & & \vdots \\ r_{n1} & r_{n2} & \cdots & r_{nm} \end{bmatrix}$$

其次,进行归一化处理。对于正指标(越大越好),有

$$r'_{ij}=\frac{r_{ij}}{\max(r_{1j},r_{2j},\cdots,r_{nj})} \tag{15.12}$$

对于适度指标(越接近某一值越好),有

$$r'_{ij}=\frac{1}{(1+|a-r_{ij}|)}\quad a\text{ 为理想值} \tag{15.13}$$

对于负指标(越小越好),有

$$r'_{ij}=\frac{\min(r_{1j},r_{2j},\cdots,r_{nj})}{r_{ij}} \tag{15.14}$$

于是,得到处理后的评价矩阵

$$\boldsymbol{R}'=(r'_{ij})_{n\times m}$$

再次,计算各指标的熵值与相对熵值。各指标的熵值为

$$E_j=-\sum_{i=1}^{n}d_{ij}\ln d_{ij} \tag{15.15}$$

式中:$d_{ij}=r'_{ij}/\sum\limits_{i=1}^{n}r'_{ij}\ (j=1,2,\cdots,m)$。并假定 $d_{ij}=0$ 时,$d_{ij}\ln d_{ij}=0$。

由熵的性质可知,某个指标的各评价值越接近,其熵值就越大。当 d_{ij} 相等时,熵达到最大值 $\ln n$。因此,其相对熵值为

$$e_j=\frac{E_j}{\ln n}\quad j=1,2,\cdots,m \tag{15.16}$$

最后,计算各指标的熵权。第 j 个指标的熵权 θ_j 定义为

$$\theta_j=\frac{1-e_j}{m-\sum\limits_{j=1}^{m}e_j}\quad j=1,2,\cdots,m \tag{15.17}$$

式中:$0\leqslant\theta_j\leqslant1$;$\sum\limits_{j=1}^{m}\theta_j=1$。

运用熵值原理确定的熵权系数只是反映各指标提供给决策者的信息量多少的相对程度,并不表示各指标的实际重要性,它体现了各指标在竞争意义上的相对激烈程度。由上述定义可以得知,当各个评价对象的某一指标值都相同时,该指标的信息熵达到最大值1,因此其熵权为0。说明该指标在评估中没有没有提

供有用的信息,也就是说从这一指标上无法区分各评价对象的优劣,该指标可以不被考虑。而当各评价对象的某一指标值相差越大,其信息熵越小,说明该指标提供的有用信息量越大,其权重也就越大,应重点考察。

3. 组合权重的确定

将利用相邻目标相对优属度法求得的主观权重ω,与利用熵权法求得的客观权重θ相结合,得到各指标的组合权重为

$$\overline{\omega} = \frac{\theta_j \omega_j}{\sum_{j=1}^{m} \theta_j \omega_j} \qquad j = 1,2,\cdots,m \tag{15.18}$$

此种方法的优点在于既利用了相邻目标相对优属度法中专家给出的各个指标的重要程度,又充分考虑了各指标本身所包含的信息程度,使所得到的权重中既包含主观信息又包含客观信息,既能体现专家的主观意志又能较好地反映问题的客观情况。

15.2.3 评估思路及基本步骤

在实际的评估当中,用云模型来描述定性语言值来表述的指标,可以很好地解决指标模糊性和随机性的问题。云的期望值 E_x可以反映以语言值表述的定性概念的中心值,即云重心的位置;熵 E_n可以反映定性概念的模糊程度,即在论域空间可以被定性概念接受的取值范围大小;超熵 H_e则反映了代表定性概念值的样本出现的随机性。当云的期望值发生变化时,它所代表的信息中心值发生变化,云重心的位置也相应地发生改变,因此,可以通过云重心的变化情况来考察系统状态的变化情况。

基于云模型和相邻优属度熵权的评估方法的基本思路是:运用云模型来刻画定性指标,利用相邻优属度熵权法求得各指标的综合权重。依据系统指标分层结构,根据需要从系统指标层次的第 n 层开始,运用云理论中的有关知识,导出各指标的多维加权综合云的重心表示,用加权偏离度来衡量云重心的改变并激活云发生器,从而给出评价对象的评价值,并将评估结果传递给第$(n-1)$层。再依次分层进行评估,直至得到需要评价的那一层指标的评估结果。其基本步骤如下:

(1) 确定指标集 U_i。

(2) 确定各指标的权重ω_i。

(3) 将各指标用云模型来表示。在系统性能指标体系中,既有用精确数值表示的,又有用语言值来描述的。精确数值可以表示为熵和超熵均为0的云,即其数字特征为$(Ex,0,0)$;语言原子值的云的数字特征为(Ex,En,He)。假设系

统有 n 个待评对象,m 个评估指标,评估矩阵为 $\boldsymbol{R}=(r_{ij})_{n\times m}$。那么 n 个精确数值型表示的一个指标就可以用一个云模型来表示,其中

$$\begin{cases}E_x=(E_{x1}+E_{x2}+\cdots+E_{xn})/n\\ E_n=(\max(E_{x1},E_{x2},\cdots,E_{xn})-\min(E_{x1},E_{x2},\cdots,E_{xn}))/6\end{cases}\tag{15.19}$$

同时,每个语言值型的指标也可以用一个云模型来表示,那么 n 个语言值(云模型)表示的一个指标就可以用一个一维综合云来表征,其中

$$\begin{cases}E_x=(E_{x1}E_{n1}+E_{x2}E_{n2}+\cdots+E_{xn}E_{nn})/(E_{n1}+E_{n2}+\cdots+E_{nn})\\ E_n=E_{n1}+E_{n2}+\cdots+E_{nn}\end{cases}\tag{15.20}$$

(4) 用一个 m 维综合云表示具有 m 个性能指标的系统状态。m 个性能指标可用 m 个云模型来刻画,那么 m 个指标所反映的系统状态就可以用一个 m 维综合云来表示。当 m 个指标所反映的系统状态发生变化时,这个 m 维综合云的形状也发生变化,相应地其重心就会改变。也就是说,通过云重心的变化情况可以反映出系统状态信息的变化情况。m 维综合云的重心用一个 m 维向量来表示,即

$$\boldsymbol{T}=(T_1,T_2,\cdots,T_m)$$

式中:$T_i=a_i\times b_i(i=1,2,\cdots,m)$,$a$ 为云重心的位置,即 E_x,b 为云重心的高度,通常可取为 0.371。

当系统状态发生变化时,其重心变化为 $\boldsymbol{T}'$,$\boldsymbol{T}'=(T'_1,T'_2,\cdots,T'_m)$。

(5) 求加权综合云重心向量。设:理想状态下 m 维综合云重心的位置向量为 $\boldsymbol{a}=(E_{x1}^0,E_{x2}^0,\cdots,E_{xm}^0)$,云重心的高度向量为 $\boldsymbol{b}=(b_1,b_2,\cdots,b_m)$,则理想状态下的云重心向量 $\boldsymbol{T}^0=\boldsymbol{a}\times\boldsymbol{b}^{\mathrm{T}}=(T_1^0,T_2^0,\cdots,T_m^0)$。同理,可以得到某一状态下系统的 m 维综合云重心向量 $\boldsymbol{T}=(T_1,T_2,\cdots,T_m)$。

(6) 用加权偏离度来衡量云重心的改变。加权偏离度(λ)可以用来衡量两种状态下综合云重心的差异。首先,将某一状态下的综合云重心向量归一化,得到一组向量 $\boldsymbol{T}^G=(T_1^G,T_2^G,\cdots,T_m^G)$,其中

$$T_i^G=\begin{cases}(T_i-T_i^0)/T_i^0 & T_i<T_i^0\\ (T_i-T_i^0)/T_i & T_i\geqslant T_i^0\end{cases}\quad i=1,2,\cdots,m\tag{15.21}$$

经归一化之后,表征系统状态的综合云重心向量均为有大小、有方向、无量纲的值。把各指标归一化之后的向量值乘以其权重值,然后再相加,取平均值后得到加权偏离度 λ 的值,即

$$\lambda=\sum_{j}^{m}\omega_j^*T_j^G\tag{15.22}$$

式中:ω_j^* 为第 j 个单项指标的权重值。

(7) 用云模型表示评价评语集。采用由 11 个评语组成的评语集,即 $V=$(极差,非常差,很差,较差,差,一般,好,较好,很好,非常好,极好)。将 11 个评语置于连续的语言值标尺上,并且将每个语言值都用云模型来实现,从而构成一个定性评测的云发生器,如图 15.7 所示。

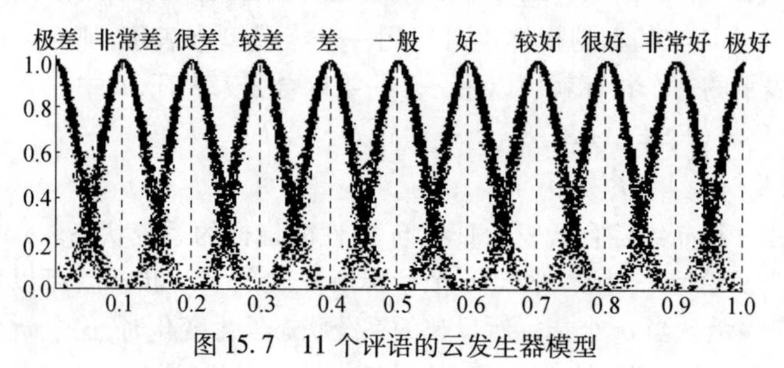

图 15.7 11 个评语的云发生器模型

15.2.4 导弹作战体系生存能力评估示例

由图 11.5 所示指标体系,首先计算体系防护能力 u_1。

从生存能力指标体系中随机抽取体系防护能力所属 4 个指标的 4 组状态样值,如表 15.2 所列。

表 15.2 体系防护能力各指标状态表

状态	抗硬毁伤能力 u_{11}	抗软毁伤能力 u_{12}	预警能力 u_{13}	拦截能力 u_{14}
1	好	较好	一般	好
2	较好	一般	较差	一般
3	好	较差	差	好
4	一般	一般	较差	差
理想状态	极好	极好	极好	极好

利用云模型把语言值用相应的 3 个特征值(E_x, E_n, H_e)来表征,即用一个云对象来表示,并由此组成决策矩阵 $\boldsymbol{B}$,即

$$\boldsymbol{B}=\begin{bmatrix}0.6 & 0.7 & 0.5 & 0.6\\0.7 & 0.5 & 0.3 & 0.5\\0.6 & 0.3 & 0.4 & 0.6\\0.5 & 0.5 & 0.3 & 0.4\end{bmatrix}$$

根据式(15.20),从决策矩阵中分别求得各个指标云模型的 E_x 和 E_n,如表 15.3所列。

表 15.3 体系防护能力各指标云模型的期望值和熵

指标	抗硬毁伤能力 u_{11}	抗软毁伤能力 u_{12}	预警能力 u_{13}	拦截能力 u_{14}
E_x	0.59	0.5	0.39	0.52
E_n	0.171	0.166	0.159	0.183

利用优属度熵权法求各个指标的权重。

根据所征求的专家意见,防护能力所属 4 个指标的重要性排序为

$$u_{11} \sim u_{12} > u_{14} > u_{13}$$

对其作相邻目标的重要程度比较,认为 u_{12} 比 u_{14} 以及 u_{14} 比 u_{13} 都在同样重要与稍微重要之间。根据语气算子与模糊标度的对应关系(表 15.4)可得相邻目标相对重要性模糊标度值为 $\beta_{23}=0.525$, $\beta_{34}=0.525$。

表 15.4 语气算子与模糊标度对应关系表

语气算子	同样	稍微	略为	较为	明显	显著
模糊标度值	0.50	0.55	0.60	0.65	0.70	0.75
语气算子	十分	非常	极其	极端	无可比拟	
模糊标度值	0.80	0.85	0.90	0.95	1.00	

按上述重要性排序。记目标权重向量为 $\boldsymbol{\omega}'_1=(\omega'_{11},\omega'_{12},\omega'_{13},\omega'_{14})$,按照原下标记目标的权重向量为 $\boldsymbol{\omega}_1=(\omega_{11},\omega_{12},\omega_{13},\omega_{14})$。根据给定的重要性排序,有如下的二元比较矩阵:

$$\boldsymbol{\beta}=\begin{bmatrix} 0.5 & 0.5 & 0.525 & \beta_{14} \\ 0.5 & 0.5 & 0.525 & \beta_{24} \\ 0.475 & 0.475 & 0.5 & 0.525 \\ \beta_{41} & \beta_{42} & 0.525 & 0.5 \end{bmatrix}$$

式中:$\beta_{14}=\beta_{24}$;$\beta_{41}=\beta_{42}=1-\beta_{14}$。

根据式(15.6),可以得到

$$\beta_{14}=\beta_{24}=0.525+2\times(1-0.525)\times(0.525-0.5)=0.55$$

故

$$\beta_{41}=\beta_{42}=0.45$$

由式(15.8)、式(15.9)得

$$\omega'_{11}=\omega'_{12}=0.26, \omega'_{13}=0.244, \omega'_{14}=0.236$$

将下标还原后目标的权重向量为

$$\boldsymbol{\omega}_1=(0.26,0.26,0.236,0.244)$$

根据式(15.15),计算各指标的熵值:

$$E_1 = (1.381, 1.346, 1.364, 1.373)$$

相对熵值：

$$e_1 = (0.996, 0.971, 0.984, 0.99)$$

各指标的熵权：

$$\theta_1 = (0.068, 0.492, 0.271, 0.169)$$

从 ω_1 和 θ_1 可以看出，尽管抗硬毁伤能力 u_{11} 和抗软毁伤能力 u_{12} 在主观重要程度上相同（主观权重也相同），但由于其本身所包含的信息量不同，因此其客观权重相差很大，这也正是要从两方面来求权重的原因。

综合所得到的主、客观权重，得到组合权重：

$$\overline{\omega}_1 = (0.07, 0.51, 0.26, 0.16)$$

加权综合云重心向量为

$$T_1 = (0.04, 0.255, 0.1, 0.08)。$$

理想状态加权综合云重心向量为

$$T_1^0 = (0.07, 0.51, 0.26, 0.16)$$

归一化后得

$$T_1^G = (-0.43, -0.5, -0.62, -0.5)$$

由式（15.22）得加权偏离度 $\lambda_1 = -0.526$，即距离理想状态下的加权偏离度为0.526，即对防护能力的评估结果为0.474。将此加权偏离度输入评测云发生器后，将激活"差"和"一般"2个对象，由于对"一般"的隶属度要大于对"差"的隶属度，故评估结果为"一般"。

对体系机动能力 u_2、体系隐蔽能力 u_3、体系重组能力 u_4 的求法相同，在此不再赘述，只给出相应的结果。

（1）体系机动能力 u_2（表15.5～表15.7）。

表15.5　体系机动能力各指标云模型的期望值和熵

指标	系统转移能力 u_{21}	火力转移能力 u_{22}	发射机动能力 u_{23}
E_x	0.58	0.42	0.6
E_n	0.165	0.134	0.157

表15.6　体系机动能力各指标的权重

指标	系统转移能力 u_{21}	火力转移能力 u_{22}	发射机动能力 u_{23}
ω	0.326	0.313	0.361
θ	0.345	0.23	0.425
$\overline{\omega}$	0.26	0.26	0.48

表 15.7 体系机动能力各指标的云重心

指标	系统转移能力 u_{21}	火力转移能力 u_{22}	发射机动能力 u_{23}
T	0.081	0.059	0.27
T^0	0.14	0.14	0.45
T^G	-0.43	-0.58	-0.4

加权偏离度 $\lambda_2 = -0.543$，即对机动能力的评估结果为 0.457。将此加权偏离度输入评测云发生器后，将激活“差”和“一般”2 个对象，由于二者激活程度相差较小，故评估结果的定性说明可用“介于差和一般之间，微倾向于一般”来表示。

（2）体系隐蔽能力 u_3（表 15.8～表 15.10）。

表 15.8 体系隐蔽能力各指标云模型的期望值和熵

指标	阵地伪装隐蔽能力 u_{31}	战斗伪装隐蔽能力 u_{32}	示假能力 u_{33}
E_x	0.35	0.76	0.84
E_n	0.137	0.148	0.169

表 15.9 体系隐蔽能力各指标的权重

指标	阵地伪装隐蔽能力 u_{31}	战斗伪装隐蔽能力 u_{32}	示假能力 u_{33}
ω	0.30	0.326	0.374
θ	0.256	0.352	0.392
$\overline{\omega}$	0.29	0.34	0.37

表 15.10 体系隐蔽能力各指标的云重心

指标	阵地伪装隐蔽能力 u_{31}	战斗伪装隐蔽能力 u_{32}	示假能力 u_{33}
T	0.137	0.106	0.049
T^0	0.39	0.14	0.27
T^G	-0.65	-0.24	-0.82

加权偏离度 $\lambda_3 = -0.5495$，即对隐蔽能力的评估结果为 0.4505。将此加权偏离度输入评测云发生器后，将激活“差”和“一般”2 个对象，由于二者激活程度相差较小，故评估结果的定性说明可用“介于差和一般之间，微倾向于一般”来表示。

（3）体系重组能力 u_4（表 15.11～表 15.13）。

表 15.11 体系重组能力各指标云模型的期望值和熵

指标	作战资源匹配能力 u_{41}	作战单元恢复能力 u_{42}	作战网络修复能力 u_{43}
E_x	0.18	0.32	0.35
E_n	0.122	0.15	0.137

表 15.12 体系重组能力各指标的权重

指标	作战资源匹配能力 u_{41}	作战单元恢复能力 u_{42}	作战网络修复能力 u_{43}
ω	0.301	0.314	0.385
θ	0.276	0.348	0.376
$\overline{\omega}$	0.27	0.35	0.38

表 15.13 体系重组能力各指标的云重心

指标	作战资源匹配能力 u_{41}	作战单元恢复能力 u_{42}	作战网络修复能力 u_{43}
T	0.092	0.115	0.137
T^0	0.11	0.36	0.39
T^G	-0.16	-0.68	-0.65

加权偏离度 $\lambda_4 = -0.5165$，即对体系重组能力的评估结果为0.4835。将此加权偏离度输入评测云发生器后，将激活“差”和“一般”2个对象，由于对“一般”的隶属度要大于对“差”的隶属度，故评估结果为“一般”。

利用相邻优属度法分别求得体系防护能力、体系机动能力、体系隐蔽能力和体系重组能力的权重为0.26、0.24、0.21、0.29，则导弹作战体系生存能力的最终评估结果为

$$0.26 \times 0.474 + 0.24 \times 0.457 + 0.21 \times 0.4505 + 0.29 \times 0.4835 = 0.456$$

转换成定性表示就是“介于差和一般之间，略倾向于一般”。

此方法利用云模型自身的特点，可以很好地将评估定性指标所包含的随机不确定性和模糊不确定性结合在一起，而且克服了传统的模糊综合评判方法、层次分析方法、专家调查法等主观性过强或只考察一种不确定性的缺点。

15.3 基于灰色层次分析法的生存能力评估模型

灰色层次分析评估法是一种定性和定量相结合的综合评价方法[3,4]。此方法的优势在于：①可以较好地解决由于评价指标的不确定性而导致的难以被准确量化和统计的问题；②基本可以排除人为因素带来的主观影响，使评价结果更为客观准确；③整个计算过程简单，通俗易懂，易于掌握；④数据不必进行归一化

处理,可使用原始数据直接进行计算,可靠性强;⑤评价指标体系可根据具体情况进行增减;⑥在无法获取大量样本时,只需有代表性的少量样本即可。选择灰色层次分析评估法对导弹作战体系生存能力进行评估是合理的,因为导弹作战体系可看作是一个典型的灰色系统,其生存能力评价指标中定性指标和定量指标均有,每一个功能都存在一个或几个灰数。通过选取白化权函数,将模型定量化,降低了对专家打分的依赖性,从而增强了可操作性,因此,运用灰色层次分析评估法,利用灰数和白化权函数来确定导弹作战体系生存能力评估过程中所涉及的各种不确定性因素,可以提高评估的客观性和准确性,而且该方法本身科学性较高,应用简便。

15.3.1　基础理论

灰色系统是根据颜色来命名的,因为在控制论中,人们经常使用颜色的深浅来形容信息的明确程度。其中“黑色”表示信息未知,“白色”表示信息明确,“灰色”则表示一部分信息明确、一部分信息不明确。相应地,信息未知的系统统称为黑色系统,信息完全明确的系统称为白色系统,信息不完全明确的系统称为灰色系统。灰色系统是介于信息完全公开的白色系统和一无所知的黑色系统之间的中介系统。因为导弹作战体系生存能力的有些指标是可以被准确量化的,有些只能运用定性的方法对其进行分析,因此导弹作战体系可被看作为一个典型的灰色系统。

所谓层次分析法,是指将一个复杂的多目标决策问题作为一个系统,将目标分解为多个目标或准则,进而分解为多指标或准则、约束的若干层次,通过定性指标模糊量化方法算出层次单排序权数和总排序,以作为目标多指标、多方案优化决策的系统方法,是一种定量计算与定性分析相结合的多目标决策方法。层次分析法确定指标权重时先通过专家评分来确定单个评价指标的相对重要性,然后统计分析评分结果,并建立指标之间的判断矩阵,最后通过对矩阵进行计算分析得出各个评价指标的权重。

灰色层次分析评估法将灰色系统理论与层次分析法相融合,其特点是在对复杂的决策问题的本质、影响因素及其内在关系等进行深入分析的基础上,利用较少的定量信息使决策的思维过程数学化,从而为多目标、多准则或无结构特性的复杂决策问题提供简便的决策方法,尤其适合于对决策结果难于直接准确计量的场合。

15.3.2　评估思路及基本步骤

灰色层次分析评估法是以灰色理论为基础,以层次分析法、ADC 效能评估模型为指导的定量计算与定性分析相结合的评估方法,其本质就是在层次分析法中,不同层次决策“权”的数值按灰色系统理论进行计算[9,10]。具体步骤如下：

(1) 确定层次结构。根据 AHP 原理，将被评估系统（评估对象）的效能指标体系按最高层（系统效能 W）、中间层（一级指标 $U_i, i=1,2,\cdots,m$）和基本层（二级指标 $V_{ij}, i=1,2,\cdots,m; j=1,2,\cdots,n_i$）的形式排列的三层评价指标体系层次结构。

设被评估系统的序号为 $s(s=1,2,\cdots,q)$，$W(s)$ 为第 s 个系统的综合评估值；一级指标 U_i 所组成的集合为 U，记为 $U=\{U_1,U_2,\cdots,U_m\}$；二级指标 V_{ij} 所组成的集合为 $V_i, i=1,2,\cdots,m$，记为 $V_i=\{V_{i1},V_{i2},\cdots,V_{in}\}$。

(2) 计算指标权重系数。利用专家调查法法，获得在某一准则下任意两个指标的两两比较矩阵 $\boldsymbol{A}$，采用 AHP 的方根法求解 $\boldsymbol{AY}=\lambda\max\boldsymbol{Y}$ 的最大特征根对应的特征向量，并将之归一化作为在该准则下各指标的排序权重。设第 i 个准则下共有 n_i 个指标，其两两比较矩阵 $\boldsymbol{A}$ 的元素记为 $a_{kt}(k=1,2,\cdots,n_i; t=1,2,\cdots,n_i)$，将第 j 个指标的权重记为 $\omega_{ij}(j=1,2,\cdots,n_i)$，所有 ω_{ij} 构成权重向量 $\boldsymbol{\omega}_i$，则有

$$\omega_{ij}=\frac{\sqrt[n_i]{\prod_{t=1}^{n_i}a_{jt}}}{\sum_{k=1}^{n_i}\sqrt[n_i]{\prod_{t=1}^{n_i}a_{kt}}}\quad j=1,2,\cdots,n_i \tag{15.23}$$

(3) 制定评分等级标准。评价指标 V_{ij} 一般为定性指标，需将其转化成定量指标。定性指标的定量化可通过制定评分等级来实现。

(4) 建立评价样本矩阵。设有 p 个评价者，根据第 k 个评价者的评价结果，即第 k 个评价者的评分 $\boldsymbol{d}_{ijk}^{(s)}$ 求得评价样本矩阵 $\boldsymbol{D}^{(s)}$，即

$$\boldsymbol{D}^{(s)}=[\boldsymbol{d}_{ijk}^{(s)}]_{(n_1+n_2+\cdots+n_m)\times p} \tag{15.24}$$

$$i=1,2,\cdots,m; j=1,2,\cdots,n_i; k=1,2,\cdots,p$$

(5) 确定评估灰度。确定评估灰度就是要确定评估灰度的等级数、灰类的灰数及灰类的白化数。可根据实际评价的系统的情况来确定。设评估灰类的序号为 $e(e=1,2,\cdots,g)$，即有 g 个评价灰类。通过确定灰类的白化数，可将有限的信息进行合理的加工处理，形成更多信息，使灰色系统变得更加清晰。常用的白化权函数 $f_n(x)$ 有以下几种形式。

灰数 $\otimes_1\in[d_1,+\infty)$，其白化权函数为

$$f_1(x)=\begin{cases}x/d_1 & x\in[0,d_1]\\ 1 & x\in[d_1,+\infty)\\ 0 & x\in(-\infty,0]\end{cases} \tag{15.25}$$

灰数 $\otimes_2\in[0,d_1,2d_1]$，其白化权函数为

$$f_2(x)=\begin{cases}x/d_1 & x\in[0,d_1]\\ 2-x/d_1 & x\in[d_1,2d_1)\\ 0 & x\notin(0,2d_1)\end{cases} \tag{15.26}$$

灰数$\otimes_2\in[0,d_1,d_2]$,其白化权函数为

$$f_3(x)=\begin{cases}1 & x\in[0,d_1]\\ (d_2-x)/(d_2-d_1) & x\in[d_1,d_2)\\ 0 & x\notin(0,d_2)\end{cases} \tag{15.27}$$

(6) 计算灰色评价系数。对于评价指标 V_{ij},第 s 个受评系统属于第 e 个评价灰色的评价数称为灰色评价系数,记为 $x_{ijk}^{(s)}$,其计算公式为

$$x_{ije}^{(s)}=\sum_{k=1}^{p}f_e(d_{ijk}^{(s)}) \tag{15.28}$$

第 s 个受评系统属于各个评价灰度的总灰度评价数记为 $x_{ij}^{(s)}$,其计算公式为

$$x_{ij}^{(s)}=\sum_{e=1}^{g}x_{ije}^{(s)} \tag{15.29}$$

(7) 计算灰色评价向量及评价矩阵。所有专家就评价指标 V_{ij},对第 s 个受评系统主张第 e 个灰类的灰色评价数记为 $r_{ije}^{(s)}$,则有

$$r_{ije}^{(s)}=\frac{x_{ije}^{(s)}}{x_{ij}^{(s)}} \tag{15.30}$$

第 s 个受评系统对于评价指标的各个灰类总评向量:

$$\boldsymbol{r}_{ij}^{(s)}=\begin{bmatrix}r_{ij1}^{(s)} & r_{ij2}^{(s)} & \cdots & r_{ijg}^{(s)}\end{bmatrix} \tag{15.31}$$

将第 s 个受评系统的 V_i 所属指标 V_{ij}对各评价灰类的灰色评价向量综合后,可得第 s 个受评系统的 V_i 所属指标 V_{ij}对于各评价灰类的灰色评判矩阵,即

$$\boldsymbol{R}_i^{(s)}=\begin{bmatrix}r_{i1}^{(s)}\\ r_{i2}^{(s)}\\ \vdots\\ r_{in_i}^{(s)}\end{bmatrix}=\begin{bmatrix}r_{i11}^{(s)} & r_{i12}^{(s)} & \cdots & r_{i1g}^{(s)}\\ r_{i21}^{(s)} & r_{i22}^{(s)} & \cdots & r_{i2g}^{(s)}\\ \vdots & \vdots & & \vdots\\ r_{in_i1}^{(s)} & r_{in_i2}^{(s)} & \cdots & r_{in_ig}^{(s)}\end{bmatrix} \tag{15.32}$$

(8) 对 V_i 综合评价。对第 s 个受评系统的 V_i 进行综合评价,其综合评价结果记为

$$\boldsymbol{B}_i^{(s)}=\boldsymbol{\omega}_i\boldsymbol{R}_i^{(s)}=(a_{i1},a_{i2},\cdots,a_{in_i})\begin{bmatrix}r_{i11}^{(s)} & r_{i12}^{(s)} & \cdots & r_{i1g}^{(s)}\\ r_{i21}^{(s)} & r_{i22}^{(s)} & \cdots & r_{i2g}^{(s)}\\ \vdots & \vdots & & \vdots\\ r_{in_i1}^{(s)} & r_{in_i2}^{(s)} & \cdots & r_{in_ig}^{(s)}\end{bmatrix}$$

$$=(b_{i1}^{(s)},b_{i2}^{(s)},\cdots,b_{ig}^{(s)}) \tag{15.33}$$

(9) 对 U 综合评价。由 $\boldsymbol{B}_i^{(s)}$ 得第 s 个受评系统所属一级评估指标 $U_i(i=1,2,\cdots,m)$ 对于各评价灰类的灰色评判矩阵：

$$\boldsymbol{R}^{(s)}=\begin{bmatrix}B_1^{(s)}\\B_2^{(s)}\\\vdots\\B_m^{(s)}\end{bmatrix}=\begin{bmatrix}b_{11}^{(s)} & b_{12}^{(s)} & \cdots & b_{1g}^{(s)}\\b_{21}^{(s)} & b_{22}^{(s)} & \cdots & b_{2g}^{(s)}\\\vdots & \vdots & & \vdots\\b_{m1}^{(s)} & b_{m2}^{(s)} & \cdots & b_{mg}^{(s)}\end{bmatrix} \tag{15.34}$$

于是，对第 s 个受评系统的 U 作综合评估，其评估结果记为 $\boldsymbol{B}^{(s)}$，则有

$$\boldsymbol{B}^{(s)}=\omega\boldsymbol{R}^{(s)}=(a_1,a_2,\cdots,a_m)\begin{bmatrix}b_{11}^{(s)} & b_{12}^{(s)} & \cdots & b_{1g}^{(s)}\\b_{21}^{(s)} & b_{22}^{(s)} & \cdots & b_{2g}^{(s)}\\\vdots & \vdots & & \vdots\\b_{m1}^{(s)} & b_{m2}^{(s)} & \cdots & b_{mg}^{(s)}\end{bmatrix}$$

$$=(b_1^{(s)},b_1^{(s)},\cdots,b_g^{(s)}) \tag{15.35}$$

(10) 计算综合评估值并排序。对第 s 个受评系统的 U 作综合评估的结果 $\boldsymbol{B}^{(s)}$ 是一个向量，若按最大原则确定受评系统所属灰类等级，有时会因丢失信息太多而失效，尤其是不便于排序选优，因此需要单值化。设将各灰类等级按“灰水平”赋值，得各个评价灰类等级量化值向量 $\boldsymbol{C}=\{d_1,d_2,\cdots,d_g\}$，求得综合评价值 $\boldsymbol{W}^{(s)}=\boldsymbol{B}^{(s)}\boldsymbol{C}^{\mathrm{T}}$，则根据 $\boldsymbol{W}^{(s)}$ 对 q 个被评价系统进行优劣排序。必须指出的是，若受评系统仅为一个，则可根据其综合评价值 $\boldsymbol{W}^{(s)}$ 和各个评价灰类等级的量化值，按照邻近原则确定受评系统所属灰类等级，实现对受评系统的绝对评价。

15.3.3 评估示例

根据以上灰色层次分析评估法的步骤，以某导弹作战体系生存能力评估为例，对其生存能力优劣进行综合评估。

首先通过专家调查法获得导弹作战体系生存能力一级评估指标和二级评估指标的两两比较判断矩阵。

采用方根法计算一级评估指标 $U_i(i=1,2,3,4)$ 的权重系数为

$$\boldsymbol{\omega}=(0.2584\quad 0.2416\quad 0.2052\quad 0.2948)$$

下面以一级评估指标中的体系防护能力 U_1 为例进行计算。

设 U_1 下的抗硬毁伤能力、抗软毁伤能力、预警能力和拦截能力等二级评估指标的判断矩阵为

$$
\boldsymbol{A}_1=\begin{bmatrix} 1 & 3/4 & 2/3 & 3/4 \\ 4/3 & 1 & 2/3 & 3/4 \\ 3/2 & 3/2 & 1 & 2/3 \\ 4/3 & 4/3 & 3/2 & 1 \end{bmatrix}
$$

由式(15.23)可得

$$
\boldsymbol{\omega}_1=(0.1922 \quad 0.2220 \quad 0.2719 \quad 0.3139)
$$

在建立评价样本矩阵中,共有4位专家给出各自的评价结果,由此获得指标评价样本矩阵为

$$
\boldsymbol{D}_1=\begin{bmatrix} 7 & 6 & 4.5 & 5 \\ 8 & 6.5 & 7 & 7 \\ 5 & 8 & 6.5 & 7 \\ 6.5 & 5 & 9 & 7 \end{bmatrix}
$$

评价优劣等级划分为4级,即优、良、中、差,给出8、6、4、2分的标准。设$g=4$,由式(15.25)~式(15.27)确定相应的灰数及白化函数,计算灰色评价矩阵,对于抗硬毁伤能力指标,由式(15.28)可得

$$
e=1, x_{11}=2.5; e=2, x_{12}=4; e=3, x_{13}=3.667; e=4, x_{14}=8.33
$$

由式(15.29),可得

$$
x_1=10
$$

由式(15.30)可得U_1下二级指标抗硬毁伤能力的灰色评价向量为

$$
(0.25, 0.4, 0.3667, 0.833)
$$

同理,可求出抗软毁伤、预警和拦截能力等三个二级评估指标的灰色评价向量,则得到U_1下的4个二级评估指标对于各评价灰类的灰色评价矩阵,即

$$
\boldsymbol{R}_1=\begin{bmatrix} 0.25 & 0.4 & 0.3667 & 0.833 \\ 0.391 & 0.482 & 0.127 & 0 \\ 0.323 & 0.486 & 0.165 & 0.026 \\ 0.372 & 0.392 & 0.204 & 0.032 \end{bmatrix}
$$

由式(15.33)可得

$$
\boldsymbol{B}_1=(0.3394 \quad 0.4391 \quad 0.2076 \quad 0.1772)
$$

同理,可求得

$$
\boldsymbol{B}_2=(0.3164 \quad 0.2376 \quad 0.3074 \quad 0.1952)
$$

$$
\boldsymbol{B}_3=(0.2394 \quad 0.4385 \quad 0.3076 \quad 0.0768)
$$

$$
\boldsymbol{B}_4=(0.3521 \quad 0.2335 \quad 0.3076 \quad 0.1053)
$$

结合算例开始所求得的一级评估指标权重ω,根据式(15.35)可得

$$
\boldsymbol{B}=(0.3171 \quad 0.3297 \quad 0.2817 \quad 0.1398)
$$

各评价灰类等级值向量为

$$\boldsymbol{C}=(d_1\quad d_2\quad d_3\quad d_4)=(8\quad 6\quad 4\quad 2)$$

则

$$\boldsymbol{W}=\boldsymbol{B}\boldsymbol{C}^{\mathrm{T}}=5.9214$$

由评估值可见,该导弹作战体系生存能力属于中等偏良等级,与专家评定结果一致。由此可见,运用灰色层次分析评估法进行导弹作战体系生存能力的评估是科学可行的。

15.4 本章小结

本章从导弹作战体系生存能力评估的客观需求出发,在高于导弹武器系统的层次上开展导弹作战体系生存能力评估,通过分析对比常用的生存能力评估方法,选择基于云模型和相邻优属度熵权的评估方法以及灰色层次分析评估方法两种方法。评估导弹作战体系生存能力,前者解决了生存能力评估不确定性因素的问题,后者解决了生存能力评估过程复杂性的问题,两种方法相辅相成,使导弹作战体系生存能力评估更加全面和准确,评估示例验证了两种方法的科学性和可用性。本章评估模型的建立为后续的生存对策分析奠定了基础。

第16章　机动导弹作战体系生存对策分析

在导弹作战体系生存能力评估的基础上,可以进一步研究生存对策,制定作战方案,使我方在战斗过程中以最小的损失获得最大的军事效益。本章重点研究不完全信息静态、动态博弈下的导弹作战体系生存对策问题。

16.1　导弹作战体系生存对策基础理论

16.1.1　生存对策与导弹作战体系生存对策

1. 生存对策及研究范围

生存对策就是斗争的双方或多方在互动中对各自防御策略的选择。自第二次世界大战以来,陆军交战、战斗机、舰船以及防空系统等各个方面的生存对策研究已经很多,特别是随着导弹核武器的产生与发展,核武器的生存对策一直是有核国家默默追求或大胆进行的工作。美国的星球大战计划以及近年来的战区导弹防御计划都是生存对策激烈竞争的结果,充分体现了攻防策略与技术的不断更迭和演变。因此,生存对策在战争中的应用随处可见。

生存对策研究的范围很广,可分为国家级生存对策,军种级生存对策,和作战单位级的生存对策。国家级的生存对策主要从战略的层次出发,解决以整个国家的生存为目的的对策问题,这种级别的对策都会带有一定的政治意义。军种级生存对策解决的是在一定的武器装备技术性能、数量、部队员额等前提条件下,如何制定一系列具备实战能力的生存对策措施。作战部队一级的生存对策则要解决更具体的实战问题,如武器的使用策略,阵地的伪装策略、加固策略、作战的组织指挥策略,机动策略、发射策略等。在实际问题的研究中,严格地区分哪一个层次的对策问题没有多大的意义,因为各层之间的关系是相互依赖、相互影响的,所以综合地分析可能更为有效。

2. 导弹作战体系生存对策

导弹作战体系生存对策是一项系统工程,既有理论又有技术,需要系统的设计、分析、规划与评价。一般而言,导弹作战体系生存对策包括“硬技术”与“软技术”两个方面,如图16.1、图16.2所示。前者是指用以同敌方进行对抗的武器装备及配套技术；后者是指在“硬技术”条件下采用一定的策略、方法和步骤，以使己方的“硬技术”可以发挥最佳的效能。“硬技术”是“软技术”的基础，“软技术”又为“硬技术”提供方向和理论指导。

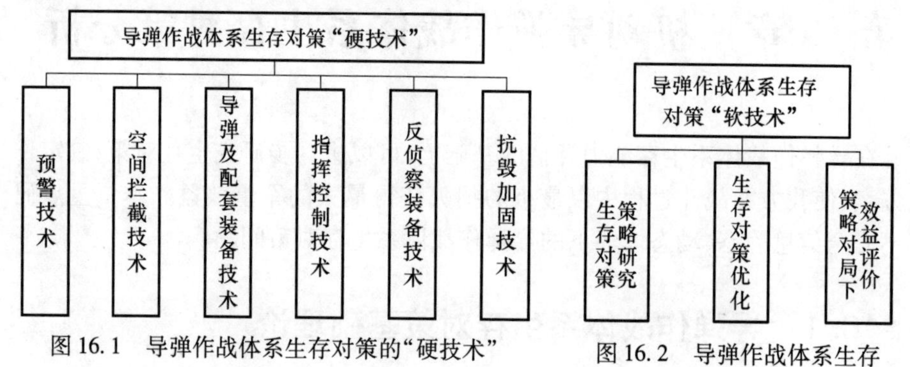

图 16.1　导弹作战体系生存对策的“硬技术”

图 16.2　导弹作战体系生存对策的“软技术”

生存对策的“软技术”涉及的领域很广，又充满着各种各样的不确定性，因此其研究必须采用多学科理论知识、多途径手段来解决。目前，对生存对策的研究是很薄弱的，无论是面向作战的生存对策，还是面向战场建设、装备发展的生存对策，几乎未见到有系统性的研究。即使有少量的定性论述，由于其研究结果缺少定量分析，特别是对敌方作战策略的变化对我方生存能力的影响没有进行系统、科学的论证，因此无法从生存对策层次给出规范化的措施。这样也就无法为指挥人员做出正确决策、制定有效的作战方案提供科学合理的依据。

16.1.2　提高导弹作战体系生存能力应遵循的原则

纵观历史上的战争，不难发现战争双方为了以最小的代价，取得战争最大的胜利，都在不断变换着自己的生存策略，尤其是信息化战争的今天，战争透明度越来越强，一些生存原则也在不断的变化调整。特别是现代化条件下的高科技战争，打击手段多样化，战争样式表现为体系与体系之间的对抗，作为重要作战力量的导弹作战体系，成为敌方打击的重点目标之一，提高其生存能力也显得尤为重要。所以，为了提高导弹作战体系的生存能力，一般来讲应遵循以下原则。

1. 分散配置兵力

在机械化战争出现之前，集中兵力曾经被军事家当作最重要而又最简单的准则，任何分散或者分割兵力都应被当作例外[71]。随着武器装备的发展，高科技在战争中的运用，这个原则随之落伍了，集中兵力并不能对敌人构成威胁，相反会成为敌人的活靶子。在信息化战场上，装甲集群已经难以逃脱敌方的严密监视和精确打击，导弹作战体系的对抗面临的就是敌方的高科技武器，其威力足够对任何装

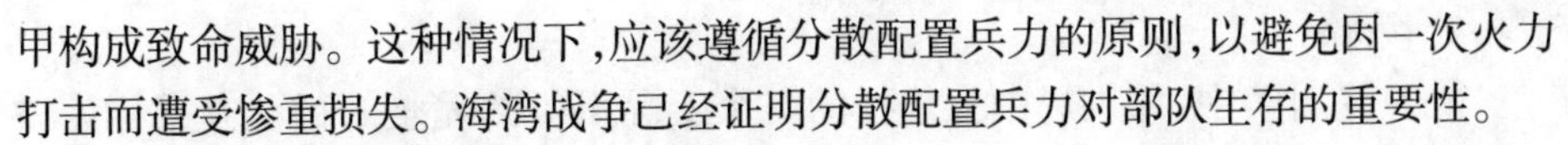

甲构成致命威胁。这种情况下,应该遵循分散配置兵力的原则,以避免因一次火力打击而遭受惨重损失。海湾战争已经证明分散配置兵力对部队生存的重要性。

2. 隐真与示假相结合

隐真的主要手段有利用待机库和军民两用建筑、施放烟幕或人工造雾,以及利用恶劣天气等。示假的主要手段是配置假目标或开设假作战区域。隐真与示假相结合,可以误导敌方做出错误判断,从而降低我方受到的打击毁伤。

3. 科学合理使用正规防空兵力

首先,与战区内的各军兵种实行防空预警情报信息共享。只有整合各军兵种的力量,建立起连通的防空预警雷达网络,才能节约资源,充分发挥有限装备的作用。防空预警信息网应以空军为主,综合运用各军兵种的力量,并在作战区域内建立对空观察哨,确保一处报知,全网皆知。其次,依托空军国土防空。现代防空已经逐渐形成三道防线的作战方式。外防线和中防线的作战任务只有空军才能承担。导弹部队只需要承担一部分末端防护的任务。再次,依托战术防空兵力进行末端防护。在兵力数量允许的情况下,导弹部队在战时有可能得到上级配属的少量精干的防空兵分队。

4. 加强战场建设

由于敌方侦察装备无法探测隐藏在建筑物内的目标,也无法发现湿润地面以下的目标。可以增加用于作战的地下空间,通过在作战区域内建设大量的军民两用建筑,为导弹旅作战提供充足的室内待机、转载和发射阵地。还要求在发射台位置对应的正上方开一个天窗,在发射准备过程中,起竖完毕准备点火的时候再打开天窗,以确保在发射之前不被敌发现。机动过程无法在室内进行,但是战场建设仍然可以为提高机动过程的生存能力起到一定的积极促进作用。只要在可能的机动区域内,每隔一段不长的距离设置一个可以容纳装备进行待机的建筑物,或者在作战区域内建设一些高大的建筑物,在多个方向形成一定的遮蔽角,则可以为机动装备紧急规避敌空袭武器提供条件。

16.1.3 导弹作战体系生存对策博弈论方法的基本概念

博弈论(Game Theory),也称对弈论、竞赛论,它是研究具有斗争或竞争性质现象的数学理论和方法。在博弈论中抽象出现实博弈中的最基本要素构成的模型描述就是博弈模型,包括以下几个基本要素。

1. 局中人

局中人即博弈的参与者。局中人是博弈的决策主体,有权根据自己的利益来决定自己的行动方案。常用 N 表示局中人的集合,$N=\{1,2,\cdots,n\}$,即共有 n 个局中人。

2. 策略

在一局对策中，可供局中人选择的一个实际可行的完整的行动方案称为一个策略。博弈中有两种策略概念，最基本的是纯策略。记局中人 i 的策略为 s_i，$s_i \in S_i$，其中 S_i 为局中人 i 可选择的所有策略组成的策略集合，也称策略空间。n 个局中人各选择一个策略形成的向量 $\boldsymbol{s} = (s_1, s_2, \cdots, s_n)$，称为策略组合，也称为一个局势。策略组合的集合（全体局势的集合）表示为 $S = S_1 \times S_2 \times \cdots \times S_n$。

另一种策略是在纯策略基础上形成的混合策略。局中人 i 的混合策略 σ_i 是其纯策略空间 S_i 上的一种概率分布，表示局中人实际博弈时根据这种概率分布在纯策略中随机选择加以实施。$\sigma_i(s_i)$ 表示 σ_i 分配给纯策略 s_i 的概率，局中人 i 的混合策略空间记为 $\sum_i$。可以看出，纯策略实际上是混合策略的特例，即对某个纯策略赋予概率 1 而对其他纯策略赋予概率 0 的混合策略。

3. 收益（支付）

当一个局势出现后，博弈的结果也就确定了。也就是说，对任一局势 $s \in S$，局中人 i 可以得到一个赢得值 $u_i(s)$，即每个局中人从策略组合中获得的收益（支付）。局中人 i 对应于混合策略组合 $\boldsymbol{\sigma}$ 的支付为

$$u_i(\boldsymbol{\sigma}) = \sum_{s \in S} \left[\prod_{j=1}^{n} \sigma_j(s_j) \right] u_i(s) \tag{16.1}$$

4. 行动顺序

如果各个局中人同时决策，或者虽然各方决策的时间不一致，但他们在做出选择之前不允许知道或无法知道其他博弈者所做的选择，就是静态博弈。如果局中人采取行动有先后顺序，而且后行动方可以看到先行动方选择了什么行动，就成为了动态博弈。

5. 信息

信息是指局中人关于博弈结构的知识。如果所有局中人在博弈前对这些信息都有确切的了解，就称为完全信息博弈；否则，称为不完全信息博弈。如果在博弈中，后行动的一方对于对手已经选择了什么样的行动完全了解，则称为完美信息博弈；否则，称为不完美信息博弈。

16.2 基于不完全信息静态博弈下的导弹作战体系生存对策建模

16.2.1 Harsanyi 转换与贝叶斯均衡

1. Harsanyi 转换

不完全信息是一种博弈局势中局中人对其他局中人与该种博弈局势有关的

事前信息了解不充分,而不是博弈中产生的与局中人实际策略选择有关的信息。

在现实的军事博弈中,博弈的各方所具有的信息是不完全的。由于不完全信息的存在,因此在不完全信息博弈中总是存在着“对判断的判断的判断……”这样的高阶判断问题。Harsanyi 将这种由不完全信息引发的复杂判断问题称为“递阶期望”,即从初始的判断出发会形成越来越高阶的判断之判断问题。对不完全信息带来的博弈问题进行描述与处理的方式称为 Harsanyi 转换。

定义:局中人的类型集是其在博弈中拥有的关于自己决策特征信息的集合,这些信息即类型集的元素称为局中人的类型。记局中人 i 的类型为θ_i,类型集为Θ_i,则有$\theta_i \in \Theta_i$。

在不完全信息博弈中,局中人知道其他局中人的实际类型为若干可能类型中的一种,只能在猜测的基础上选择自己的策略。为了描述这种主观判断,贝叶斯博弈理论利用贝叶斯理性原则来描述这种不确定情形下人们的理性行为。

为了避免出现局中人对其他局中人主观判断的判断所带来的“递阶期望”问题,贝叶斯博弈理论中设计了一种概率模型:

假设局中人的类型$\{\theta_i\}_{i=1}^n$来自于一种类型上的联合概率分布$p(\theta_1,\theta_2,\cdots,\theta_n)$,这种联合概率分布是局中人的共有信息。然后各个局中人在此基础上形成对其他局中人实际类型的概率判断,即局中人 i 在知道自己的实际类型为θ_i 的情况下对对手类型形成的条件概率分布 $p(\theta_{-i} \mid \theta_i)$,按贝叶斯推断即为$p(\theta_i,\theta_{-i})/p(\theta_i)$。

在概率模型的基础上,就可以通过 Harsanyi 转换将不完全信息转化为不完美信息,再利用完全信息博弈的处理方法,得到的均衡概念为贝叶斯均衡。

2. 贝叶斯均衡[17]

贝叶斯均衡的定义是:给定博弈 $<N,(\Theta_i),(p_i),(S_i),(u_i)>$,其中,$N=\{1,2,\cdots,n\}$,为局中人集;$\Theta_i$ 为局中人 i 的类型集;$p_i=p_i(\theta_{-i} \mid \theta_i)$为局中人 i 关于其他局中人类型的先验信念;$S_i=S_i(\theta_i)$为局中人 i 与类型有关的策略集;$u_i=u_i(s_1,\cdots,s_n,\theta_1,\cdots,\theta_n)$为局中人 i 与类型组合有关的支付函数。

如果策略组合$s^*=(s_1^*(\theta_1),s_2^*(\theta_2),\cdots,s_n^*(\theta_n))$满足:对于每一个 $i \in N$,$s_i^*(\theta_i)$是问题 $\max\limits_{s_i \in S_i} \sum\limits_{\theta_{-i} \in \Theta_{-i}} p_i(\theta_{-i} \mid \theta_i)\, u_i(s_i,s_{-i}^*(\theta_{-i}),\theta_1,\cdots,\theta_n)$ 的最优解,则称s^*是此博弈的一个贝叶斯均衡。

16.2.2 静态生存博弈模型

在对以上理论进行分析的基础上,根据博弈论中的基本要素,对不完全信息静态博弈下的导弹作战生存体系进行建模。

1. 局中人

在此博弈模型中，局中人有两个，一个是防御方，另一个是进攻方。这里的防御和进攻是对于导弹作战体系的生存而言的，并非指整个战争形势。在实际情况下，进攻方可能不止一个，由于其利益是一致的，因此可以同盟或联盟的形式作为博弈的一方。很显然，在某一方采取行动以前，博弈的双方对对手的支付和策略都是无法确切了解的，因此是一个典型的不完全信息静态博弈。

2. 策略

假设进攻方具有两种类型，风险型和保守型。进攻方能够选择的策略（即对导弹作战体系的打击方式）为防区外打击和临空打击（包括无人机方式）。风险型决策者更倾向于采取临空打击方式，而保守型则更倾向于采取防区外打击方式。防御方能够选择的策略为隐蔽、机动、电磁干扰和拦截4种，如图16.3所示。

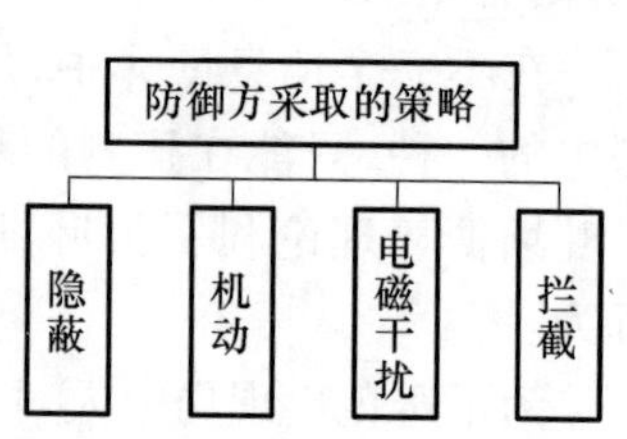

图16.3　防御方可选择的选择策略

3. 收益（支付）

支付函数是生存博弈模型中最复杂，最难确定的要素，也是信息最不完全的部分。生存博弈不能被看作是一个零和博弈，用生存概率作为支付函数是不全面的。首先，在现实的作战中不可能你失多少我就得多少，所以生存博弈应该是一个非零和博弈。其次，子系统生存概率为0并不仅仅代表一个作战单元被击毁，还可能意味着整个作战体系的关键链路损伤，从而无法完成既定的作战目标，导致预期作战收益大幅下降。同时对于敌方来说，击毁一个作战单元可能意味着一个或数个重要目标得以保存，其作战收益可能远大于一个作战单元的价值；另外，攻击方还必须考虑击毁一个作战单元的成本（如以损失一架F－22战机的代价来击毁一辆导弹发射车可能就是敌方无法接受的）。因此，双方的支付很显然是不同的。

由于生存支付函数本身非常复杂，又无相关资料可以借鉴，因此在综合前述章节仿真结果的基础上，采取了一种基于专家经验的相对比例法来确定生存博弈的支付函数。

首先，假设对于进攻方来说，使用一枚防区外武器击毁一辆处于静止状态且没有采取任何生存措施的导弹作战单元的收益为1；而对于防御方，则假设一个导弹作战单元在同样状态下生存下来的收益为1。然后，在此基础上计算防御方采取不同生存措施和进攻方采取不同打击模式时博弈双方各自的收益。这样做的优点在于,可以使收益成为一个无量纲的数值,避免了采用不同的判断标准时量纲不统一的问题。最后,以一种最简单的状态为基准,其他状态与之相比较,也符合人们进行重要性判断的思维方式,具有合理性。

根据专家经验,给出生存博弈的支付函数,如表 16.1 所列。表 16.1 中每一对数值的前者表示防御方的收益,后者表示攻击方的收益。

表 16.1　生存博弈的支付函数

对象＼方式		攻击方(保守型)		攻击方(风险型)	
		防区外打击	临空打击	防区外打击	临空打击
防御方	隐蔽	(1.8,0.75)	(1.1,0.8)	(1.2,0.5)	(1.65,1.2)
	机动	(2.1,0.15)	(0.8,1.5)	(1.4,0.1)	(1.2,2.25)
	电磁干扰	(2.1,0.3)	(1.3,0.35)	(1.7,0.25)	(1.6,0.25)
	拦截	(1.7,0.75)	(1.3,1.5)	(1.5,0.8)	(2.25,1.1)

4. 行动顺序

由于是对不完全信息条件下的静态建模,因此将行动顺序定义为防御方和进攻方同时决策或双方做出选择之前不知道对方所做的选择。

5. 信息

防御方和进攻方之间信息没有确切的了解。

以上 5 个基本要素确定以后,一个导弹作战体系生存对策静态博弈模型也就给定了,进而可以进行模型的求解分析。

16.3　基于不完全信息动态博弈下的导弹作战体系生存对策建模

动态博弈考虑了局中人行动的先后次序问题。在不完全信息动态博弈中,将局中人的类型仍然认为是自己知道而其他局中人不知道。同时,局中人的行动有先有后,后行动者可以观察到先行动者的行动,但不能观察到其类型。由于局中人的行动都是与其类型相关的,每个人的行动都传递着有关自己类型的某种信息,因此后行动者就可以在有限信息的条件下,通过观察先行动者的行动来推断其类型,或修正自己关于其他局中人类型的信念,即使不能完全消除不确定性,也可以得到概率分布上的改进。这就是从先验分布到后验分布的贝叶斯推断过程。而先行动者预测到自己的行动将被后行动者所利用,就会设法选择传递对自己最有利的信息。因此,整个博弈过程不仅是局中人选择行动的过程,还是其不断修正自己信念的过程。

16.3.1 完美贝叶斯均衡

完美贝叶斯均衡的思路是:将每个信息集开始的博弈的剩余部分称为后续博弈,由于后续博弈之前的行动历史使得局中人可以修正自己对其他局中人类型分布的信念,所以在进行后续博弈时,局中人是依据修正后的后验信念进行策略选择的。

设有 N 个局中人,局中人 i 的类型$\theta_i \in \Theta_i$,$p_i(\theta_{-i} \mid \theta_i)$为局中人 i 关于其他局中人类型的先验信念(即先验概率)。局中人 i 的纯策略为$s_i \in S_i$,a^h_{-i}为信息集 h 上局中人 i 观察到的其他局中人的行动组合,$\tilde{p}_i(\theta_{-i} \mid a^h_{-i})$为观察到$a^h_{-i}$时形成的对其他局中人类型的后验信念(后验概率),$u_i(s_i,s_{-i},\theta_i)$为局中人 i 为类型 θ_i 时得到的支付,则完美贝叶斯均衡的定义为:完美贝叶斯均衡是一种策略组合 $s^*(\theta)=(s_1^*(\theta_1),s_2^*(\theta_2),\cdots,s_n^*(\theta_n))$与一种后验概率组合 $\tilde{p}=(\tilde{p}_1,\tilde{p}_2,\cdots,\tilde{p}_n)$,它满足:

(1) 对于所有局中人 i,在每个信息集 h 上,有

$$s_i^*(s_{-i},\theta_i) \in \underset{s_i \in S_i}{\operatorname{argmax}} \sum_{\theta_{-i} \in \Theta_{-i}} \tilde{p}_i(\theta_{-i} \mid a^h_{-i})\, u_i(s_i,s_{-i},\theta_i)$$

(2) $\tilde{p}_i(\theta_{-i} | a^h_{-i})$由先验概率$p_i(\theta_{-i} | \theta_i)$、所观察到的$a^h_{-i}$和最优策略$s^*_{-i}(\cdot)$通过贝叶斯法则形成。

在定义中,(1)为完美性条件,它表现在其他局中人的策略和局中人的后验概率给定时,局中人 i 的策略选择在从信息集 h 开始的后续博弈上是最优的;(2)为贝叶斯法则。值得注意的是,如果 a_{-i}不是均衡策略下的行动,而又观察到了 a_{-i},那么相当于零概率事件发生,这时的后验概率可以任意取值。也就是说,非均衡路径上的信念没有限制,对此存在进一步的均衡概念加以改进。

16.3.2 信号博弈

信号博弈是一种应用非常广泛的不完全信息动态博弈。在信号博弈中有两个局中人——信号发送者和信号接收者。前者发送信息,后者接收信息。行动顺序如下:

(1) “自然”首先选择信号发送者的类型 $\theta \in \Theta$,θ 是信号发送者的私有信息,只有他自己知道,而信号接收者只知道 θ 的概率分布 $p(\theta)$,这一点是公共信息。

(2) 信号发送者依据 θ,从行动集 A_1 中选择一个行动(信号)$a_1(\theta)$。

(3) 信号接收者观察到$a_1(\theta)$后(但不能观察到 θ),根据贝叶斯法则从先验

概率 $p(\theta)$ 得到后验概率 $p(\theta|a_1)$，然后从可行的行动集 A_2 中选择相应的行动。

(4) 博弈双方得到收益。

信号发送者的策略依赖于自己的类型 θ，为每种 θ 对应行动 a_1 上的概率分布 $\sigma_1(\cdot|\theta)$，而信号接收者的策略为对每种 a_1 对应行动 a_2 上的概率分布 $\sigma_2(\cdot|a_1)$。当信号接收者使用 $\sigma_2(\cdot|a_1)$ 时信号发送者采用策略 $\sigma_1(\cdot|\theta)$ 获得的支付为

$$u_1(\sigma_1,\sigma_2,\theta) = \sum_{a_1}\sum_{a_2}\sigma_1(a_1|\theta)\,\sigma_2(a_2|a_1)\,u_1(a_1,a_2,\theta)$$

当信号发送者采用 $\sigma_1(\cdot|\theta)$ 时，信号接收者使用策略 $\sigma_2(\cdot|a_1)$ 得到的(后验)支付为

$$u_2(\sigma_1,\sigma_2,\theta) = \sum_{\theta}p(\theta)\left[\sum_{a_1}\sum_{a_2}\sigma_1(a_1|\theta)\,\sigma_2(a_2|a_1)\,u_1(a_1,a_2,\theta)\right]$$

信号博弈的完美贝叶斯均衡定义为：信号博弈的完美贝叶斯均衡是一种策略组合 σ^* 和后验信念 $\mu(\cdot|a_1)$，它满足：

(1) 对于任意 θ，$\sigma_1^*(\cdot|\theta)\in\underset{a_1}{\mathrm{argmax}}\,u_1(a_1,\sigma_2^*,\theta)$。

(2) 对于任意 a_1，$\sigma_2^*(\cdot|a_1)\in\underset{a_2}{\mathrm{argmax}}\sum_{\theta}\mu(\theta|a_1)\,u_2(a_1,\sigma_2^*,\theta)$。

(3) 如果 $\sum_{\theta'\in\Theta}p(\theta')\,\sigma_1^*(a_1|\theta')>0$，则

$$\mu(\theta|a_1) = \frac{p(\theta)\,\sigma_1^*(a_1|\theta)}{\sum_{\theta'\in\Theta}p(\theta')\,\sigma_1^*(a_1|\theta')}$$

如果 $\sum_{\theta'\in\Theta}p(\theta')\,\sigma_1^*(a_1|\theta')=0$，则 $\mu(\cdot|a_1)$ 为 Θ 上的任意概率分布。

16.3.3 动态生存博弈模型

假设攻击方采取了行动，而防御方利用己方的预警系统观察到了对方的行动，也即获取了攻击方发送的信息，因此就可以利用这种信息来修正自己对攻击方类型的判断，从而调整己方的策略。

假设“自然”赋予攻击方为风险型和保守型的可能性各为0.5。p 和 q 分别为攻击方发送出临空打击和防区外打击信号后防御方认为攻击者为风险型的后验信念，则攻击者发送出临空打击和防区外打击信号后防御方认为攻击者为保守型的后验信念分别为 $1-p$ 和 $1-q$。防御方不知道攻击方的真实类型，只能根据攻击方发出的信号类型来修正其对攻击方先验信念的判断，防御方的策略选择仍为隐蔽、机动、电磁干扰和拦截。

基于信号博弈的生存对策模型如图16.4所示。

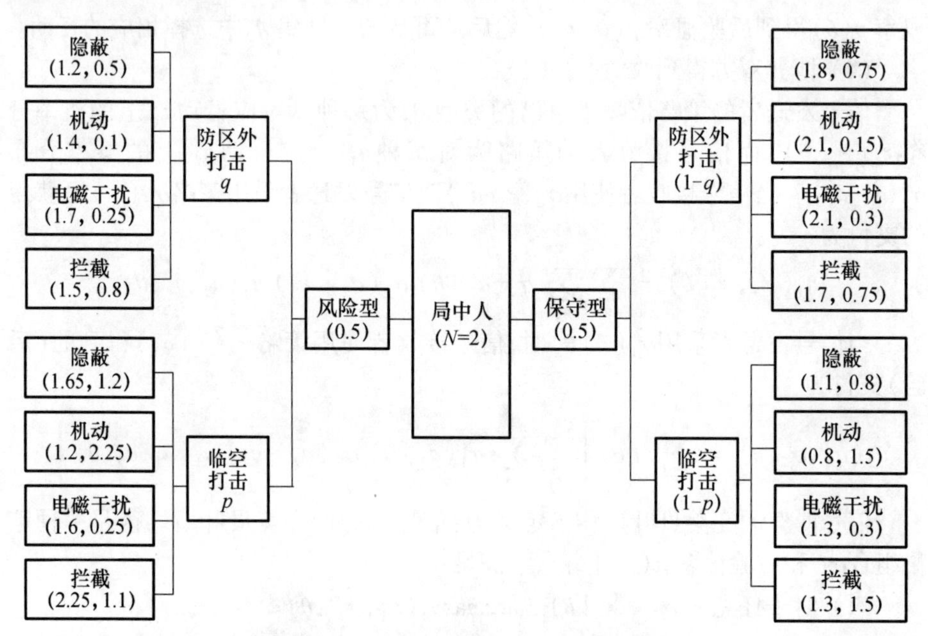

图 16.4 基于信号博弈的生存对策模型

从图 16.4 中可以看出,这是一个 2 类型、2 信号的不完全信息动态博弈。有 4 个可能的纯策略完美贝叶斯均衡:①混同于临空打击(两种类型的攻击方均发送临空打击的信号);②混同于防区外打击;③分离,风险型的选择临空打击,保守型的选择防区外打击;④分离,风险型的选择防区外打击,保守型的选择临空打击。

16.4 导弹作战体系生存对策仿真分析

16.4.1 静态生存博弈仿真及结果分析

1. 静态生存博弈模型计算

根据假设概率模型为:攻击方为风险型和保守型的概率各为 0.5。“自然”局中人首先根据概率机制决定攻击方的类型是风险型还是保守型,攻击方知道自己的实际类型这一信息。然后防御方在不知道攻击方的真实类型,也不知道其策略选择的情况下,决定是采用隐蔽措施、机动措施、电磁干扰措施还是拦截措施。

利用 Harsanyi 转换,将原来的不完全信息博弈转换为不完美信息的完全信息博弈,如图 16.5 所示。

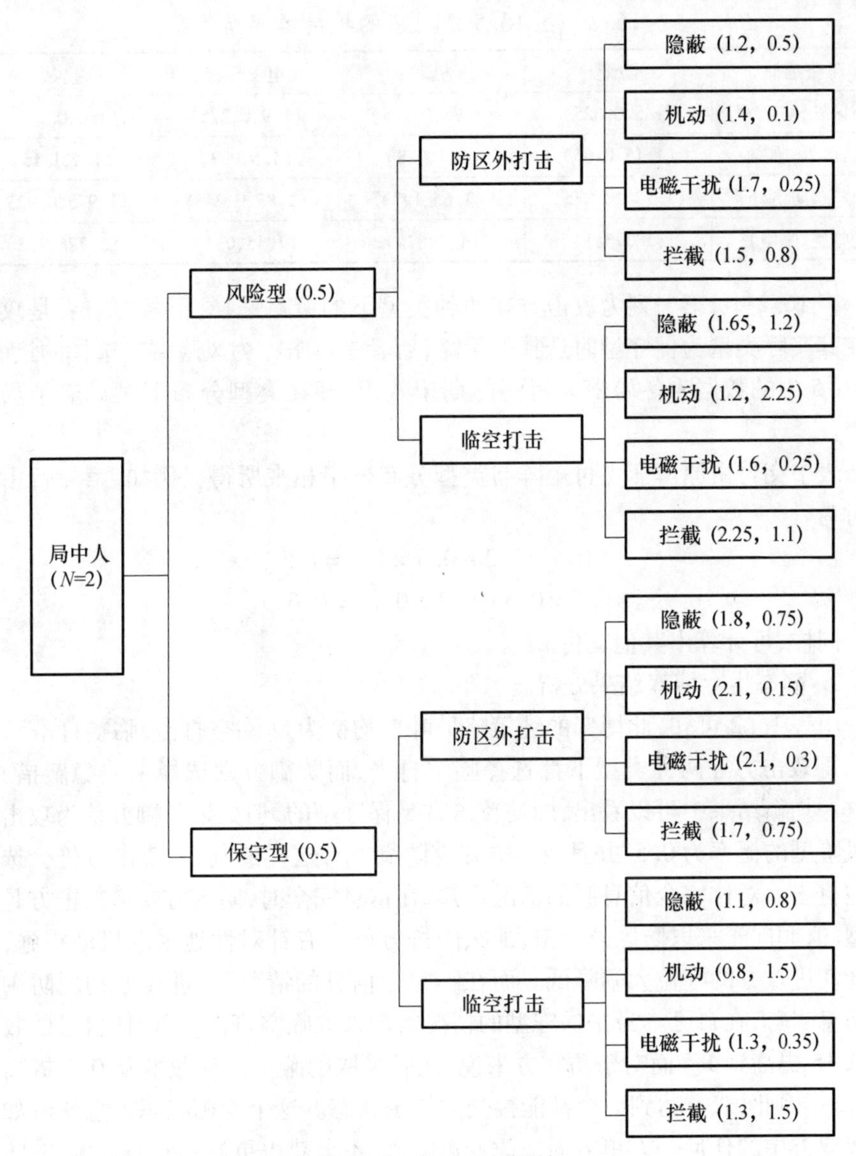

图 16.5　Harsanyi 转换

在不完全信息博弈中,由于不完全信息的存在,从非初始节点出发的任何后续部分都会割裂原博弈的信息集,唯一的子博弈就是原博弈本身。因此,不能利用子博弈完美均衡的推理来精炼贝叶斯均衡,逆向归纳法无法应用。

针对图 16.5 所示的不完美信息博弈,将其转化为策略型博弈就可以得到与不完全信息博弈等价的扩展博弈局势,如表 16.2 所列。

表 16.2　图 16.5 所对应的扩展博弈局势

策略选择	隐蔽	机动	电磁干扰	拦截
（防区外，防区外）	（1.5，0.625）	（1.75，0.125）	（1.9，0.275）	（1.6，0.775）
（防区外，临空）	（1.15，0.65）	（1.1，0.8）	（1.5，0.3）	（1.4，1.15）
（临空，防区外）	（1.725，0.975）	（1.65，1.2）	（1.85，0.275）	（1.975，0.925）
（临空，临空）	（1.375，1）	（1，1.875）	（1.45，0.3）	（1.775，1.3）

表 16.2 中，第一列为攻击方在两种类型下的策略选择，括号内前者是攻击方在其实际类型为保守型时选择的策略，后者是攻击方为风险型时选择的策略。表 16.5 中的数据为各局中人得到的期望效用，即在类型分布下对对应结局的期望。

表中支付由原博弈支付矩阵与类型分布概率相乘所得。例如，第一行中的支付为

$$0.5 \times 1.2 + 0.5 \times 1.8 = 1.5$$

$$0.5 \times 0.5 + 0.5 \times 0.75 = 0.625$$

同样，可计算出其他支付。

2. 静态生存博弈结果分析

由表 16.2 可知，此博弈的纯策略贝叶斯均衡为{（临空打击，临空打击），隐蔽}，即攻击方在两种类型下都选择临空打击，而防御方则选择采取隐蔽措施。从这一均衡结果中可以看出，即使攻击方是保守型的，但如果防御方认为攻击方是风险型的概率为 0.5，并且攻击方知道防御方有这样的判断，攻击方仍会选择临空打击。对比完全信息时的情况可知，在信息完全时，防御方知道攻击方是保守型的，倾向于采取防区外打击，那么防御方就会有针对性地采取机动措施，这样会使进攻方的收益大幅降低。而在不完全信息的情况下，进攻方利用防御方的信息劣势，在自己本身是保守型的情况下却采取临空打击，可以使自己的收益由 0.15 提高到 1。而对于防守方来说，此时采取隐蔽可以使收益从 0.8 提高为 1.375。因此，双方达到一个都能接受的均衡状态。这个均衡状态也意味着如果博弈双方中的任何一方单方面地改变策略，他不会获得更好的收益。例如，防御方将自己的策略由隐蔽改为机动，则其收益将从 1.375 下降为 1；而如果进攻方单独改变策略，则其收益将会全部小于 1。

对于防御方和进攻方来说，这个结果并不是所能获得的最大收益。这同实际情况是相符合的。在实际作战中，在信息不完全的条件下，战前双方所能掌握的情报都是有限的，彼此的判断和决策只能建立在事先所掌握的部分信息和对对手决策的判断上，因此任何一方想要百分之百地获取最大收益几乎是不可

能的。

这也是传统决策论所无法解决的问题所在。因为决策论在进行优化决策时不考虑策略上的互动关系，它只关心单一主体如何选择可以使自己的效用达到最大化，而不考虑对手的目的也是使其效用最大，因此对手会针对己方的决策做出相应地判断和决策，这种基于判断的判断会导致竞争的双方都无法达到自己预期的最大效用，所以通过决策论所得到的最优结果在实际当中往往是达不到的。而博弈论中的均衡解是竞争双方(理性的)在充分考虑了对方策略下都最有可能得到的收益，因此可以被双方所接收。另外，均衡解还意味着只要一方采取此种策略，另一方如果单方面寻求改变的话，只会付出比现在更多的代价。因此，理性的决策双方都不会有动力去偏离这个结果，这正是均衡的意义所在。

16.4.2　动态生存博弈仿真及结果分析

1. 模型求解

令 L、F、w、j、d、k、θ_1、θ_2 分别代表临空打击，防区外打击、隐蔽、机动、电磁干扰、拦截、风险类型和保守类型。

步骤1　求信号接收者的推断依存的子博弈完美均衡策略。

对于求信号接收者的推断依存的子博弈完美均衡策略，即求

$$\max_{a \in A} \sum_{\theta \in \Theta} u_2(m,a,\theta)\mu(\theta \mid m)$$

对 $m = L$，有

$$\begin{aligned}
&\max_{a = w,j,d,k} \sum_{\theta = \theta_1,\theta_2} u_2(m,a,\theta)\mu(\theta \mid m) \\
&= \max\{u_2(L,w,\theta_1)p + u_2(L,w,\theta_2)(1-p), u_2(L,j,\theta_1)p + u_2(L,j,\theta_2)(1-p), \\
&\quad u_2(L,d,\theta_1)p + u_2(L,d,\theta_2)(1-p), u_2(L,k,\theta_1)p + u_2(L,k,\theta_2)(1-p)\} \\
&= \max\{1.1 + 0.55p, 0.8 + 0.4p, 1.3 + 0.3p, 1.3 + 0.95p\} = 1.3 + 0.95p
\end{aligned}$$

因此，有

$$a_\mu(L) = k$$

对于 $m = F$，有

$$\begin{aligned}
&\max_{a = w,j,d,k} \sum_{\theta = \theta_1,\theta_2} u_2(m,a,\theta)\mu(\theta \mid m) \\
&= \max\{u_2(F,w,\theta_1)q + u_2(F,w,\theta_2)(1-q), u_2(F,j,\theta_1)q + u_2(F,j,\theta_2)(1-q), \\
&\quad u_2(F,d,\theta_1)q + u_2(F,d,\theta_2)(1-q), u_2(F,k,\theta_1)q + u_2(F,k,\theta_2)(1-q)\} \\
&= \max\{1.8 - 0.6q, 2.1 - 0.7q, 2.1 - 0.4q, 1.7 - 0.2q\} = 2.1 - 0.4q
\end{aligned}$$

因此，有

$$a_\mu(F) = d$$

步骤2 求信号发送者的推断依存的子博弈完美均衡策略。

求信号发送者的推断依存的子博弈完美均衡策略,即求

$$\max_{m \in M} u_1(m, a_\mu(m), \theta)$$

对 $p \in [0,1]$,$q \in [0,1]$,有 $a_\mu(L) = k$,$a_\mu(F) = d$,则对 $\theta = \theta_1$,有

$$\begin{aligned}\max_{m \in L,F} u_1(m, a_\mu(m), \theta_1) &= \max\{u_1(L,k,\theta_1), u_1(F,d,\theta_1)\} \\ &= \max\{1.1, 0.25\} = 1.1\end{aligned}$$

因此

$$m_\mu(\theta_1) = L$$

对 $\theta = \theta_2$,有

$$\begin{aligned}\max_{m \in L,F} u_1(m, a_\mu(m), \theta_2) &= \max\{u_1(L,k,\theta_2), u_1(F,d,\theta_2)\} \\ &= \max\{1.5, 0.3\} = 1.5\end{aligned}$$

因此

$$m_\mu(\theta_2) = L$$

步骤3 求信号博弈的完美贝叶斯均衡。

利用前两步求得的信念依存策略 $m_\mu(\theta)$ 和 $a_\mu(m)$,求出满足贝叶斯法则的接收者对发送者类型的推断 $\mu^* = p(\theta \mid m)$,以及 $m^*(\theta) = m_\mu(\theta)$,$a^*(m) = a_\mu(m)$。最后,$\{m^*(\theta), a^*(m), \mu^*\}$ 即为信号博弈的完美贝叶斯均衡策略。

由前面两步可知,对于 $p \in [0,1]$,$q \in [0,1]$,有

$$a_\mu(L) = k, a_\mu(F) = d, m_\mu(\theta) = L$$

此博弈只有一个混同均衡 $\{(L,L),(k,d),p = 0.5\}$。这里 (k,d) 表示接收者在收到信号 L 之后选择 k,在收到信号 F 之后选择 d。风险型和保守型攻击者均选择发送临空打击信号,而防御者则在观察到临空打击信号后选择拦截,在观察到防区外打击信号后选择电磁干扰。

2. 动态生存博弈结果分析

由上述的求解可以得到,此博弈模型中只存在一个混同均衡{(临空打击,临空打击),(电磁干扰,拦截)}。说明了进攻方在实际作战中会采取“混淆视听”的策略,即把真说成真,把假也说成真,以让对方无从判别。而对于防御方来说,由于无法从得到的信号中获取新的信息,因此也就无法对先验信念进行修正。对于出现这种问题,可以从以下途径进行解决:对于防御者来说,其最好的策略就是对临空打击采取拦截,对防区外打击采取电磁干扰,因为即使防御方可以利用攻击方的行动信息对自己的先验判断做出修正,这样才能使敌方在偏离了此策略时要付出更大代价的策略。

上述分析都充分地说明了,在实际的作战决策当中,真真假假、假假真真都

是必须的，而且应该根据当时的实际情况来决定到底采用何种策略。同样的策略在不同的情况下能够达到的效果是不同的，运用不当的话甚至会起到相反的作用。因此，决策者必须要做到随机处置、灵活应变。

16.4.3　导弹作战体系生存对策定性分析

导弹作战体系是一个复杂的多系统的综合体，实施作战过程是各系统协助作战的过程，缺一不可，任何一个环节被敌人摧毁都将使作战体系丧失生存能力和作战能力。通过上述静态生存博弈模型和动态生存博弈模型仿真结果分析可见，提高导弹作战体系生存能力必须以提高电磁干扰和拦截能力为重点，这是和信息化战争形势要求是一致的，坚持统一化、系统化、均衡化的原则，着眼长远，主要针对提高机动能力、攻击能力、防护和抗毁能力、网路和信息安全对抗能力、快速恢复能力等方面开展相应的技术研究，以提高信息对抗条件下导弹作战体系的生存能力。主要的生存对策有以下几个方面：①完善预警系统与阵地防空系统；②减少阵地依赖性，提升反击作战能力；③提高导弹机动性能，增强隐蔽能力；④精简指挥通信系统。

16.5　本章小结

生存对策是目前生存能力研究中的一个薄弱环节。本章在对导弹作战体系生存对策理论分析的基础上，利用博弈理论的思想，建立了不完全信息静态博弈下的生存对策模型和不完全信息动态博弈下的生存对策模型。通过对模型的求解和结果分析，不仅从策略层面对生存对抗有了清晰的认识，同时也从理论上印证了进行生存策略对抗必要性和有效性。这些结果对从策略层面认识生存能力提供了新的支持。

参考文献

[1] 胡晓峰，罗批，司光亚，等. 战争复杂系统建模与仿真[M]. 北京：国防大学出版社，2005.

[2] 王基祥，常澜. 美国弹道导弹地面生存能力评估模型研究(2)[J]. 导弹与航天运载技术，1999，6：10－16.

[3] 阳东升，强军，等. 信息时代作战体系的概念模型及其描述[J]. 军事运筹与系统工程，2009，23(1)：3－8.

[4] 马伟宏，郭嘉诚，蔡游飞，等. 作战体系对抗能力概念模型[J]. 军事运筹与系统工程，2007，21(4)：44－47.

[5] 杨娟，罗小明，闽华侨. 导弹作战体系作战能力评估方法研究[J]. 指挥控制与仿真，2009，31(3)：1－3.

[6] Wallick Jerry. Aircraft design for S/V. Proceedings of a workshop in survivabilit - y and computer - aided design[R]. ADA 113556,1981 - 04 - 6.

[7] Michael W. Starks,Richard Flores. New Foundations for Survivability/Lethality/Vulnerability Analysis (SL-VA)[R]. Army Research Laboratory,2004.

[8] Brad Roberts. China and Ballistic Missile Defense:1955 to 2002 and Beyond[R]. National Defense Research Institute,2003.

[9] 伍发平．机动战略导弹生存能力研究[D]. 第二炮兵工程学院,1998.

[10] 郭强．常规地地导弹武器系统生存能力研究[D]. 军事科学院,2008.

[11] 汪民乐,高晓光．导弹作战系统生存能力新概念[J]. 系统工程与电子技术,1999,21(1):8 - 10.

[12] 董树军,赵瑾,郭传奇,等．武器系统生存能力模型分析[J]. 运筹与管理,2006,15(1):111 - 115.

[13] 郭强,毕义明．导弹武器系统生存能力研究[J]. 数学的实践与认识,2007,37(23):72 - 77.

[14] 宁昕,张安,王剑,等．机动导弹武器系统生存能力评估分析[J]. 火力与指挥控制,2010,35(7):43 - 45.

[15] 刘天坤,熊新平,赵玉善．防空导弹网络化作战体系生存能力指标分析[J]. 弹箭与制导学报,2006,26(2):720 - 723.

[16] 张庆捷,周磊,武乾龙,等．联合火力毁伤下炮兵生存能力分析与行动对策[J]. 火力与指挥控制,2008,33(4):72 - 74.

[17] 付毅峰,程启月,康凤举．无人侦察机战场生存能力仿真系统设计[J]. 火力与指挥控制,2008,33(4):75 - 78.

[18] 徐强．组合评价法研究[J]. 江苏统计,2002(10):10 - 12.

[19] 王伟．基于熵的财税政策相对优异性评价[J]. 数量经济技术经济研究,2000(3):45 - 48.

[20] 毛定祥．一种最小二乘意义下主客观评价一致的组合评价方法[J]. 中国管理科学,2000,10(5):95 - 97.

[21] 林元庆．方法群评价中权重集化问题的研究[J]. 中国管理科学,2002(10):20 - 22.

[22] 吴晓平,汪玉．舰船装备系统综合评估的理论与方法[M]. 北京:科学出版社,2007.

[23] 王明涛．多指标综合评价中权系数确定的一种综合分析方法[J]. 系统工程,1999,17(2):56 - 61.

[24] 王清印．灰色系统理论的数学方法及其应用[M]. 成都:西南交通大学出版社,1990.

[25] 甄涛,王平均,等．地地导弹作战效能评估方法[M]. 北京:国防工业出版社,2005.

[26] 张杰,唐宏,苏凯,等．效能评估方法研究[M]. 北京:国防工业出版社,2009.

[27] Eisner. Computer - Aided System of Systems(S2) Engineering[C]. Proceeding of the 1991 IEEE International Conference on System,Man and Cybernetics. 1991.

[28] Maier M W. Architecture Principles for Systems of Systems[C]. the 6th Annual International Symposium, International Council on Systems Engineering. Boston,MA,U. S. 1996.

[29] 胡晓峰,等．作战模拟术语导读[M]. 北京:国防大学出版社,2004.

[30] 金伟新,肖田元．作战体系复杂网络研究[J]. 复杂系统与复杂性科学,2009,6(4):12 - 23.

[31] 郭齐胜,郅志刚,杨瑞平,等．装备效能评估概论[M]. 北京:国防工业出版社,2005.

[32] 毕义明,汪民乐,等．第二炮兵运筹学[M]. 北京:军事科学出版社,2005.

[33] 陆浩然,王丽华,陈轶迪,等．战术导弹武器系统信息化作战体系及关键技术[J]. 导弹与航天运载技术．2010,6:23 - 27.

[34] 黄路炜．常规导弹作战任务规划方法研究[D]. 第二炮兵工程学院．2008.

[35] 罗小明,杨娟,等. 弹道导弹攻防对抗的建模与仿真[M]. 北京:国防工业出版社,2009.
[36] Michael N. Gagnon, John Truelove, Apu Kapadia. Towards Net – Centric Cyber Survivability for Ballistic Missile Defense[R]. Massachusetts Institute of Technology, Lincoln Laboratory, 2010.
[37] 邓方林,等. 复杂工程系统建模与仿真[M]. 北京:国防工业出版社,2009.
[38] 李随成,陈敬东,赵海刚. 定性决策指标体系评价研究[J]. 系统工程理论与实践,2001(9):22 – 28.
[39] 李涛,白剑林,栾前进. 基于粗糙集与证据理论的防空作战态势评估方法[J]. 航空计算技术,2008,38(3):46 – 48.
[40] 温浩. 用神经网络方法实现复合干扰效果评估[D]. 西安电子科技大学,2005,6.
[41] 云俊,李远远. 指标体系构建中的常见问题研究[J]. 商业时代,2009(4):47 – 48.
[42] 邵立周,白春杰. 系统综合评价指标体系构建方法研究[J]. 海军工程大学学报,2008(3):48 – 52.
[43] 贾利,刘学伟,李义. 网络中心战中美军空袭作战体系生存能力评估[J]. 电子信息对抗技术,2008,23(2):54 – 58.
[44] 刘新亮. 技术引入对武器装备体系能力影响的评估方法研究[D]. 国防科学技术大学,2009.
[45] 刘常昱,李德毅,潘莉莉. 基于云模型的不确定性知识表示[J]. 计算机工程与应用,2004,40(2):32 – 35.
[46] 蒋嵘,李德毅,陈晖. 基于云模型的时间序列预测[J]. 解放军理工大学学报,2000,1(5):13 – 18.
[47] LiDeyi, DiKaichang, LiDeren, ShiXuemei. Mining association rules with linguistic cloud models[C]. The Second Pacific – Asia Conference on Knowledge Discovery & Data Mining. Melbourne, Australia. 1998.
[48] 洪利,冯玉强. 基于云理论的群体复杂决策中不确定知识的表示[J]. 黑龙江大学自然科学学报,2007,24(3):340 – 344.
[49] 黄宪成,陈守煜. 定量和定性相结合的威胁排序模型[J]. 兵工学报,2003,24(1):78 – 82.
[50] ChenShouyu. Multiobjective decision – making theory and application of neural network with fuzzy optimum selection[J]. The Journal of Fuzzy Mathematics,1998,6(4).
[51] 陈守煜,黄宪成. 确定目标权重和定性目标相对优属度的一种新方法[J]. 辽宁工程技术大学学报,2002,21(2):245 – 248.
[52] 陈雷,王延章. 基于熵权系数与 TOPSIS 集成评价决策方法的研究[J]. 控制与决策,2003,18(4):456 – 459.
[53] 邱菀华. 管理决策与应用熵学[M]. 北京:机械工业出版社,2002.
[54] 陈涛. 灰色多层次综合评价模型建立及应用[J]. 大庆师范学院学报,2008,28(5):79 – 81.
[55] 李延军. 灰色层次分析法在导弹武器系统效能评估中的应用研究[J]. 中国科技信息,2009(21):29 – 30.
[56] 陈良. 联合战役作战指挥的情报活动[D]. 国防大学,1997,5.
[57] 黄涛. 博弈论教程 – 理论 · 应用[M]. 北京:首都经济贸易大学出版社,2004.
[58] 候定丕. 博弈论导论[M]. 合肥:中国科学技术大学出版社,2004.
[59] 罗杰 B · 迈尔森. 博弈论——矛盾冲突分析[M]. 于寅,费剑平,译. 北京:中国经济出版社,2001.
[60] 张洪彬. 军事博弈论[M]. 北京:解放军出版社,2005.
[61] 肖条军,盛昭瀚. 两阶段基于信号博弈的声誉模型[J]. 管理科学学报,2003,6(1):27 – 31.
[62] 程启月,邱菀华. 军事情报冲突决策的信号博弈分析[J]. 数学的实践与认识,2002,32(2):234 – 240.

内容简介

本书以现代作战效能分析理论为基础,依据导弹武器系统总体战术、技术指标和导弹生存防护系统总体设计要求,针对当前及未来机动导弹作战中所面临的日益严重的生存威胁,在机动导弹系统生存能力分析领域进行了深入的研究,从硬毁伤威胁下机动导弹系统的生存能力到软毁伤威胁下机动导弹系统的生存能力,分别建立了相应的生存能力评估与分析模型,研究了机动导弹生存能力论证与设计方法,同时提出了机动导弹作战体系生存能力的新概念及其分析方法。本书能够为导弹研制中进行机动导弹系统生存能力论证提供理论与方法,从而有利于提高机动导弹系统生存能力;为导弹作战指挥决策中准确评定机动导弹生存能力和实施生存防护提供决策支持;为其他武器装备的生存能力研究在模型与方法上提供借鉴。

本书的主要读者对象为导弹研制部门中从事导弹武器系统生存能力分析与设计的人员、作战部队中从事导弹生存防护和导弹作战保障人员,以及从事与导弹武器系统生存能力相关工作的其他人员。